KB184417

Poodle·Maltese·Pomeranian·Shih Tzu·Yorkshire Terrier

견종 표준의 이해

고승판·김 원·정용운 공저

(주)백산출판사

PREFACE

현재 국내에서 출간된 견종 표준 관련 서적은 대부분 외국 서적을 번역한 형태다. 그러나, 반려견에 대한 지식이 부족한 비전문가가 번역한 경우, 원문의 의미가 정확히 전달되지 않아 학습자가 혼란을 겪는 일이 종종 발생하고 있다. 또한 견종에 대해 체계적으로 알고자 하는 이들에게 입문용 서적도 매우 부족한 실정이다. 특히, 기존 서적들은 공인된 견종 표준을 단순히 번역한 경우가 많아, 초보 독자는 물론이고 전문가에게도 이해가 어려운 부분이 많다. 이러한 문제를 해결하고자, 초보자부터 전문가까지 견종 표준에 대한 이해를 돕는 책을 출간하게 되었다. 이 책은 초보자에게는 견종에 대한 기초 지식을 쌓을 기회를 제공하고, 전문가에게는 번역상의 오류로 인한 혼란을 방지하는 데 도움을 주고자 한다.

견종 표준은 주로 각 견종의 원산지 국가에서 제작되지만, AKC(American Kennel Club)와 FCI(Fédération Cynologique Internationale) 같은 세계적으로 공신력 있는 단체의 승인을 받는다. 일반적으로 FCI에서 승인된 견종 수가 AKC보다 많지만, AKC는 보다 체계적인 과정을 통해 견종 표준을 승인하는 것으로 알려져 있다. 많은 국가가 FCI에 가입되어 있음에도, 전 세계 애견인들은 AKC 견종 표준에 기반한 견종을 선호하는 경향을 보인다. 이에 따라 이 책에서는 AKC에서 공인된 견종 표준을 중심으로 내용을 구성하였다.
과거 견종 표준은 사냥, 경비, 양몰이 등 특정 용도를 중심으로 작성되었다. 하지만 현대에 이르러 용도는 축소되고, 외모와 체형이 현대인의 선호에 맞게 변화하고 있다. 현재의 견종 표준은 실용적인 기능뿐만 아니라 아름다운 체형과 균형을 평가하는 방향으로 발전하고 있다.

견종 표준에는 전문용어가 많이 사용되는데, 일부 표현은 애매하거나 추상적이어서 초보자가 이해하기 어려울 수 있다. 본 서적은 이러한 전문용어와 기준을 명확히 설명하여 독자들이 혼란을 줄이고 견종 표준을 더욱 쉽게 이해할 수 있도록 돕고자 하였다. 또한, 견종 평가자의 지식과 경험 차이에 따라 평가 방식이 달라 갈등이 생길 수 있는데, 이 책이 그러한 문제를 해결하는 데도 기여하기를 바란다. 브리더와 평가자가 견종에 대한 정확한 이해를 공유한다면, 견종에 대한 인식과 평가 기준이 통일되어 국가적으로 견종 발전에 긍정적인 영향을 미칠 수 있을 것이다.

본 서적은 토이 그룹에 속한 모든 견종의 표준을 다루는 것이 이상적이지만, 현실적으로 방대한 분량을 고려하여 현재 국내에서 가장 사랑받는 견종을 중심으로 기술하였다. 향후 AKC의 다른 견종 그룹에 대해서도 순차적으로 저술할 계획이다.

이 책이 견종 및 견종 표준에 관심 있는 분들에게 학습과 연구의 기회를 제공하고, 나아가 우리나라 견종 발전에 조금이나마 도움이 되기를 바라는 마음이다.

2025년

저자 일동

CONTENTS

1

푸들

Poodle

1장 푸들

Poodle

품종	푸들(Poodle)		
원산지	독일(프랑스)		
기후	사계절		
용도	사냥(과거), 반려견(현재)		
공인연도	1887(AKC)		
종류	스탠더드 푸들	미니어처 푸들	토이 푸들
체고	15~(22~27)인치 38~(56~69)cm	10~15인치 25~38cm	10인치 이하 25.4cm 이하
체중	수컷: 60~70파운드 27~31.8kg 암컷: 40~50파운드 18~22.7kg	10~15파운드 4.5~6.8kg	4~6파운드 1.8~2.7kg
그룹	논스포팅	논스포팅	토이
승인연도	1990		

출처: ACK Poodle Breed Standard
https://poodleclubofamerica.org/sizes-of-poodles/

출처: 브리더-강하나, 견사호-Melody Line

그림 1.1 푸들(콘티넨털 클립)

그림 1.2 푸들(퍼피 크립)

흰색(White)

살구색(Apricot)

은색(Silver)

그림 1.3 푸들의 색상

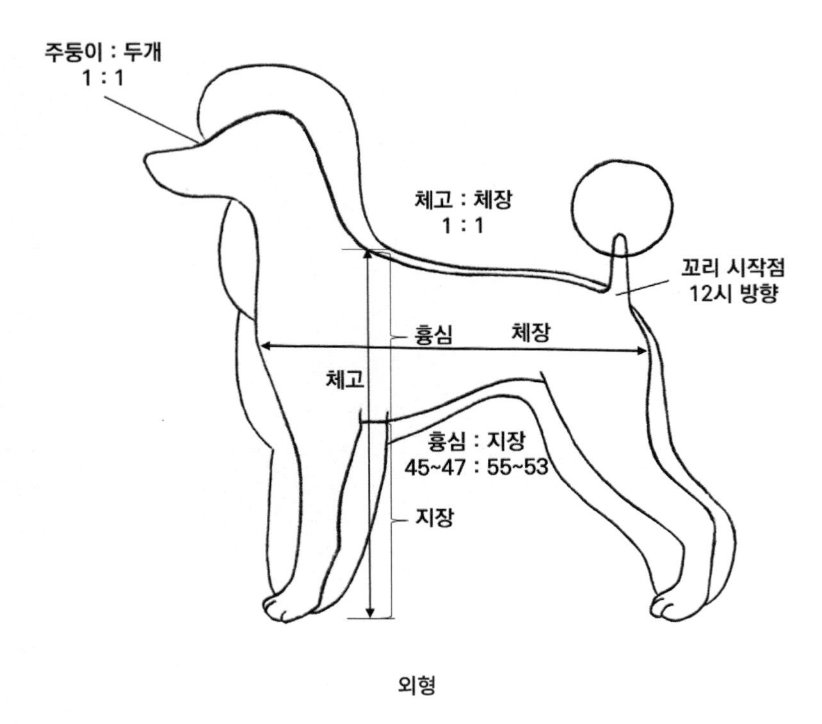

외형

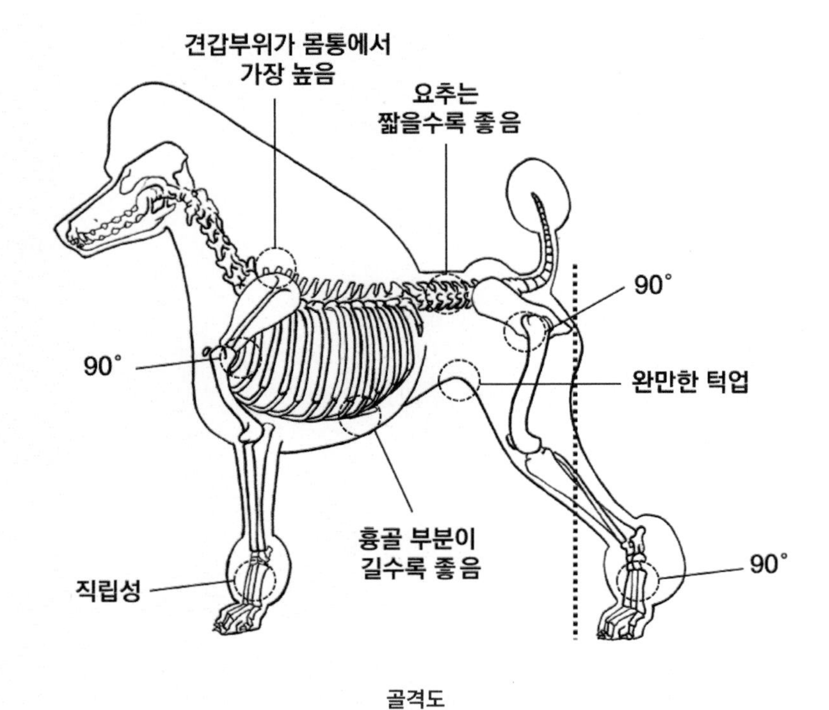

골격도

그림 1.4 푸들의 주요 평가 기준

1. 핵심 주요사항

1) 체고(견갑 - 패드)와 체장(흉골단 - 좌골단)의 비율 - 정방형(1:1)

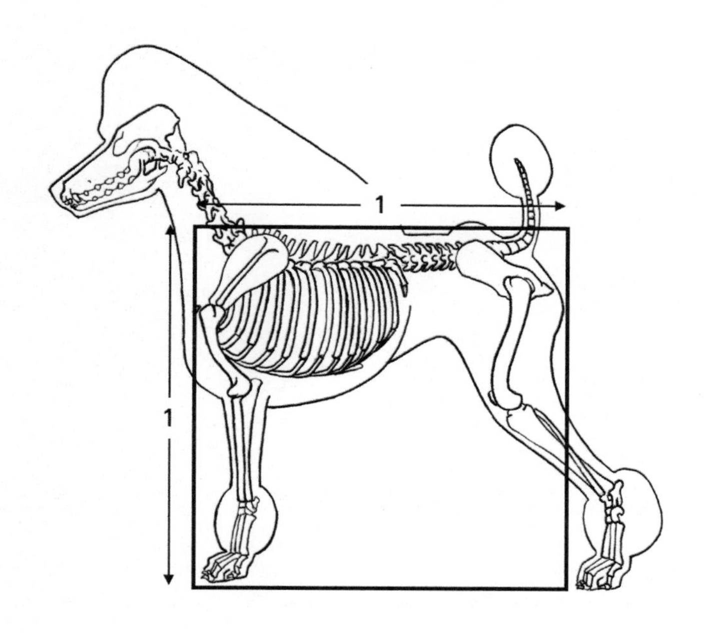

그림 1.5 체고와 체장 비율

2) 주둥이 길이와 두개 길이의 비율 - 1:1

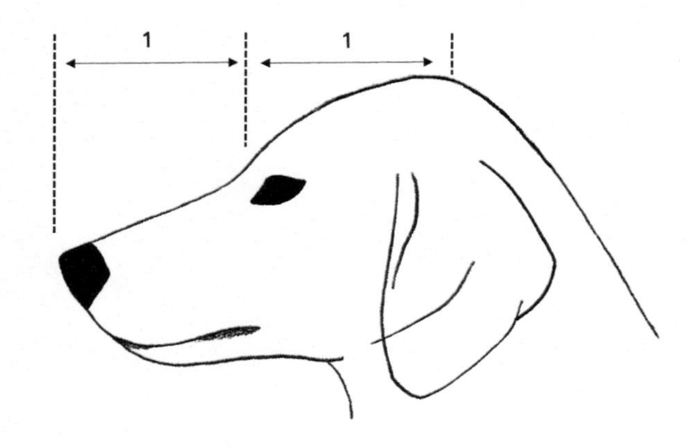

그림 1.6 주둥이 길이와 두개 길이 비율

3) 크기 - 3종류(FCI는 4종류)

스탠더드 푸들(AKC: 38~(56~69)cm, FCI: 45~60cm)

미디엄 푸들(FCI: 35~45cm)

미니어처 푸들(AKC: 25~38cm, FCI: 28~35cm)

토이 푸들(AKC: 25cm 이하, FCI: 24~28cm)

그림 1.7 푸들의 크기

4) 기질 - 쾌활하고 명랑

5) 교합 - 가위교합

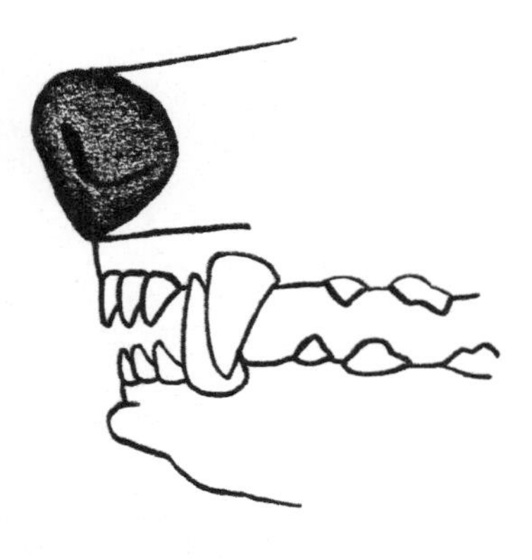

그림 1.8 가위교합

6) 푸들의 독특성

푸들은 견종 세계에서 다채로운 매력을 지닌 견종 중 하나이다. 그 독특성은 크기와 미용 스타일의 다양성에서 특히 돋보이는데, 미국켄넬클럽(AKC)에서는 토이, 미니어처, 스탠더드의 세 가지 크기로, 국제축견연맹(FCI)에서는 미디엄을 더해 네 가지 크기로 구분한다. 더불어 푸들은 미용에서도 특별한 위치를 차지하고 있다. 도그쇼에서 인정되는 세 가지의 정형화된 쇼 클립과 함께, 일상생활에서는 보호자의 취향과 필요에 따라 다양한 펫 클립을 선택할 수 있어, 마치 여러 견종처럼 다양한 모습을 연출할 수 있다.

7) 피모 및 모질 - 이중모, 승상모(Corded Coat)

자연스러운 형태

레게머리 형태(땋은 머리)

그림 1.9 털(승상모)

8) 색상 – 모든 단일 색상

단일 색상이라도 명암이 유사하고 농담 차이가 적으며 견종 표준에서 요구하는 색상을 갖추는 것이 이상적이다. 즉, 털의 색상이 뿌리부터 끝부분까지 가능한 한 균일한 것이 바람직하다.

9) 보행

경쾌하면서 힘찬 보행, 속보Trot를 할 경우 대각선 발(예: 오른쪽 앞발, 왼쪽 뒷발)들의 답입(뒷다리가 앞쪽으로 들어와서 뻗음)과 답출(앞다리가 앞쪽으로 나아가서 뻗음)이 거의 동시에 일어남

출처: 브리더-강하나, 견사호-Melody Line

그림 1.10 보행

주의 사항

✓ **부위별 판단 비중**

1. 머리 15점
2. 특성과 특징 15점
3. 목, 몸통, 꼬리 15점
4. 전구와 후구 10점
5. 모량, 모질, 모색 10점
6. 보행 15점

총 점수는 100점 만점에 80점이며 평가자에 따라 조금씩 다를 수 있다. 다만 20점은 평가자 재량 점수로 가점할 수 있다. (견종 발전을 유도하기 위하여 가점을 부여할 수 있음)

※ 체고와 체장의 비례, 주둥이 길이와 두개 길이의 비율, 가슴의 깊이(흉심)와 다리 길이(지장)의 비례, 골격의 각도, 모량 · 모질 · 모색을 주의 깊게 살펴보아야 한다.

※ 국내에 있는 푸들은 전반적으로 주둥이와 근육 발달이 부족한 경향이 많으므로 주의 깊게 살펴보아야 한다.

2. 역사(History)

푸들은 독일에서 유래된 것으로 추정되며, 푸들은 푸델Pudel 또는 카니스 파밀리아리스 아쿠아티우스Canis Familiaris Aquatius라고 알려져 있다. 그러나, 수 년 동안 프랑스 국견으로 여겨져 왔고, 키엔 카나드Chien Canard 또는 오리 개에서 유래된 카니쉬Caniche처럼 리트리버로 흔히 사용되었다. 영어 단어 푸들Poodle은 "물속에서 첨벙거리다"라는 뜻의 독일어인 푸델Pudle 또는 푸들린Pudelin에서 유래되었다. 미국 켄넬클럽에서는 스탠더드 푸들이 세 가지 크기 중 가장 오래되었으며, "물에서 일하는 일꾼"이라는 명성을 얻었다는 것을 인정하고 있다. 처음에는 수영을 더욱 잘하기 위해 털의 일부를 깎은 리트리버가 널리 사용되었다. 이때부터 이러한 미용 풍습이 생겨나면서 스타일과 일반적인 외관이 강화되었고, 특히 프랑스에서 견종 지지자들도 이 풍습에 매료되었다. 푸들의 조상들은 모두 수영을 잘하는 것으로 알려져 있으나, 송로버섯을 찾기 위해 활용되었던 송로견(토이 또는 미니어처 크기)은 사실상 물 근처도 간 적이 없다. 송로버섯을 찾는 일은 식용버섯을 별미로 여기면서 영국에서 널리 행해졌고, 후에 스페인과 독일에서 행해졌다. 송로버섯의 냄새를 맡고 땅을 파헤칠 때, 큰 개보다 작은 개가 송로버섯을 덜 손상시킬 수 있었기 때문에 작은 크기가 선호되었다. 그래서 송로버섯을 잘 채취하는 이상적인 견종을 만들기 위해 테리어종과 푸들을 교배했다는 설이 있다. 스탠더드 푸들이 다른 크기의 푸들보다 가장 오래되었다는 주장은 있지만, 푸들이라는 견종이 오늘날 인식되는 일반적인 견종이 되고 얼마 지나지 않아 더 작은 크기의 푸들들도 발달되었다는 증거도 있다. 푸들 중 가장 작은 토이 푸들은 18세기 영국에서 하이트 쿠바White Cuban가 인기를 끌면서 알려졌다. 서인도제도에서 기인한 토이 푸들은 주인의 소매 속에 숨겨 스페인 그리고 영국으로 이동하였다. 그러나 유럽 대륙은 토이 푸들이 영국으로 들어오기 전부터 알고 있었다. 독일 예술가 알브레히트 뒤러Albrecht Durer의 그림을 통해 15세기와 16세기에 견종이 정립되었다는 것을 확인할 수 있다. 스페인 예술가인 고야Goya의 그림에서 볼 수 있듯이, 푸들은 18세기 후반에 스페인의 가장 주요한 애완견이었다. 프랑스는 거의 같은 시기인 루이 16세 재임기간 중 토이 푸들을 매우 선호하였다.

그림 1.11 18세기 초기 콘티넨털 클립

3. 세부 특징

1) 공통

▶ 원문

푸들을 위한 견종 표준은 체고를 제외하고는 스탠더드와 미니어처에서도 동일하다.

The Standard for the Poodle(Toy variety) is the same as for the Standard and Miniature varieties except as regards heights.

▶ 해설

a. 푸들은 크기(체고)의 차이만 있을 뿐, 평가하는 방법은 동일하다.

b. 푸들은 크기에 따라 3종류가 있다(AKC).

토이 푸들 (25cm 이하) 미니어처 푸들 (25~38cm) 스탠더드 푸들 (38cm 이상)

그림 1.12 푸들의 종류(AKC)

c. FCI에서는 푸들을 크기에 따라 4종류로 분류한다.

토이 푸들(28cm 이하, 25cm 선호), 미니어처 푸들(35cm 이하), 미디엄 푸들(45cm 이하), 스탠더드 푸들(60cm 이하)

FCI 푸들 견종 표준

스탠더드 푸들: 45cm 이상 최대 60cm까지 허용 오차는 +2cm

미디엄 푸들: 35cm 이상 45cm 이하

미니어처 푸들: 28cm 이상 35cm 이하

토이 푸들: 24cm 이상(허용오차 -1cm) 최대 28cm(이상적: 25cm)

Standard Poodles: Over 45cm up to 60cm with a tolerance of +2cm.

Medium Poodles: Over 35cm up to 45cm.

Miniature Poodles: Over 28cm up to 35cm.

Toy Poodles: Over 24cm (with a tolerance of -1cm) up to 28 cm(sought after ideal: 25cm).

AKC의 견종 표준에는 최대 크기는 명시하고 있지 않다. 자료에 의하면 스탠더드 푸들의 최대 크기는 56~69cm(22~27인치)이다(참고 https://poodleclubofamerica.org/sizes-of-poodles/).

저자가 보았을 때 토이 푸들은 24~25cm에서 가장 아름다운 체형을 보이며, FCI에서 토이 푸들의 크기는 24~28cm이고 25cm가 가장 이상적이라고 하였으나 저자의 번식 경험으로 보았을때 24~28cm의 중간인 26cm

에서 가장 아름다운 체형이 나오기 때문에 26cm가 이상적인 크기라고 생각한다. 그래서 AKC에서는 토이 푸들을 25cm 이하로 하고 있다. 공통적으로 체고와 체장의 ±1~1.5cm는 허용된다. 그러나 견종 표준에서 정해진 크기 이내에 있는 것이 바람직하다고 생각한다.

토이 푸들(24~28cm)

미니어처 푸들(28~35cm)

미디엄 푸들(35~45cm)

스탠더드 푸들(45~60cm)

그림 1.13 푸들의 종류(FCI)

2) 일반적 외형(General Appearance)

(1) 몸가짐과 모양(Carriage and Condition)

▶ **원문**

푸들은 매우 활발하고 지적이며 우아한 외형을 가지고 있다. ❶ 균형 잡힌 체형과 비례를 갖추고, 건강한 움직임과 자부심 넘치는 자세를 보인다. ❷ 전통적인 방법으로 적절히 다듬고 정성 들여 손질한 푸들은 푸들만이 가지는 특별함과 품위가 있다.

That of a very active, intelligent and elegant-appearing dog, squarely built, well proportioned, moving soundly and carrying himself proudly. Properly clipped in the traditional fashion and carefully groomed, the Poodle has about him an air of distinction and dignity peculiar to himself.

▶ **해설**

❶ 푸들은 견종 표준에 따라 정방형의 체형을 가지는 것이 이상적이다. 하지만 저자의 심사 경험에 비추어볼 때, 전람회에서 장방형 체형의 푸들이 출전하더라도, 때로는 그 나라 푸들의 발전을 위해 우수한 체형을 가진 장방형의 개를 선택하는 경우도 있다. 이 경우, 단순히 장방형 체형이라는 이유만으로 평가가 이루어져서는 안 되며, 견종 표준을 기준으로 종합적인 관점에서 평가가 이루어져야 한다. 평가자는 견종 표준에 맞는 정방형 체형의 개를 선택하려고 노력하지만, 현실적으로 완벽한 정방형 체형의 개를 찾기는 어렵다. 따라서 평가자와 브리더들은 견종 표준에 가까운 정방형의 푸들을 발굴하고, 이를 통해 푸들의 체형을 점진적으로 개량하기 위해 지속적으로 노력해야 할 것이다.

※ 푸들의 체형은 **AKC 견종 표준에서는 정방형**Square으로 정의되지만, **FCI 기준에서는 장방형**Rectangle으로 분류된다. 장방형은 체장이 체고보다 5% 정도 긴 것으로, 이는 다른 견종을 평가할 때도 공통적으로 적용되는 기준이다. 여기서 "약간 길다"는 표현은 개의 움직임이 더 자연스럽고 기능적으로 유연하다는 점을 나타낸다. 저자의 평가 경험에 따르면, 암컷의 경우 체장이 체고보다 약 7%까지 허용하는 심사위원도 있다. 이는 암컷이 자견을 몸속에 품을 수 있는 공간이 필요하기 때문이다. 반면, 수컷의 경우 약 5%까지 허용하는 것이 일반적이다. 이러한 기준은 견종의 용도와 생물학적 특성을 반영한 것이므로, 평가 시 이를 종합적으로 고려하는 것이 중요하다.

※ "바람직하다"는 표현은 최선의 기준을 의미하며, "허용한다"는 차선을 나타내는 표현이라고 생각한다.

FCI 견종 표준

체장은 체고보다 약간 길다.

The length of the body is slightly more than the height at the withers.

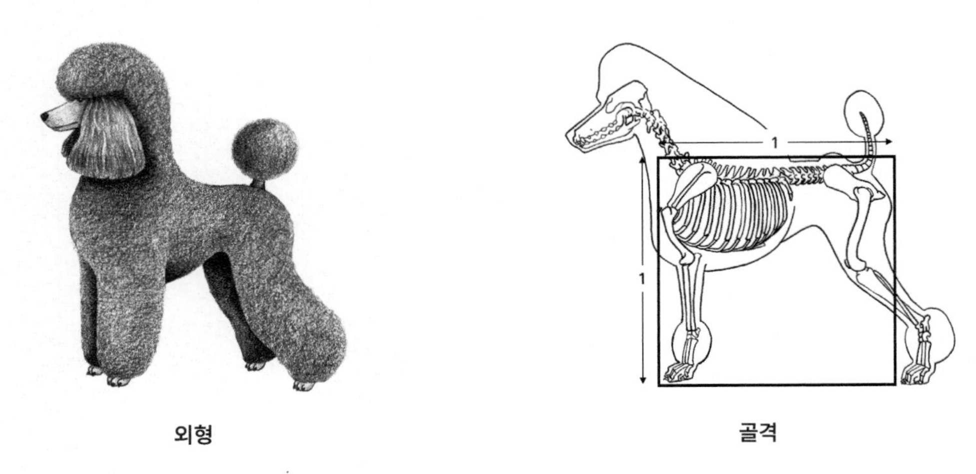

그림 1.14 정방형 체형

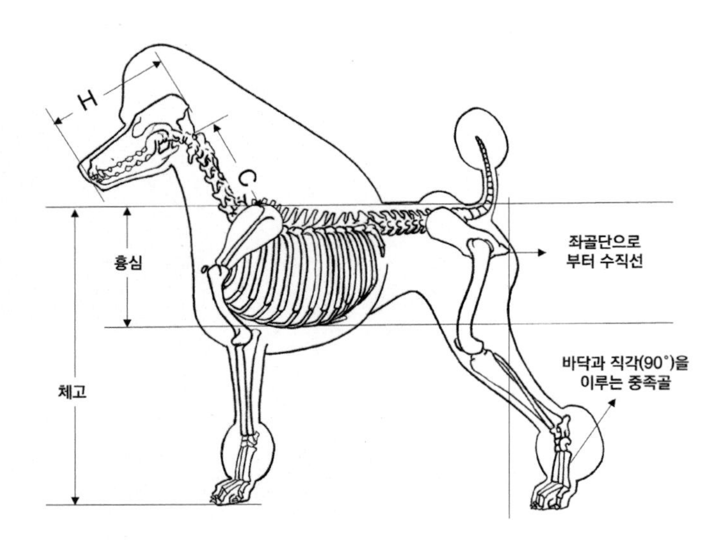

※ H(머리)의 장축 길이와 C(경추)의 길이는 비슷하다.

※ C(경추)의 길이는 체고의 약 1/3이다.

그림 1.15 전체 골격도

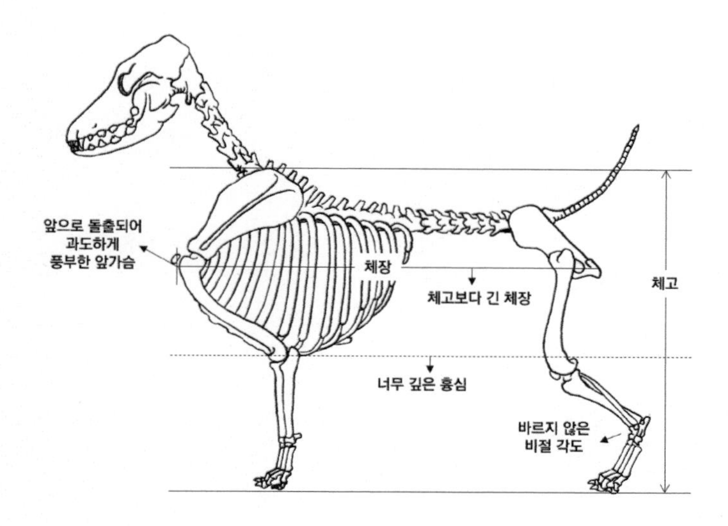

※ 왜소형 체형은 경쾌감과 추진력이 현저하게 떨어진다.

그림 1.16 왜소형(Dwarf) 체형

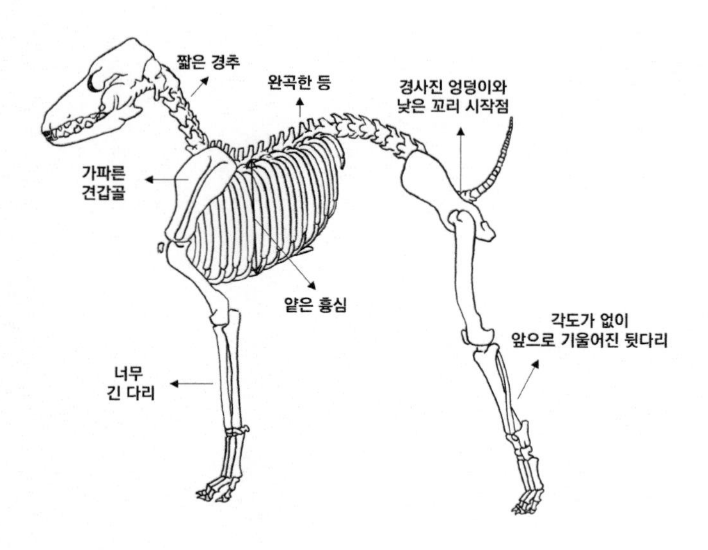

그림 1.17 고각형(High on Leg) 체형

왜소형 체형과 고각형 체형은 푸들에서 특별히 많이 발견되는 체형으로 이 용어는 푸들에서부터 발전한 것이다.

A. **왜소형**(Dwarf) **체형**

- 체장이 체고보다 10% 이상 길어지면 왜소형 체형이라고 한다.
- 체장이 체고보다 길어지면 스웨이 등Sway Back처럼 척추가 미세하게 내려가게 된다.
- 견갑을 지나 서서히 흉추 9번째에서 요추 1번째 사이에서 최저점을 형성한다. 다만, 체형의 길이에 따라 최저점의 위치가 달라질 수 있다.

B. **고각형**(High on Leg) **체형**

- 체장이 체고보다 10% 이상 짧아지면 고각형 체형이라고 한다.
- 체장이 짧아지기 때문에 낙타 등Camel Back처럼 척추가 미세하게 솟아오르게 된다.
- 흉추 13번째와 요추 1번째 사이에서 최고점을 형성하지만, 체형의 비율에 따라 그 위치는 달라질 수 있다.

❷ 모든 견종은 일반적으로 한 가지 클립만 허용되어 다양한 연출이 어려운 반면, 푸들은 나이에 따라 4가지 클립을 선택할 수 있어, 다양한 스타일을 표현할 수 있는 독특한 견종이다.

3) 크기, 비례와 실체(Size, Proportion and Substance)

(1) 크기(Size)

▶ **원문**

스탠더드 푸들Standard Poodle은 체고(지면에서 어깨의 제일 높은 곳까지)가 15인치(38.1cm) 이상이며 만약 체고가 15인치 이하이면 스탠더드 푸들로서의 자격을 상실하기 때문에 전람회에서 실격 처리된다. 미니어처 푸들Miniature Poodle은 15인치 이하에서 최소한 10인치(25.4cm)를 초과해야 한다. 15인치 초과 혹은 10인치 이하라면 미니어처 푸들로서의 자격을 상실하기 때문에 전람회에서 실격 처리된다. 토이 푸들Toy Poodle은 체고가 10인치 이하인 푸들이며 10인치를 초과하면 토이 푸들로서의 자격을 상실하기 때문에 전람회에서 실격 처리된다. 토이 푸들이 명확히 토이 푸들로, 미니어처 푸들이 명확히 미니어처 푸들로 각 견종의 균형과 비율을 충족하는 경우, 다른 모든 조건이 동등하다면 더 작은 크기가 결정적인 요소가 된다.

The Standard Poodle is over 15 inches at the highest point of the shoulders. Any Poodle which is 15 inches or less in height shall be disqualified from competition as a Standard Poodle.

The Miniature Poodle is 15 inches or under at the highest point of the shoulders, with a minimum height in excess of

10 inches. Any Poodle which is over 15 inches or is 10 inches or less at the highest point of the shoulders shall be disqualified from competition as a Miniature Poodle.

The Toy Poodle is 10 inches or under at the highest point of the shoulders. Any Poodle which is more than 10 inches at the highest point of the shoulders shall be disqualified from competition as a Toy Poodle.

As long as the Toy Poodle is definitely a Toy Poodle, and the Miniature Poodle a Miniature Poodle, both in balance and proportion for the Variety, diminutiveness shall be the deciding factor when all other points are equal.

▶ 해설

a. 크기보다는 전체적인 **조화와 비율이 가장 중요**하다. 미니어처 푸들은 국내에서 개체 수는 적지만, 구성 면에서 우수한 경우가 많다. 반면, 스탠더드 푸들은 크기가 클수록 좋은 구성을 갖추기가 어려워, 조화와 비율이 부족한 경우도 있다. 이는 같은 견종에서도 크기가 커질수록 이상적인 조화와 비율을 유지하는 것이 쉽지 않기 때문이다. 일반적으로, 중간 정도의 크기일 때 가장 좋은 조화와 비율을 가진 개를 발견할 가능성이 높다. 예를 들어, 미니어처 푸들의 크기는 10~15인치(25~38cm)로 정의되지만, **이 범위의 중간인 13인치 정도에서 좋은 체형을 가진 푸들을 발견할 확률이 높다.** 그러나 브리더는 15인치의 좋은 체형을 더 선호하는 경향이 있다. 이는 **크기가 크면서도 좋은 체형을 가진 개가 자연 분만 가능성이 높고, 전체적인 조화와 비율 면에서도 우수**하다고 평가되기 때문이다.

b. 크기와 체중이 적절해야 푸들의 고유한 특징이 잘 드러난다. 이는 푸들이 원래부터 수행해온 회수와 같은 견종 본래의 임무를 가장 효율적으로 수행할 수 있는 조건이 되기 때문이다.

c. 크기가 23cm 이하로 작아지면 전체적인 기능성이 감소하는 경향이 있다.

(2) 비례(Proportion)

▶ 원문

바람직한 정방형 외형을 가지기 위해서는 흉골단에서 좌골단까지의 길이와 ❸ 어깨의 제일 높은 위치에서 지면까지의 길이가 거의 동일하다.

To insure the desirable squarely built appearance, the length of body measured from the breastbone to the point of the rump approximates the height from the highest point of the shoulders to the ground.

▶ 해설

a. 푸들은 체고와 체장의 비율이 1:1로 균형을 이루는 정방형 구조를 가지고 있다.

b. 정방형은 체고와 체장이 "동일하다"라고 표현하는 것이 원칙이지만, "거의 동일하다"라고 표현하고 있다. 이는 근육 발달 정도에 따라 약간의 차이가 발생할 수 있기 때문이다. 따라서 평가자는 이러한 차이를 이해하고, 이를 고려하여 판단하는 것이 중요하다.

c. 흉골단과 견단(견갑골의 아래쪽 끝부분으로 상완골과 만나는 지점)은 체장을 측정할 때 동일한 의미로 간주된다. 이는 흉골단의 위치와 견단의 위치가 거의 동일하기 때문이다.

※ 과거 견종 표준에는 수컷은 정방형에 가깝고 암컷은 출산 등의 이유로 장방형이었으나 이후 견종 표준의 개정으로 수컷과 암컷이 모두 정방형으로 통일되었다.

※ 체고를 측정할 때, **앞다리는 견갑에서 팔꿈치 뒤를 지나 패드까지 일직선**을 이루어야 한다. 이는 푸들의 고유한 특성을 나타낸다. 대부분의 견종도 견갑에서 팔꿈치 뒤를 지나는 점은 동일하지만, **중수골에서 약 20°의 각도를 이루는 경우가 많아 푸들과는 다르게 보다 자연스러운 보행**을 보인다(예: 말티즈 등). 뒷다리는 좌골단에서 하퇴의 중간을 지나 뒷발 앞까지 연결되어야 하며, 이는 대부분의 견종에서 공통적으로 적용되는 기준이다.

❸ "어깨의 제일 높은 위치"라는 것은 극돌기를 의미한다.

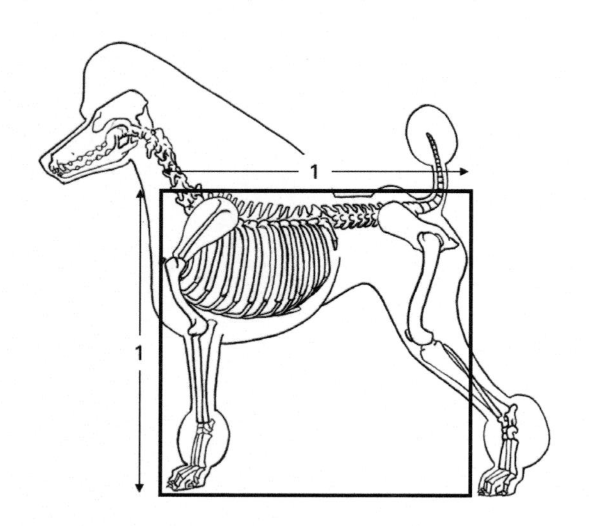

그림 1.18 푸들의 체고 및 체장 비율

(3) 실체(Substance)

▶ **원문**

앞다리와 뒷다리의 뼈와 근육은 개의 크기와 조화를 이루어야 한다.

Bone and muscle of both forelegs and hindlegs are in proportion to size of dog.

▶ **해설**

a. 크기에 따라 골격과 근육이 조화를 이루는 것이 중요하다. 그러나 일반적으로 골격과 근육에 문제가 있는 경우가 적지 않다. 현재 우리나라의 푸들은 대체로 골격과 근육이 약한 점이 문제로 지적되며, 과도하게 발달하여 문제가 되는 경우는 드문 편이다.

b. 약간의 근육 문제는 운동을 통해 개선할 수 있지만, 약한 골격과 관절의 각도 문제는 구조적인 요소로, 보완하기 어렵다. 이는 견종의 기본적인 체형과 기능성에 영향을 미칠 수 있는 중요한 요인이다.

c. 푸들은 운동을 통해 근육을 발달시킴으로써 고유한 특성인 쾌활함, 추진력, 그리고 균형 잡힌 체형을 더욱 돋보이게 할 수 있다.

4) 머리와 표정(Head and Expression)

(1) 눈(Eyes)

▶ **원문**

눈은 ❹ 매우 진한 색이면서 ❺ 타원형이어야 한다. ❻ 눈과 눈 사이에 충분한 공간이 있어서 경계심 있고 지적인 느낌을 주어야 한다. ❼ 주요 결함: 둥근 눈, 돌출된 눈, 크거나 ❽ 밝은 눈.

very dark, oval in shape and set far enough apart and positioned to create an alert intelligent expression. Major fault: eyes round, protruding, large or very light.

▶ **해설**

❹ 푸들의 눈은 진한 색, 특히 암갈색을 띠는 것이 이상적이다.

❺ 견종 표준에 따르면, 토이 푸들의 눈은 타원형 형태를 가지는 것이 바람직하다.

※ AKC 기준에 따르면, 토이 푸들은 타원형이고, 스탠더드 푸들은 아몬드형이다.

※ 미니어처 푸들과 스탠더드 푸들의 경우, **아몬드형 눈이 올바른 형태**로 간주된다. 타원형 눈은 약간 크고 부드러

워 보이는 반면, 아몬드형 눈은 조금 더 날카로운 인상을 주며, 눈꼬리가 미세하게 올라가 있는 특징이 있다. 푸들의 눈이 아몬드형이어야 하는 이유는, **사냥견의 후예인 견종들이 대부분 아몬드형이나 삼각형**Triangle **눈**을 가지고 있기 때문이다. 또한, 아몬드형 눈은 광대뼈(협골궁)와 주변 근육의 보호를 가장 효과적으로 받을 수 있는 구조를 제공한다. 하지만 인간의 개입으로 개량이 많이 이루어질수록 타원형 눈을 가진 푸들이 나타날 확률이 높아지는 경향이 있다. 이는 원래 견종의 기능적 특성보다 외형적인 선호도가 반영된 결과라고 볼 수 있다.

❻ 전두부의 너비와 주둥이 길이에 따라 눈과 눈 사이의 간격은 차이가 나타난다. 주둥이가 짧은 개(단두형)의 경우, 눈 사이 간격이 더 넓은 반면, 주둥이가 긴 개(중두형, 장두형)는 눈 사이 간격이 적당한 편이다. 이러한 차이를 이해하고 주의 깊게 관찰하는 것이 중요하다. 일반적으로, **사냥개의 두개와 주둥이의 표준 비율이 3:2일 때, 눈 사이 간격이 이상적**이라고 여겨진다. 이 기준을 바탕으로 개별적인 차이를 살펴보며 견종의 특성을 평가할 필요가 있다.

❼ 푸들은 원래 **사냥감을 회수하는 목적의 사냥개로 개량되었기 때문에, 눈이 둥글거나 지나치게 크면 다칠 확률이 높아질 수 있다.** 사냥개로서 푸들은 활동성과 민첩성을 갖추고 다양한 환경에서 움직이기 때문에, 눈이 지나치게 크거나 둥글면 지형적 장애물이나 외부 자극으로 인해 부상을 입기 쉬워진다. 견종 표준에서 푸들의 눈은 **아몬드형이나 약간 타원형으로 정의**되며, 이는 눈의 보호와 시야의 효율성을 동시에 고려한 형태이다. 이러한 특성은 푸들의 기능적 역할과 안전을 유지하기 위한 중요한 요소로 간주된다.

❽ **눈의 색상이 밝아지는 것은 멜라닌 색소의 부족을 의미하며, 이는 단순한 색상 변화뿐만 아니라 건강상의 문제를 시사**할 수 있다. 멜라닌 색소 부족은 개체의 면역 체계와 관련이 있을 수 있으며, 이에 따라 저항력이 떨어지고 특정 합병증에 취약해질 가능성이 높아질 수 있다. 이러한 문제는 특히 유전적 요인이나 환경적 요인과 관련이 있을 수 있으므로, 번식 과정에서 눈 색상과 관련된 표준을 준수하는 것이 중요하다. 또한, 건강 상태를 정기적으로 점검하여 잠재적인 합병증의 위험을 조기에 발견하고 관리하는 것이 필요하다.

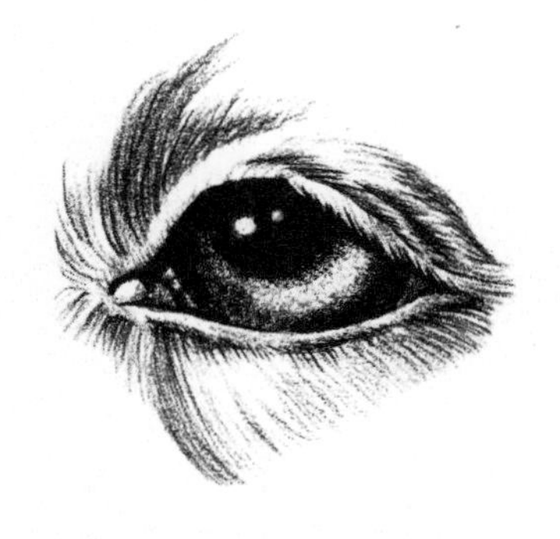

아몬드형(Amond Type)

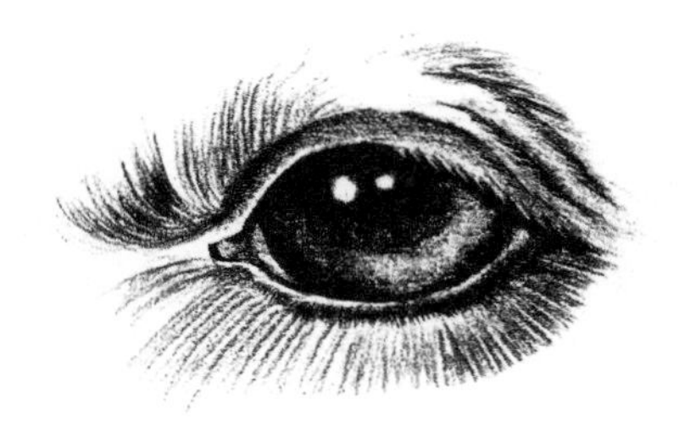

타원형(Oval Type)

그림 1.19 푸들의 눈

(2) 귀(Ears)

▶ **원문**

❾ 귀는 눈의 위치와 동일 선상이거나 조금 아래에 위치하여야 하며 ❿ 머리에 가까이 있어야 한다. ⓫ 귀의 크기는 길고 넓으면서 ⓬ 두꺼운 털로 덮여 있어야 한다. 그러나 ⓭ 귀의 장식털은 과도하게 길지 않아야 한다.

hanging close to the head, set at or slightly below eye level. The ear leather is long, wide and thickly feathered; however, the ear fringe should not be of excessive length.

▶ **해설**

❾ 견종 표준에 따르면, 귀는 눈의 위치와 동일선상이거나 약간 아래쪽에 위치하는 것이 이상적이라고 한다. 그러나 저자의 평가 경험에 따르면, 귀가 눈꼬리보다 약간 위쪽에 붙어 있는 경우도 종종 발견된다.

❿ 귀는 측두부에 가깝게 붙어 있어야 하지만, 구조적으로 완전히 밀착되기는 어렵다. 귀 끝의 형태는 쐐기 모양(삼각형)이거나 너무 넓지 않은 것이 이상적이다. 반면, 귀의 시작 부분이 지나치게 넓거나 귀 끝이 약간 둥근 형태는 바람직하지 않은 특징으로 간주된다.

⓫ 푸들의 귀는 **끝부분이 최소 아래턱(하악)까지 내려오는 것이 바람직**하다. 이는 견종 표준에서 요구하는 이상적인 귀 길이로, 푸들의 우아한 외모와 균형 잡힌 체형을 강조하는 중요한 요소다. 귀가 너무 짧으면 푸들의 고유한 특징을 잃을 수 있고, 너무 길면 전체적인 균형을 해칠 수 있으므로, 귀 길이는 최소 하악까지 내려오는 적당한 길이를 유지하는 것이 이상적이다.

⓬ 푸들의 귀는 **모량이 많을수록 견종 표준에서 바람직하게 여겨진다.** 풍성한 귀의 모량은 푸들의 우아함과 품격을 한층 더 돋보이게 하며, 전체적인 외모의 균형과 조화를 이루는 데 기여한다. 또한, 보온과 보호 기능을 강화하는 역할도 한다. 그러나 **모량이 많을수록 엉킴 방지와 위생 유지를 위해 정기적인 관리와 손질이 필수적**이다. 풍성하고 건강한 귀털을 유지하려면 적절한 영양 공급과 꾸준한 미용 관리가 중요하다.

⓭ 귀의 털 길이는 **반드시 몸의 전체 털 길이와 조화를 이루는 것이 이상적**이다. 이는 푸들의 전체적인 외모에서 균형과 아름다움을 유지하는 데 중요한 요소다. 귀의 털이 몸의 털 길이에 비해 지나치게 길거나 짧으면 전체적인 조화를 해칠 수 있으므로, **몸의 털 길이와 비슷한 비율을 유지하는 것**이 바람직하다. 이를 위해 귀의 털도 정기적으로 다듬어주고, 관리 상태를 최적화하는 것이 필요하다.

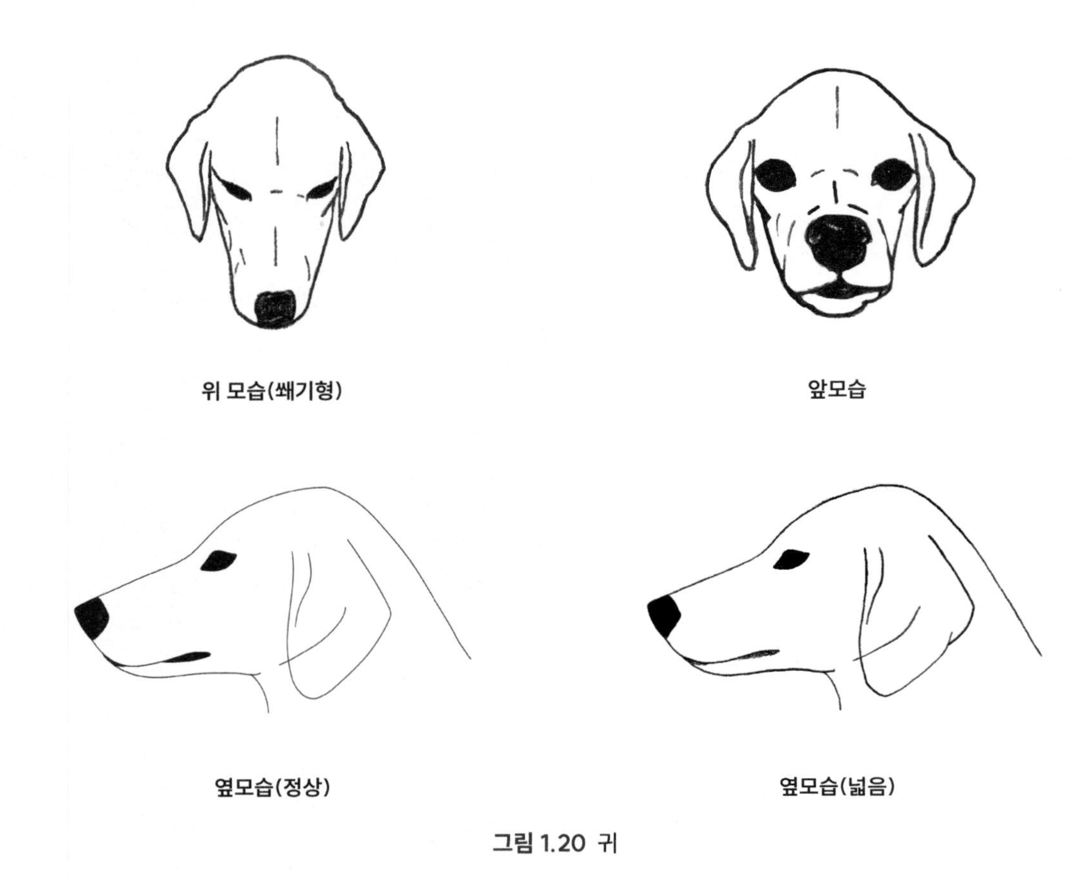

그림 1.20 귀

(3) 두개골(Skull)

▶ 원문

두개골은 ⓮ 약간이지만 명확한 액단을 가지며 ⓯ 적당히 둥글다. ⓰ 광대뼈와 근육은 편평하다. ⓱ 후두부에서 액단까지의 길이는 주둥이의 길이와 동일하다.

moderately rounded, with a slight but definite stop. Cheekbones and muscles flat. Length from occiput to stop about the same as length of muzzle.

▶ 해설

⓮ 액단은 명확하게 구분되면서도 부드럽게 연결되어야 한다. 이는 견종의 균형 잡힌 체형과 자연스러운 외모를 강조하는 중요한 요소다. 그림 1.23의 두개골은 장두형의 대표적인 두개골을 표현한 것으로 푸들의 두개골은 **액단부분이 약간 들어가 명확**해야 한다.

⑮ **두정(머리 정중앙)에서 후두부로 갈수록 미세하게(약간) 높아지는 형태**를 가진다. 이는 견종의 이상적인 두개 구조를 보여주는 특징이다.

⑯ 광대뼈와 볼 근육이 편평하다는 것은 볼의 발달이 적절하다는 것을 의미한다. 볼이 적절히 발달하면 주둥이는 자연스럽게 쐐기 형태를 이루게 된다. 그러나 볼의 발달이 부족한 경우, 주둥이의 볼 부분이 급격히 좁아지며, 쐐기 형태를 제대로 형성하지 못하게 된다.

정상 저조

그림 1.21 주둥이 발달

※ 푸들은 원래 부드러운 액단을 가지고 있지만, **미용으로 인해 이마 앞부분에 만들어진 이마 볼륨**Swell**으로 인해 그림 1.22에서 보이는 것처럼 액단이 깊게 보이는 경우가 있다.** 이것은 실제로 액단이 깊은 것이 아니라, **깊어 보이는 효과에 불과하므로 이를 착각하지 않도록 주의해야 한다.** 견종 평가 시, 미용에 의해 시각적으로 변형된 부분을 정확히 이해하고 판단하는 것이 중요하다.

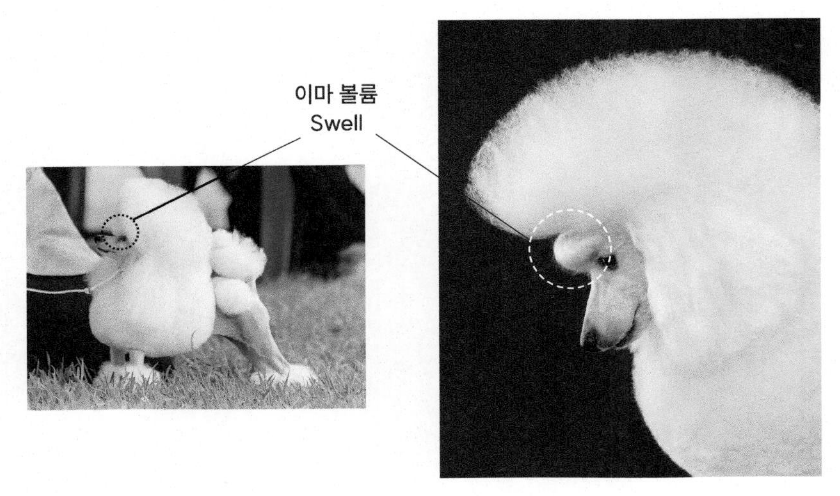

그림 1.22 이마 볼륨(Swell)

⑰ 두개와 주둥이 길이의 **이상적인 비율은 1:1**이다. 그러나 머리가 둥근 형태를 보이는 경우, 이 비율에서 벗어나 **주둥이가 짧아졌다는 것을 의미하며, 이는 푸들의 견종 표준에 부합하지 않아 바람직하지 않은 특징으로 간주된다.** 이러한 개체는 견종 발전을 위해 번식에서 제외되어야 한다. 머리가 둥근 형태라고 하면, 코끝에서 후두부로 이어지는 구조가 점진적으로 둥글다고 오해하는 경우가 많다. 그러나 실제로는 두정골의 가장 높은 부분이 정점이 되어, 앞으로는 액단까지 미세하게 둥글게 낮아지고, 뒤로는 후두부까지 부드럽고 완만하게 이어지는 것을 의미한다. 따라서, 푸들의 머리는 **전체적으로 둥근 형태가 아니라는 점을 반드시 기억해야 한다.**

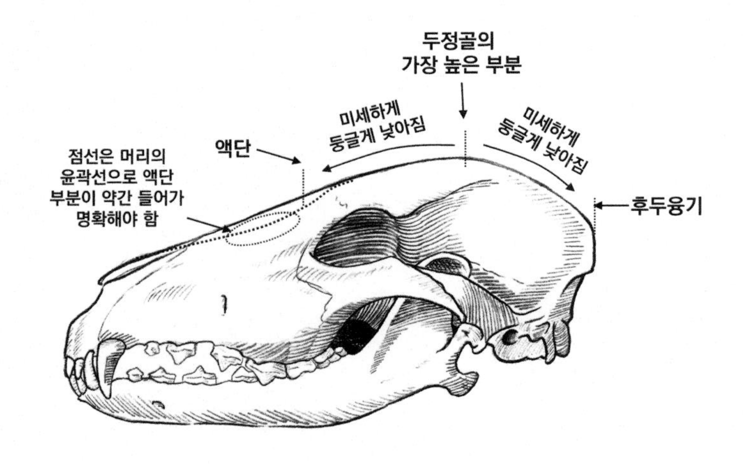

그림 1.23 두개 형태

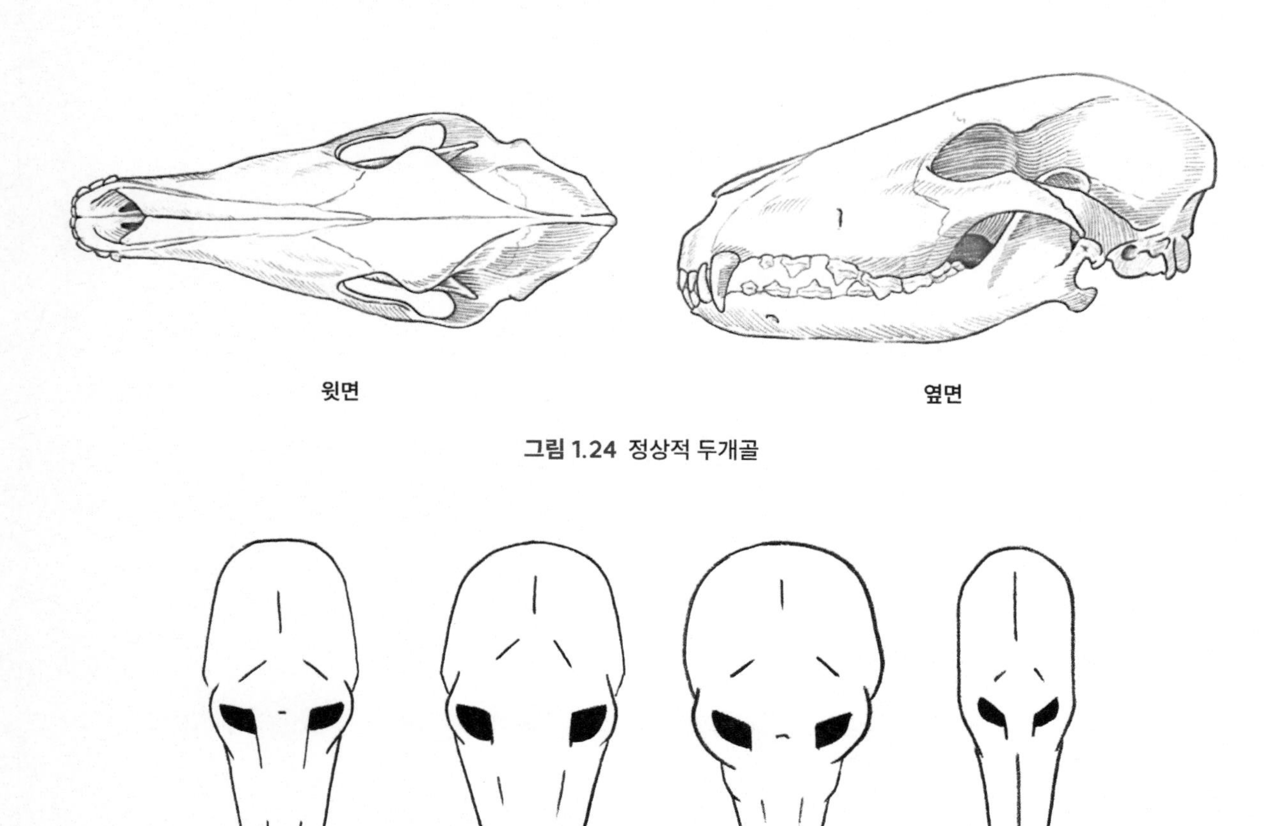

그림 1.24 정상적 두개골

그림 1.25 머리 형태

(4) 주둥이(Muzzle)

▶ 원문

⓲ 주둥이는 눈 아랫부분이 약간의 윤곽을 가지면서 길고 반듯하며 섬세한 느낌을 주어야 한다.

⓳ 입술이 늘어지지 않으면서도 튼튼하여야 한다. ⓴ 턱은 뾰족하지 않도록 충분히 뚜렷해야 한다.

주요 결함: ㉑ 턱의 부족

long, straight and fine, with slight chiseling under the eyes. Strong without lippiness. The chin definite enough to preclude snipiness.

▶ **해설**

⑱ 눈 아랫부분은 명확한 윤곽Chiselling이 드러나야 한다. 이는 푸들의 고유한 얼굴 구조를 강조하며, 견종 표준에서 중요한 특징으로 간주된다. 명확한 윤곽은 얼굴의 조화를 돋보이게 하고, 우아한 외모를 완성하는 데 기여한다.

⑲ 푸들의 **주둥이 발달은 충분해야 한다.** 주둥이 발달이 부족하면 치열, 악력, 이빨의 크기 등 치아와 관련된 문제가 발생할 수 있다. **윗입술이 충분히 발달된 경우, 윗입술은 처지지 않고 아랫입술과 자연스럽게 맞물린다.** 그러나 윗입술의 발달이 부족하면, 윗입술이 처져 아랫입술을 덮어버리게 되어 이상적인 형태를 잃게 된다. 특히 우리나라 푸들 중에는 **입꼬리(구각)가 늘어진 경우**가 흔히 관찰되는데, 이는 **품위를 떨어뜨리는 중요한 결점**으로 간주된다. 입꼬리가 늘어진다는 것은 피부가 이완되었음을 의미하며, 이는 근육 발달 부족으로 인해 민첩성이 떨어질 가능성을 시사한다. 이러한 점은 푸들의 고유한 특성과 기능성을 저하시킬 수 있으므로 주의가 필요하다.

⑳ 국내 푸들 중에는 뾰족한 주둥이Snippy Muzzle 형태를 가진 경우가 많다. 이는 주둥이가 가늘고 발달이 부족하다는 것을 의미한다. 이상적인 주둥이 형태는 윗입술과 아랫입술이 딱 맞물려, 입술이 눈에 띄지 않아야 하며, 전체적으로 조화롭고 견고한 인상을 주어야 한다.

㉑ 일반적으로 상악보다 하악에서 문제가 발생하는 경우가 더 많다. 따라서 하악 구조와 발달 상태를 더 세밀하게 관찰하고 평가할 필요가 있다.

그림 1.26 푸들 입술 이완(늘어짐, 구각)

(5) 이빨(Teeth)

▶ **원문**

㉒ 이빨은 하얗고 튼튼하며 가위교합이어야 한다.

white, strong and with a scissors bite.

▶ **해설**

a. **가위교합(협상교합)은 윗니가 아랫니를 약 1/3 정도 덮으면서, 윗니의 안쪽과 아랫니의 바깥쪽이 정확히 맞닿아야 한다.** 이때, **입을 벌리거나 다물 때 이빨이 서로 간섭하거나 문제가 생겨서는 안 된다.** 이러한 교합은 견종 표준에서 바람직한 구조로 간주된다.

b. 이빨은 결치가 없는 상태가 가장 바람직하다. 이는 견종 표준에서 요구하는 완전한 치열 구조를 충족하며, 개의 건강과 기능성에서도 중요한 요소로 간주된다. 결치는 유전적 문제로 이어질 가능성이 높으므로 번식 시 신중한 고려가 필요하다.

c. **결치는 하악 제1 전구치(소구치, 앞어금니)에서 가장 흔하게 발생한다.** 따라서, 하악 제1 전구치가 없는 경우, 전체 치아의 개수와 상태를 더욱 면밀히 살펴볼 필요가 있다. 반면, 하악 제1 전구치가 존재한다면, 다른 치아도 모두 있을 가능성이 높다.

※ 제1 전구치가 없을 경우, 음식물을 정상적으로 섭취하는 기능이 저하될 수 있다. 또한, 제1 전구치는 송곳니(견구치)가 견고하게 자리 잡을 수 있도록 지지대 역할을 하며, 송곳니의 무는 활동을 보조하는 중요한 역할을 한다. 따라서, 제1 전구치의 부재는 전체적인 치아 기능과 구조에 부정적인 영향을 미칠 수 있다.

d. 제1 전구치가 가장 작은 이유는 무는 동작에 방해가 되지 않도록 하기 위함이다. 이 치아는 송곳니가 튼튼하게 자리 잡도록 지지해 주면서, 대상물을 적절한 깊이로 정확하게 물 수 있도록 보조하는 역할을 한다. 이러한 구조적 특성은 견종의 기능성과 효율성을 유지하는 데 중요한 요소다.

e. 결치에 대한 평가는 국가나 협회에 따라 감점 처리 방식에 차이가 있다. 예를 들어, 결치 수에 따라 결점으로 간주하는 경우도 있고, 그렇지 않은 경우도 있다. 일부 기준에서는 하악 제1 전구치가 좌우 1개씩, 최대 2개까지 결치되는 것을 허용하기도 한다. 결치는 유전적 요인에서 기인할 가능성이 크며, 이를 보완하기 위해서는 약 6세대에 걸친 개량 과정이 필요할 수 있다. 이러한 점은 브리더가 유전적 특성을 충분히 고려하여 신중하게 번식 계획을 수립해야 하는 이유이다.

f. 절단교합에 대해서는 평가자마다 허용 여부에 차이가 있다. 그러나 저자는 절단교합이 하악전출교합Undershot으로 이어질 가능성이 있기 때문에 선호하지 않는다. 이는 개의 성장 과정에서 상악이 먼저 발달하고 하

악이 나중에 발달하는 특성 때문이다. 절단교합은 하악이 과도하게 발달하여 하악전출교합으로 발전할 가능성을 높이기 때문에, 저자는 이를 바람직하지 않은 특징으로 간주한다.

g. 어린 강아지(약 2개월)의 경우, 미세한 상악전출교합이 관찰된다면 성장 과정에서 교정될 가능성이 있으므로 4개월까지 기다려 보는 것이 좋다. 이는 상악과 하악이 성장하면서 자연스럽게 교합이 맞아질 수 있기 때문이다.

㉒ 각 견종은 해당 견종에 적합한 크기와 이빨의 색상을 가져야 한다. 푸들의 경우에도 3가지 크기(토이, 미니어처, 스탠더드)에 따라 반드시 이빨 크기에 차이가 있어야 한다. 이는 견종 표준에 따라 체형과 이빨의 비율이 조화를 이루도록 하기 위한 중요한 요소이다.

(6) 교합(bite)

▶ **원문**

주요 결함: 하악전출교합Undershot, 상악전출교합Overshot, 비뚤어진 입Wry Mouth.

Major fault: undershot, overshot, wry mouth.

▶ **해설**

a. 상악전출교합은 모든 견종에서 실격으로 간주된다. 이는 견종 표준에서 정의한 이상적인 치열 구조에 어긋나며, 개의 기능성과 심미성에 부정적인 영향을 미치기 때문이다. 이러한 교합 문제는 번식에서도 피해야 할 중요한 결점으로 여겨진다.

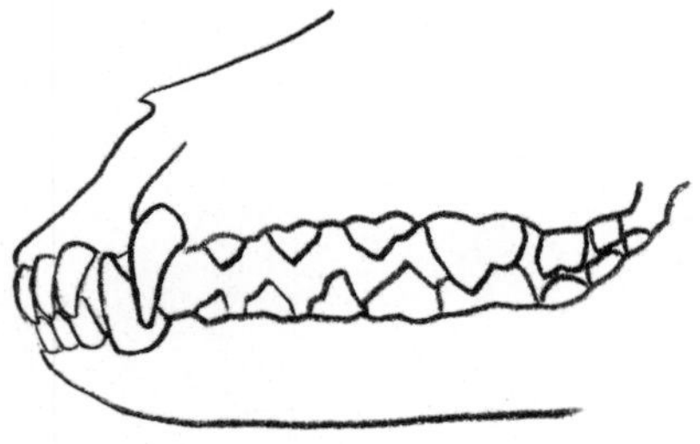

가위교합(Scissors Bite)

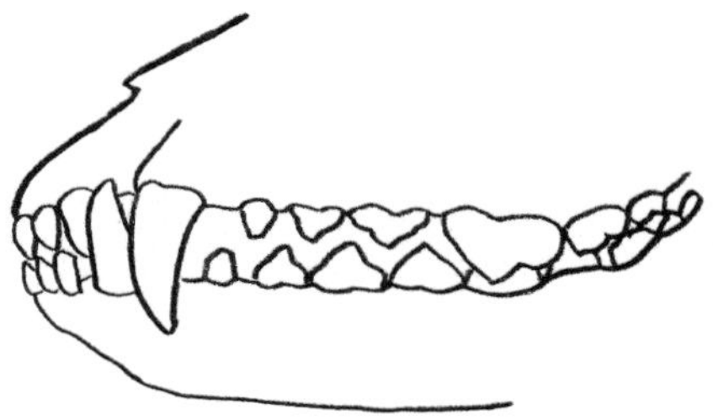

절단교합(Level Bite)

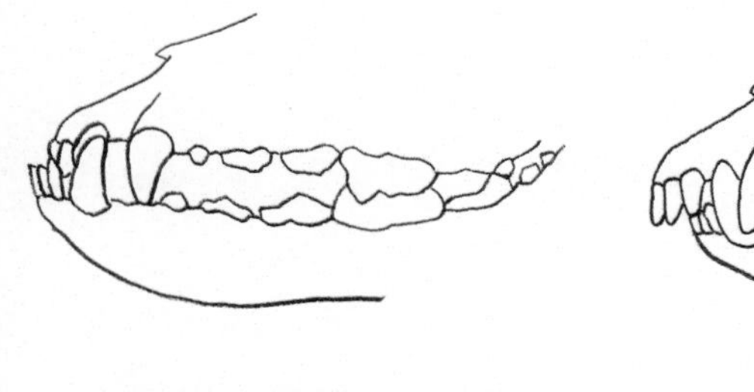

하악전출교합(Undershot)

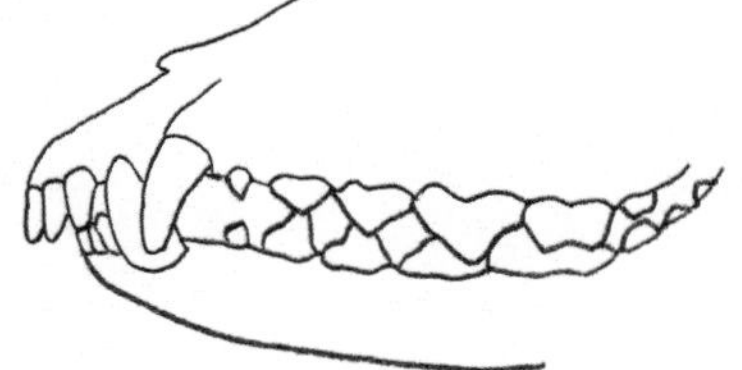

상악전출교합(Overshot)

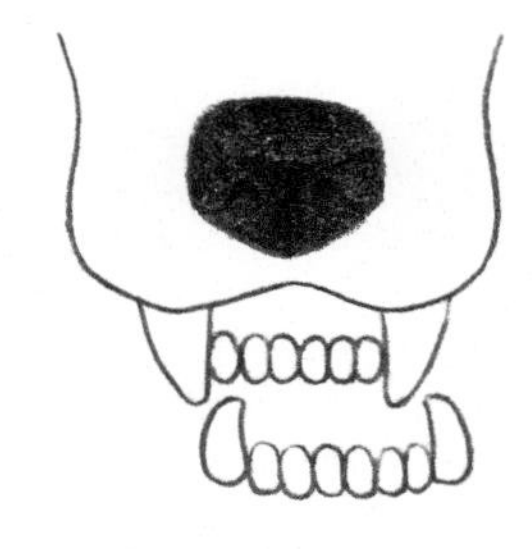

비뚤어진 입(Wry Mouse)

그림 1.27 교합 형태

5) 목, 등선, 몸통(Neck, Topline, Body)

(1) 목(Neck)

▶ **원문**

목은 잘 조화되고, 머리가 높은 위치에 있어서 품위 있는 자태를 보이도록 충분히 길고 튼튼해야 한다. ㉓ 피부는 목 부분에서 늘어지지 않아야 한다. 목은 튼튼하고 근육이 있는 어깨로부터 부드럽게 시작된다. 주요 결함: ㉔ 가늘고 빈약한 목

well proportioned, strong and long enough to permit the head to be carried high and with dignity. Skin snug at throat. The neck rises from strong, smoothly muscled shoulders. Major fault: ewe neck.

▶ **해설**

a. 견종마다 목 길이를 측정하는 방법이 다르다.

- 체장의 길이에 비례해서 측정(예 : 비숑 프리제)
- 체고의 길이에 비례해서 측정(대부분의 견종)

푸들의 목 길이는 체고의 길이에 비례하여 측정하는 방법을 따르며, 이상적으로 **체고의 약 1/3 정도의 길이를 유지해야 한다.** 이 비율은 푸들의 균형 잡힌 체형과 고유의 우아함을 나타내는 중요한 요소로 간주된다.

b. 목의 형태는 아치형과 거북목형으로 구분되며, 푸들은 **아치형 목**을 가져야 한다. 아치형 목은 푸들의 우아함과 균형을 강조하는 이상적인 형태로, 견종 표준에서 바람직한 특징으로 간주된다.

c. 목의 발달은 길이와 굵기가 몸 전체와 조화를 이루는 것이 중요하다. 이는 푸들의 균형 잡힌 체형과 우아한 인상을 완성하는 데 필수적인 요소이다.

d. 어깨는 견갑골의 각도와 길이에 따라 형태가 달라지며, **적절한 견갑골의 각도(약 45°)와 길이를 유지**하면 목선이 아름답고 부드러운 모습을 보인다. 반면, 급경사Steep나 완만한 경사Sloping는 이상적이지 않으며, 균형 잡힌 체형과 우아한 인상을 저해할 수 있다.

㉓ 피부는 늘어지지 않고 탄력적이어야 한다.

㉔ 견갑골의 각도는 45°가 이상적이지만, 55~60°(급경사)인 경우에는 근육 발달이 저조해져 목이 가늘고 빈약해지는 경향이 나타난다. 이로 인해 전체적인 움직임에서 기능성이 떨어지며, 견종 표준에서 요구하는 균형 잡힌 체형과 운동성을 유지하기 어려워질 수 있다.

아치형(도베르만 핀셔)

거북목형(보더 테리어)

그림 1.28 목 유형

(2) 등선(Topline)

▶ 원문

등선은 어깨 바로 뒤에서 약간 들어간 것을 제외하고는 견갑골의 가장 높은 부분에서 꼬리의 시작 부분까지 경사지거나 돌출되지 않고 수평이다.

The topline is level, neither sloping nor roached, from the highest point of the shoulder blade to the base of the tail, with the exception of a slight hollow just behind the shoulder.

▶ 해설

a. 모든 개의 몸통에서 견갑골 위치는 가장 높은 지점이어야 한다. 이는 견종의 체형에서 기본적으로 중요한 요

소로, 어떤 등선 형태를 가지더라도 견갑골이 가장 높은 위치를 차지해야 한다. 견갑골 뒤로 이어지는 등선의 형태는 견종마다 다양하며, 이는 각 견종의 고유한 체형과 기능적 특성을 반영한다. 다만, 견갑골의 위치가 단순히 가장 높아야 한다고만 할 경우, 높을수록 좋다는 오해를 불러일으킬 수 있다. 따라서 견종별로 이상적인 견갑골의 높이를 이해하는 것이 중요하다. 이는 견종의 특성을 정확히 반영하고 이상적인 체형을 유지하기 위해 반드시 고려해야 할 요소다.

b. 대부분의 견종은 일부 특수한 견종을 제외하고 수평 등Level Back을 가지고 있다. 수평 등은 개의 아름다운 체형을 돋보이게 하며, 효율적인 동력 전달, 우수한 운동성, 그리고 민첩성을 제공한다. 견종의 체형에 따라 정방형(예: 포메라니안)과 장방형(예: 비숑 프리제, 말티즈)의 움직임에는 차이가 있다. 일반적으로 장방형 체형을 가진 개가 정방형보다 걸음걸이가 더 부드럽고 속도(스피드)가 우수한 경향을 보인다. 이는 장방형 체형의 구조적 특성이 유연성과 효율적인 움직임을 가능하게 하기 때문이다.

c. 등Back의 종류

- 수평 등Level Back: 등은 일반적으로 견갑에서 관골 앞까지를 의미하지만, 경우에 따라 견갑에서 꼬리 시작점까지를 등으로 간주하기도 한다. 어느 방법을 선택하더라도 등선을 평가하는 데 큰 문제가 되지 않는다. 이는 관골에서 꼬리 시작점까지의 길이가 관골의 각도에 따라 달라질 수 있기 때문이다. 따라서, 평가 시 견종 표준과 상황에 맞게 유연하게 접근할 수 있다.
- 바퀴 모양 등Wheel Back 또는 잉어 등Roach Back : 11번 흉추부터 서서히 올라가서 선추 부분에서 정점을 이루며 이후 엉덩이까지 서서히 아치를 이룬다. (예: 베들링턴 테리어, 불독 등)
- 스웨이 등Sway Back : 견갑 이후 서서히 13번 흉추까지 내려갔다가 이후 요추부터는 다시 정상적인 수평 등을 형성하다 천추골 부분부터 다시 아치를 이룬다. (예: 댄디디몬트 테리어 등)
- 낙타 등Camel Back : 견갑 이후 서서히 올라가서 13번 흉추, 1번 요추에서 정점을 이루고 엉덩이까지 아치를 이룬다. (예: 보르조이 등)

d. 꼬리의 위치가 90°에 가까울수록 수평 등Level Back을 가질 가능성이 높다. 꼬리의 위치를 평가할 때는 **꼬리의 시작 부분을 기준**으로 판단해야 하며, 이는 견종의 체형과 등선의 조화를 평가하는 데 중요한 요소다.

e. 관골의 각도는 일반적으로 약 25°를 가지는 것이 이상적이다. 그러나 관골의 각도가 약 15°로 더 완만해질 경우, 대내전근이 더 크고 발달하여 꼬리의 위치가 올바르게 유지되며, 추진력이 증가하는 경향이 있다. 이러한 각도를 가진 경우, 구보Canter 시 발이 앞으로 뻗는 동작과 뒤로 뻗는 동작이 거의 동시에 이루어져 효율적이고 강력한 움직임을 보여준다. 이는 견종의 운동성과 기능성을 높이는 데 중요한 역할을 한다.

(3) 몸통(Body)

▶ **원문**

(a) ㉕ 가슴은 탄력성이 좋은 갈비뼈를 가지도록 깊고 적당히 넓다. (b) ㉖ 허리는 짧고 넓으면서도 튼튼하다. (c) ㉗ 꼬리는 반듯하고 높게 위치하며 곧게 서 있다. 조화로운 외관을 위하여 충분한 길이로 단미되어야 한다. 주요 결함: 꼬리의 위치가 낮음, 말린 꼬리, 등 위로 넘어간 꼬리.

(a) Chest deep and moderately wide with well sprung ribs. (b) The loin is short, broad and muscular. (c) Tail straight, set on high and carried up, docked of sufficient length to insure a balanced outline. Major fault: set low, curled, or carried over the back.

▶ **해설**

a. 체고는 팔꿈치 바로 뒤에서 측정하며, 이를 기준으로 체고를 100%로 했을 때, 견갑골에서 수직으로 흉골까지의 비율(흉심)이 45~47%, 그리고 흉골에서 지면까지의 다리 길이(지장)가 53~55%일 때 가장 이상적이며, 이 비율은 민첩성을 극대화한다. 다만, 흉심은 털과 근육에 의해 시각적으로 48% 정도로 보일 수 있으므로, 이를 감안하여 정확한 평가가 필요하다. 이러한 비율은 푸들의 균형 잡힌 체형과 기능성을 유지하는 데 중요한 기준이다.

㉕ 푸들의 가슴은 술통 가슴Barrel Chest처럼 지나치게 옆으로 튀어나와서는 안 되며, 빈약한 가슴 또한 바람직하지 않다. **이상적인 가슴 형태는 타원형 가슴**Oval Chest으로, "적당히"라는 표현은 이러한 타원형 구조를 의미한다. 늑골의 경우, 일반적으로 9번째 늑골이 가장 길며, 이를 중심으로 앞뒤로 갈수록 점점 짧아진다. 따라서 옆에서 보았을 때 가슴은 타원형(달걀 모양)을 이루는 것이 이상적이다. 가슴은 최대한 길게 수평을 유지하는 것이 좋으며, 특히 9번째 늑골까지 수평으로 유지된다면 가장 바람직한 형태로 간주된다. 이러한 가슴 구조는 흉곽의 면적을 넓혀 내부 장기가 잘 발달할 수 있는 여건을 제공한다. 턱업은 반드시 존재해야 하지만, 그 형태는 완만해야 하며, 너무 가파른 턱업은 좋지 않다. 턱업은 가슴이 짧고 가파른 경우보다는 가슴이 길고 완만한 경우가 이상적이며, 이는 개의 균형 잡힌 체형과 기능성에 기여한다.

요약: - 이상적인 가슴: 타원형(달걀 모양).

- 가슴은 9번째 늑골까지 수평을 유지하며 흉곽 면적이 커야 함.
- 턱업은 완만하게 형성되어야 함.

이러한 기준은 모든 견종에서 동일한 방식으로 평가할 수 있다.

그림 1.29 턱업

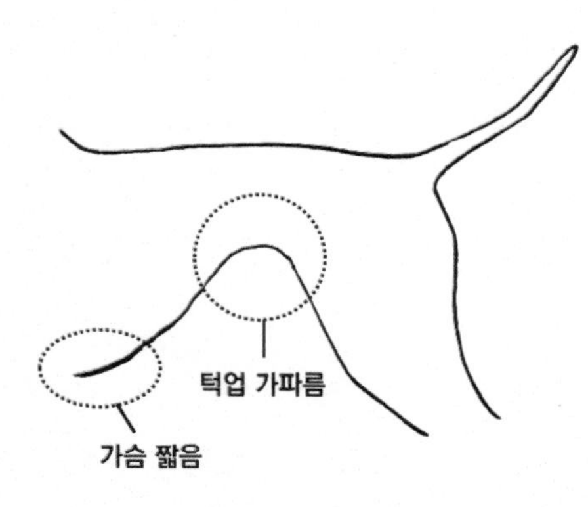

가슴이 짧고 가파른 턱업

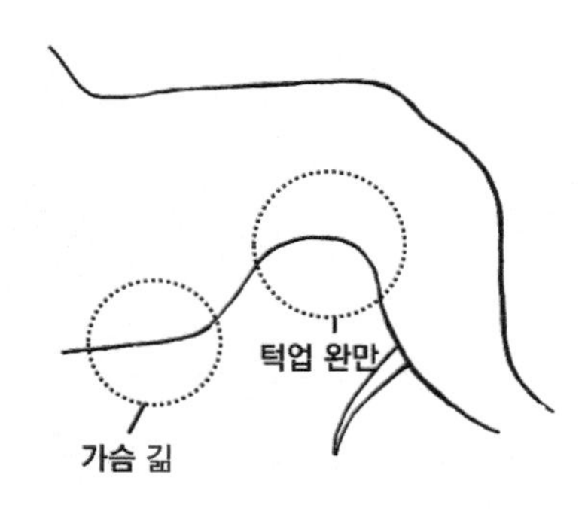

가슴이 길고 완만한 턱업

그림 1.30 턱업 형태

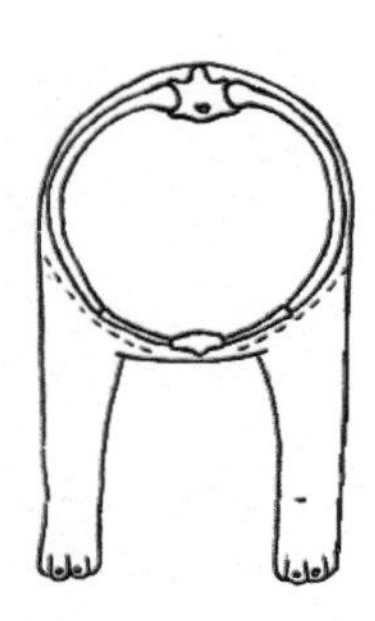

넓은 가슴(원통 가슴, Wide Front, 불독)

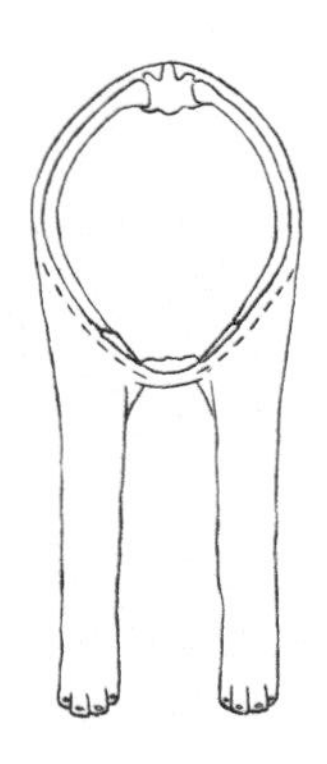

술통 가슴(오크통 가슴, Barrel Chest, 잘못된 가슴)

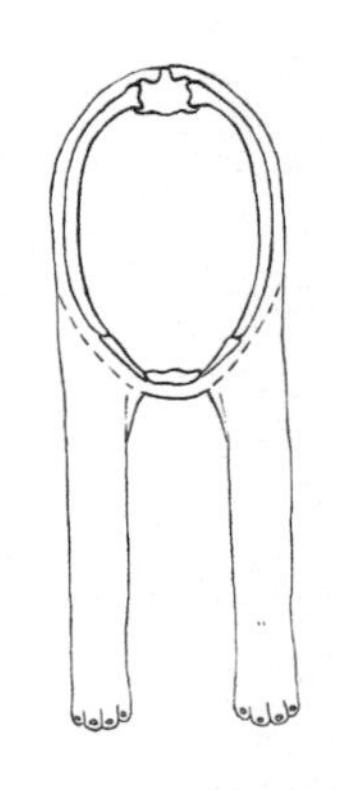

타원형 가슴(대부분의 견종)

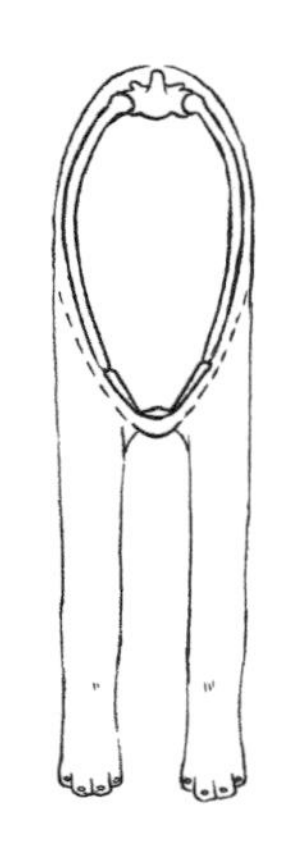

좁은 가슴(Narrow Front, 보르조이)

그림 1.31 몸통의 형태

㉖ 요추는 같은 견종, 성별, 나이일 경우 **짧을수록 바람직**하다. 이는 동력 전달이 빠르고 추진력이 강하다는 것을 의미하기 때문이다. 허리가 넓다는 것은 골격과 근육 발달이 우수하다는 것을 나타내며, 위에서 보았을 때 약간 넓은 느낌을 준다. 만약 요추가 짧고 넓으나 보행이 좋지 않은 경우라면, 이는 골격 자체는 좋더라도 후천적으로 충분한 운동이 이루어지지 않았다는 가능성을 시사한다.

좌우 요동 보행Rolling Gait은 주로 다음 요인에서 발생할 수 있다:

- 넓은 가슴 (1순위)
- 술통 가슴 (2순위)
- 비절 문제 (3순위)

그러나 소형견의 경우, 허리 문제로 인해 좌우 요동 보행이 나타나는 경우는 드물며, 이는 체형적 특성과 운동의 방식에서 비롯된 결과일 가능성이 크다.

요약: - 요추는 짧고 넓을수록 이상적이다.
- 허리가 넓은 개체는 골격과 근육 발달이 우수하다.
- 좌우 요동 보행의 주요 원인은 가슴 형태와 비절 문제이며, 소형견에서 허리 문제가 원인이 되는 경우는 적다.

㉗ 꼬리는 추진력 제공, 방향 전환, 정지, 그리고 의사 전달 등 다양한 목적으로 활용된다. 견종에 따라 꼬리가 시작되는 위치는 다를 수 있지만, 푸들의 **꼬리는 곧게 서 있어 수직으로 90° 위치하는 것이 이상적**이다. 꼬리를 평가할 때는 시작점을 기준으로 하며, 꼬리가 끝까지 반듯하게 유지되는 경우가 가장 바람직하다.

이러한 꼬리는 추진력이 뛰어난 특성으로 간주된다. 또한, 꼬리 길이가 적당하고 잘 발달되어 있다면 방향 전환, 의사 전달, 움직임 등을 더욱 효율적으로 수행할 수 있다.

단미 시 꼬리 길이는 꼬리를 곧게 세웠을 때 끝부분이 머리 높이와 동일한 선상에 위치하면 충분한 길이를 가진 것으로 본다. 다만, 꼬리를 자르는 것에 대한 규정은 단체마다 차이가 있으므로, 전람회에 참가하려는 경우 참가 단체의 규정을 미리 검토한 후 결정하는 것이 중요하다. 꼭 꼬리를 잘라야 한다면, 꼬리 전체 길이의 약 2/9 정도를 자르는 것이 적당한 것으로 간주된다. 여기서 약 2/9는 절대적인 것이 아니므로 개의 전체 조화를 보고 판단해야 한다.

요약: - 꼬리는 시작점이 기준이며, 끝까지 반듯한 형태가 이상적이다.
- 단미 시 꼬리의 충분한 길이는 머리 높이와 비슷한 선상이다.
- 꼬리 자르기는 단체 규정을 사전에 확인한 후 결정한다.
- 필요시, 꼬리의 약 2/9 길이를 자르는 것이 적당하다.

6) 몸의 앞부분(Forequarters)

▶ **원문**

몸의 앞부분은 튼튼하고 부드럽게 근육화된 어깨를 가진다. 견갑(어깨)은 뒤로 잘 기울어져 있어야 하고 상완과 거의 동일한 길이를 가지고 있어야 한다. ㉘ 주요 결함: 가파른 어깨.

Strong, smoothly muscled shoulders. The shoulder blade is well laid back and approximately the same length as the upper foreleg. Major fault: steep shoulder.

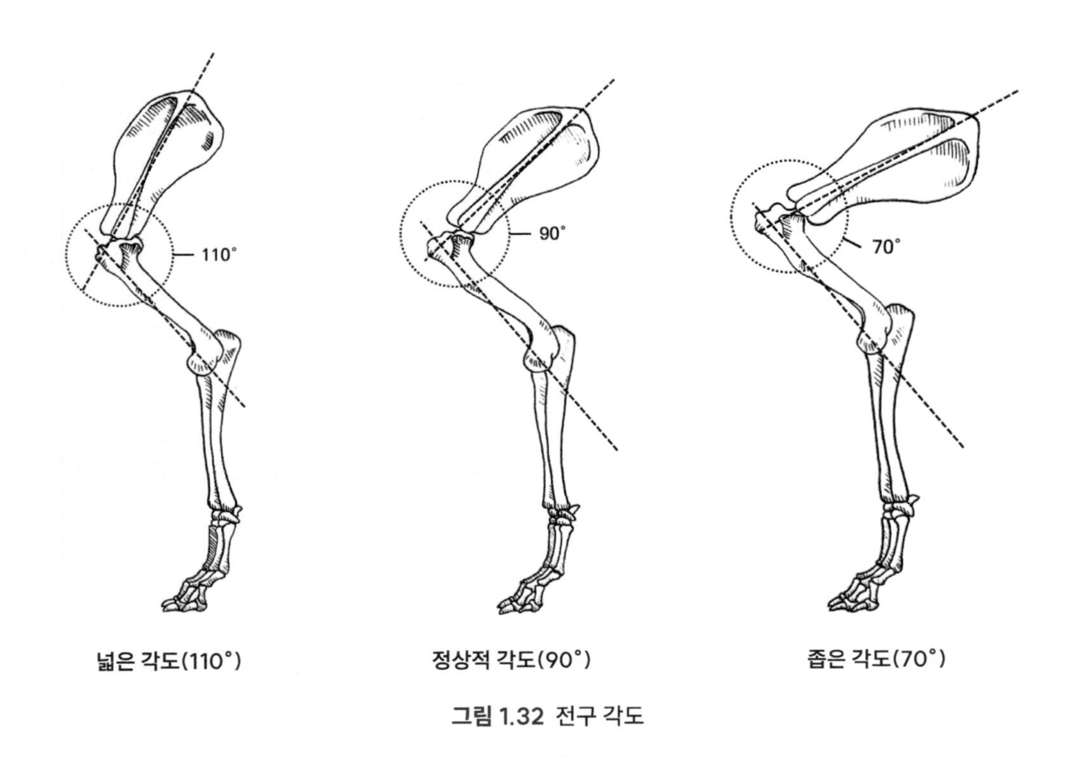

그림 1.32 전구 각도

▶ 해설

a. 견종에 따라 견갑골, 상완골, 전완골의 길이는 차이가 있다. 푸들의 경우, **견갑골, 상완골과 전완골의 길이가 거의 비슷한 것이 특징**이다. 그러나 전완골이 길어 보이는 이유는 그 아래에 중수골과 지골이 이어져 있어 전체적으로 길게 보이기 때문이다.

b. 보행(평보) 시, 앞다리의 움직임은 다음과 같은 각도로 이루어지는 것이 이상적이다:

- 앞으로 뻗을 때: 약 60°
- 착지 시: 약 45°
- 뒤로 뻗을 때: 몸의 중심에 위치

그러나 앞으로 뻗을 때 정확히 45°에 위치하는 개는 드물기 때문에, 45°에 가까운 보행 형태를 가진 개를 찾는 것이 바람직하다. 견갑골은 약 15° 정도의 유동성을 가지고 있어 움직임에 약간의 변화가 발생할 수 있다. 이상적인 경우, 견갑골이 지면과 45° 각도를 이루고 있다면, 이 유격으로 인해 최대 60°까지 뻗을 수 있다. 그러나 견갑 관절에서 견갑골의 관절위결절Supraglenoid Tubercle과 상완골의 대결절Greater Tubercle이 부딪히기 때문에, 견갑골은 완전히 벌어질 수 없다. 결과적으로, 견갑 관절은 최대 165°까지만 벌어질 수 있으며, 여기에 견갑골의 15° 유격이 더해져 최대 180°까지의 움직임 범위를 가지게 된다.

요약: - 앞다리의 각도는 뻗을 때 60°, 착지 시 45°가 이상적이다.

- 견갑 관절은 최대 165°까지 벌어지고, 견갑골 유격(15°)을 더해 최대 움직임 범위는 180°이다.
- 견갑골의 유동성과 관절 구조를 고려하여 평가해야 한다.

㉘ 견갑골과 상완골의 각도는 넓은 각도(110°)나 좁은 각도(70°) 모두 바람직하지 않다. 일반적으로, 각도가 좁은 개보다는 각도가 넓은 개를 더 자주 발견할 수 있다.

넓은 각도(110°)의 문제:

- 보폭이 좁아져 효율적인 움직임이 어려워진다.
- 목의 발달이 저조해지고, 견갑이 정상적인 위치보다 높게 위치하게 된다.

좁은 각도(70°)의 문제:

- 보폭이 지나치게 넓어지면서 과잉 보폭Overreaching이 발생한다.
- 몸통의 가장 높은 부분인 견갑 부분이 낮아져, 등(흉추 10~13번)의 높이와 같아지는 문제가 생긴다.

요약: 이상적인 견종의 움직임과 체형을 유지하려면, 견갑골과 상완골의 각도가 적절한 범위(약 90°)를 유지해야 하며, 넓거나 좁은 각도로 인한 문제를 피해야 한다. 이러한 각도는 개의 균형, 운동성, 민첩성에 직접적인 영향을 미친다.

(1) 앞다리(Forelegs)

▶ **원문**

㉙ 앞다리는 정면에서 보았을 때 반듯하고 양다리가 평행이 되어야 한다. ㉚ 옆에서 보았을 때 팔꿈치는 어깨의 가장 높은 곳에서 시작하여 수직선을 그렸을 때 수직선상 바로 뒤에 위치한다. ㉛ 발목은 튼튼하며 ㉜ 며느리 발톱은 제거할 수 있다.

Straight and parallel when viewed from the front. When viewed from the side the elbow is directly below the highest point of the shoulder. The pasterns are strong. Dewclaws may be removed.

▶ **해설**

㉙ 앞다리를 평가할 때에는 위에서 아래로 즉, 전완골, 중수골, 발 순으로 살펴보아야 한다. **특히, 전완골을 간과하기 쉽다.** 실제로 앞다리의 전완골에 문제가 있는 경우가 많아 주의 깊은 관찰이 필요하다. 발목은 내향이나 외향으로 치우쳐서는 안 되며, 바르게 자리 잡힌 발목은 근육과 골격이 잘 발달했음을 보여준다. 발목이 반듯하다는 것은 견갑골, 상완골, 전완골이 일직선상에 위치하여 조화를 이루고 있음을 의미한다. 이러한 구조적 균형은 개의 움직임과 체형의 안정성을 유지하는 데 매우 중요한 요소다.

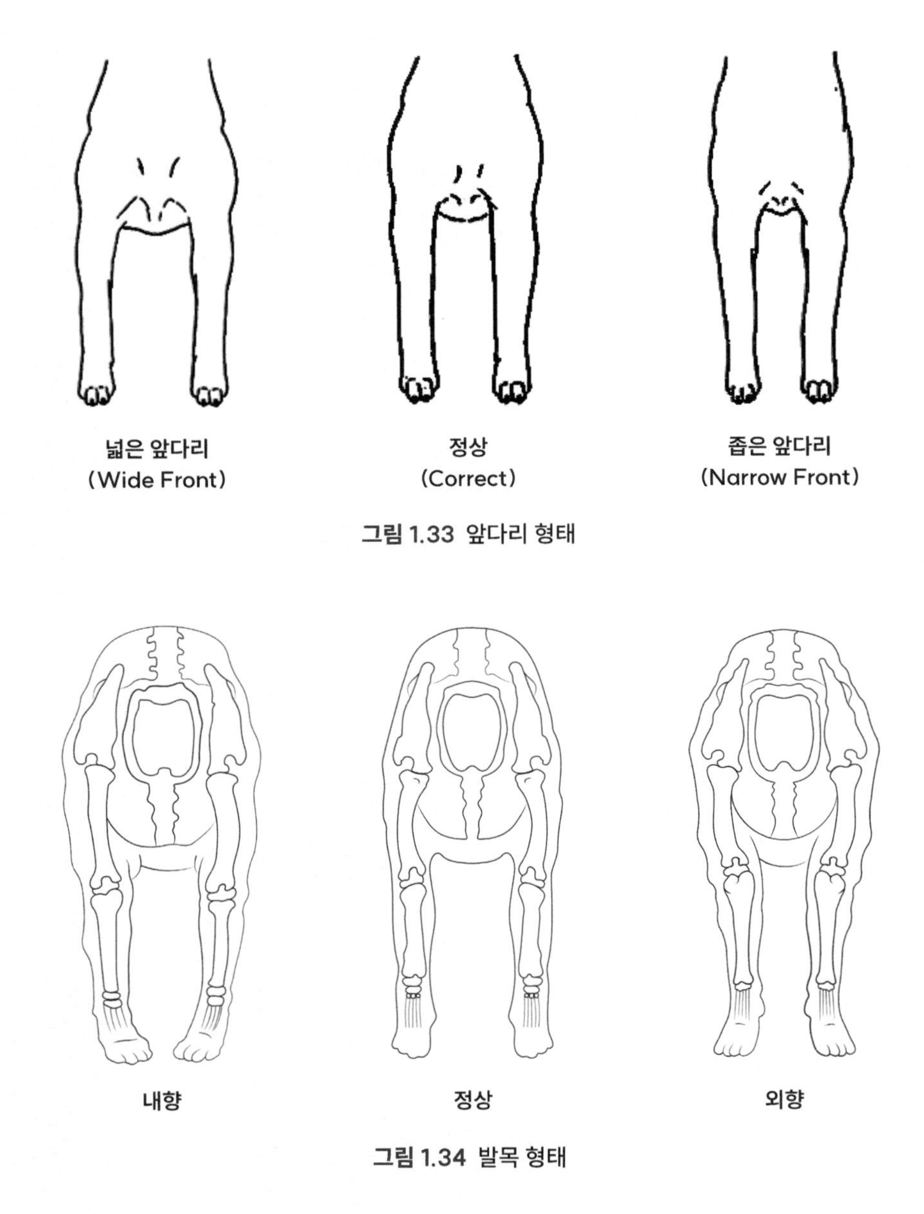

그림 1.33 앞다리 형태

그림 1.34 발목 형태

a. 가슴의 너비(다리의 간격)는 성견(약 12개월 이상)의 경우, 손가락 3개 정도가 자연스럽게 들어갈 정도가 적당하다.
   - 가슴이 좁은 경우: 이는 흉곽 발달이 저조하다는 것을 의미하며, 흉곽 내의 장기 발달이 미흡할 수 있다. 이러한 개체는 쉽게 지치는 경향이 있다.
   - 가슴이 너무 넓은 경우: 몸에 비해 에너지 소비가 많아지며, 결과적으로 지구력이 저하되는 문제가 발생할 수 있다.

따라서 적절한 가슴 너비는 견종의 체형과 기능성을 유지하는 데 중요한 기준이다.

b. 가슴의 너비를 확인할 때는 가슴의 발달 정도도 함께 평가해야 한다. 촉심(만져서 평가)을 통해 가슴을 확인했을 때, 몸에 비해 과도하게 돌출된 느낌이 있다면, 이는 과도한 가슴을 가졌다고 볼 수 있다. 반대로, 가슴이 가파르게 느껴진다면, 이는 가슴 발달이 저조하다는 것을 의미한다. 따라서, 평소에 정상적으로 발달된 가슴의 촉감을 익혀두는 것이 중요하다. 이는 견종 평가에서 기준을 명확히 세우는 데 도움이 된다. 특히, 가슴 발달은 전흉(앞가슴)의 발달과 밀접한 관련이 있으므로, 전흉을 함께 관찰하고 평가하는 것이 바람직하다.

c. 발목은 중수골이 있는 위치로, 사람의 손등에 해당하는 부분이다. 대부분의 견종은 중수골이 약 20~25° 정도 기울어져 있지만, 푸들의 경우 이 각도가 더 서 있어 반듯하게 보이는(직립성) 특징이 있다. 푸들의 발목이 거의 수직에 가까운 형태이기 때문에, 충격을 흡수하는 완충 역할이 어려워 보행 시 약간 튀는 듯한 느낌을 준다. 푸들의 발목이 이러한 형태가 된 이유에 대해서는 다양한 의견이 있지만, 저자는 푸들이 사냥감을 회수하는 목적으로 개량되었기 때문이라고 본다. 푸들은 걷는 것보다 뛰어넘는 동작이 필요한 지형에서 효과적으로 움직일 수 있도록 개량되었고, 이러한 목적에 맞추어 발목 구조도 발달했다고 추측된다.

d. 견갑골과 상완골의 길이가 거의 비슷하고, 견갑골과 상완골의 각도는 90°에 가까울수록 좋다.

㉚ 견갑골의 가장 높은 부분에서 수직으로 일직선을 그렸을 때, 팔꿈치가 그 수직선 바로 뒤에 위치해야 한다. 이는 견종의 균형 잡힌 체형과 이상적인 보행 구조를 나타내는 중요한 기준이다.

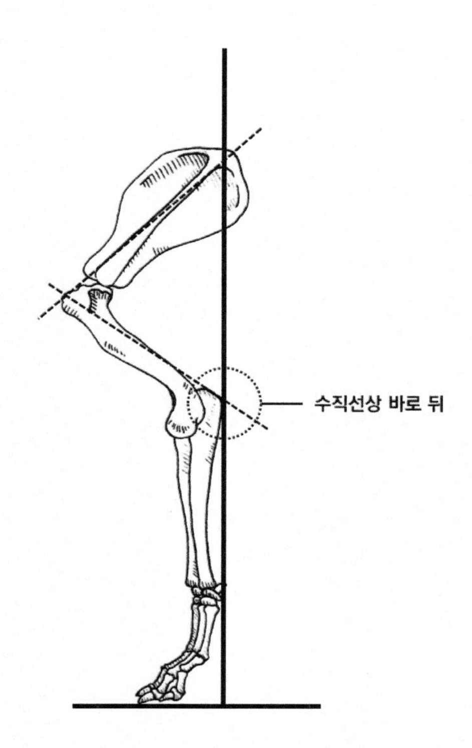

그림 1.35 팔꿈치 위치

㉛ 발목은 외전이나 내전이 되지 않고, 중수골과 패드가 잘 발달되고, 중수골이 튼튼해야 한다. 발목이 튼튼하지 않으면, 움직임에서 과도한 에너지 소모가 발생하고, 피로도가 누적되어 푸들의 고유 역할을 수행하는 데 제약이 생길 수 있다.

㉜ 토이 그룹의 견종들은 미용과 산책의 편리성을 위해 며느리발톱Dewclaw을 제거하는 것이 권장될 수 있다. 며느리발톱은 대부분의 앞발에 있지만, 뒷발에는 있는 경우도 있고 없는 경우도 있다. 이 발톱은 일반적으로 특별한 역할이 없기 때문에 제거하더라도 큰 문제가 없다. 다만, 견종에 따라 며느리발톱의 중요성이 달라질 수 있다. 예를 들어, 토이 그룹의 견종은 며느리발톱을 제거해도 견종 표준에 제약이 없지만, 워킹 그룹에 속하는 그레이트 피레니즈는 견종 표준에 따라 며느리발톱을 반드시 남겨두어야 한다. 이 견종에서는 며느리발톱이 용도와 기능 면에서 중요한 역할을 할 수 있기 때문이다. 과거 전람회에서는 각 견종의 고유한 용도를 중시했으나, 현대 전람회Conformation Show는 아름다운 체형을 기준으로 운영되는 경향이 강하다. 이는 산업화로 인해 많은 견종이 본래의 역할을 잃어가고, 전람회가 번식을 위한 기준을 평가하는 목적에 초점이 맞춰지고 있기 때문이다. 결과적으로, 며느리발톱은 기능적 용도가 필요하지 않거나 관리 및 외관상 불편을 초래하는 경우에 제거하는 것이 일반적이다. 그러나 견종 표준과 용도에 따라 며느리발톱의 중요성이 달라지므로, 이를 고려해 신중히 판단해야 한다.

(2) 발(feet)

▶ **원문**

발은 다소 작으며 타원형이다. 발가락은 좋은 아치를 형성하고 있고 두껍고 단단한 패드가 완충 역할을 한다. 발톱은 짧지만 과도하게 짧지는 않아야 한다. 발은 밖이나 안쪽으로 향하지 않는다.

주요 결함 : ㉝ 납작한 발, 벌어진 발.

The feet are rather small, oval in shape with toes well arched and cushioned on thick firm pads. Nails short but not excessively shortened. The feet turn neither in nor out. Major fault - paper or splay foot.

▶ **해설**

a. 푸들의 발은 다른 견종과 비교했을 때 작은 편으로 간주되지만, 크다고는 볼 수 없다. 그러나 푸들은 패드가 다소 큰 편이며, 이는 발목 구조와 관련이 있다. 푸들의 발목 구조는 튀는 듯한 보행을 유발하는데, 이때 패드가 완충 역할을 하여 충격을 흡수하고 움직임의 효율성을 높인다. 발과 패드의 이러한 특성은 푸들의 독특한 보행 스타일과 기능성에 기여하는 중요한 요소다.

b. 푸들의 발은 앞에서 보았을 때 타원형으로, 고양이 발과 비슷하지만, 고양이 발에 비해 미세하게 아치를 이룬다.

c. 모든 개에게는 두껍고 거친 패드가 이상적이다. 여기서 거칠다는 것은 부드럽거나 약하지 않고 튼튼하며 견고하다는 것을 의미한다. 이러한 패드 구조는 보행 시 충격을 흡수하고, 다양한 지형에서 발을 보호하며, 개의 운동성을 유지하는 데 중요한 역할을 한다.

d. 푸들의 발톱은 일반적인 견종의 발톱에 비해 조금 짧은 편이다.

㉝ 두께가 얇은 발이나 벌어진 발가락은 보행 시 에너지가 분산되어 효율성이 떨어지기 때문에, 개가 쉽게 피로감을 느끼는 원인이 된다. 이러한 발 구조는 견종 표준에서 중요한 결점으로 간주되며, 운동성과 기능성을 저해할 수 있다.

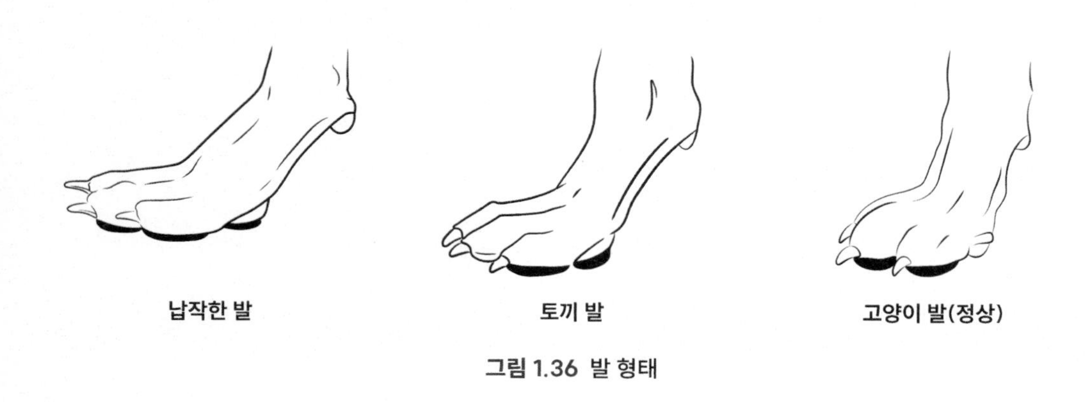

그림 1.36 발 형태

7) 몸의 뒷부분(Hindquarters)

▶ **원문**

몸 뒷부분의 각도는 앞부분의 각도와 조화를 이루어야 한다.

The angulation of the hindquarters balances that of the forequarters.

▶ **해설**

a. 관골과 대퇴의 각도(90°)와 견갑골과 상완골의 각도(90°)가 동일한 것이 바람직한 체형으로 간주된다. 즉, 앞다리와 뒷다리의 각도가 비슷하고, 기준인 90°에 가까울수록 균형 잡힌 체형과 이상적인 움직임을 보일 가능성이 높다. 이러한 구조는 개의 운동성과 효율성을 극대화하는 데 중요한 요소다.

b. 관골은 일반적으로 약 20~25° 정도 기울어 있는 것이 이상적이다. 하지만 관골의 각도가 약 15°인 경우, 근육이 더 잘 발달되어 보다 힘찬 보행이 가능해진다. 저자의 경험에 따르면, 정방형 체형의 개는 관골 각도가 15°

일 때, 꼬리의 시작 위치와 관골 근육의 발달이 뛰어나 더욱 강력하고 효율적인 보행을 보여준다. 이는 구조적인 균형과 근육 발달이 조화를 이루어 견종의 운동성을 극대화하는 데 기여한다.

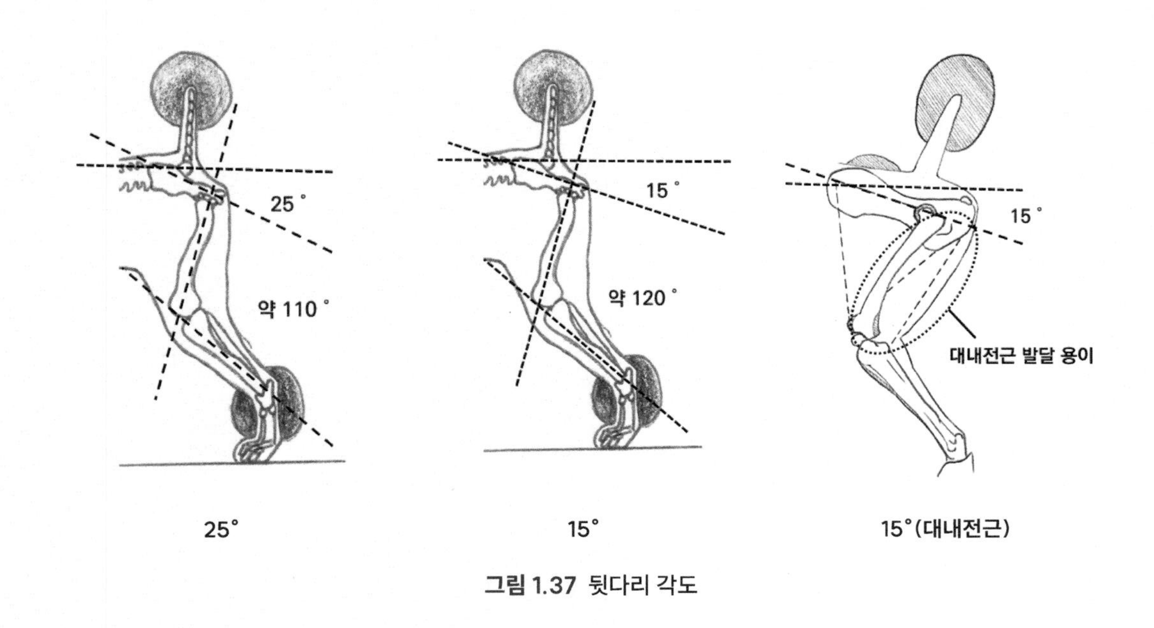

그림 1.37 뒷다리 각도

c. 개가 기계적으로 움직인다는 것은 전구(앞다리)와 후구(뒷다리)의 각도가 조화를 이루고 있기 때문이다. 관골은 고정되어 있지만, 견갑골은 약 15° 정도 유동성이 있기 때문에 전구와 후구의 각도가 약간 차이가 나더라도 관리만 잘 이루어진다면 큰 문제가 되지 않는다. 이러한 유연성은 개의 움직임에서 균형을 유지하고, 효율적인 보행을 가능하게 한다.

d. 무릎 관절Stifle의 각도가 넓어지면 정상적인 보폭보다 좁은 보폭Lack of Reach을 가지게 된다. 정상적인 개는 보행 시 앞 발목과 뒷 발목이 자연스럽게 교차해야 하지만, 보폭이 좁아지면 이러한 교차가 제대로 이루어지지 않는다. 반면, 무릎 관절의 각도가 좁아지면 정상 보폭보다 넓은 과잉 보폭Overreaching을 가지게 된다. 과잉 보폭은 개가 보행 시 앞 발목과 뒷 발목이 과도하게 교차하는 것을 의미하며, 이는 비효율적인 움직임을 초래할 수 있다.

요약: - 각도가 넓을 경우: 보폭이 좁아지고, 발목 교차가 제대로 이루어지지 않는다.

- 각도가 깊을 경우: 과잉 보폭으로 발목 교차가 과도하게 발생한다.

정상적인 무릎 관절의 각도는 균형 잡힌 보행과 효율성을 유지하는 데 필수적이다.

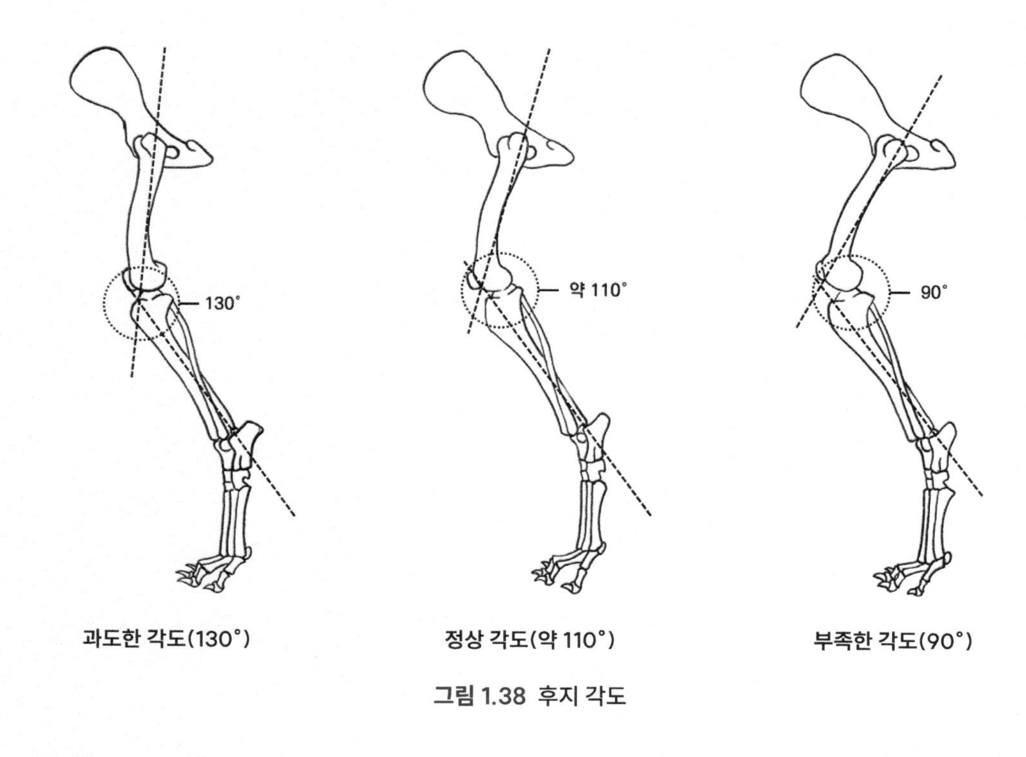

과도한 각도(130°) 정상 각도(약 110°) 부족한 각도(90°)

그림 1.38 후지 각도

출처: 브리더 - 강하나, 견사호 - Melody Line

그림 1.39 속보(Trot)

(1) 뒷다리(Hind legs)

▶ 원문

뒷다리는 뒤쪽에서 보았을 때 반듯하고 양다리가 평행하다. 잘 구부러진 뒷무릎 관절 부분이 충분한 넓이를 가지면서 근육이 있어야 한다. 대퇴골과 경골이 동일한 비율의 길이를 가지고 있어야 한다; 비절에서 뒤꿈치까지는 짧으면서 지면과 수직을 이루어야 한다. ㉞ 서 있는 자세를 취했을 때 뒷발가락이 엉덩이 위치에서 조금 뒤에 있어야 한다.

주요 결점 : ㉟ 소 뒷다리 모양 발목.

Hind legs straight and parallel when viewed from the rear. Muscular with width in the region of the stifles which are well bent; femur and tibia are about equal in length; hock to heel short and perpendicular to the ground. When standing, the rear toes are only slightly behind the point of the rump. Major fault – cow-hocks.

▶ **해설**

a. 푸들은 대퇴골과 하퇴골의 길이가 비슷하기 때문에, 정확한 무릎 관절의 각도Stifle Angle를 형성할 수 있다. 이는 푸들이 견종 표준에 맞는 균형 잡힌 체형과 우아한 움직임을 보이는 데 중요한 특징이다. 다른 견종의 경우, 대퇴골과 하퇴골의 길이가 다를 수 있으므로, 각 견종의 표준을 참고하여 이상적인 각도를 평가해야 한다. 또한, 푸들은 전구(앞다리)의 상완골과 전완골의 길이가 비슷하며, 후구(뒷다리)의 대퇴골과 하퇴골의 길이도 비슷하다. 이러한 비율은 푸들의 균형 잡힌 체형과 민첩한 움직임을 가능하게 하는 핵심 요소다.

b. 푸들은 전구(앞다리)와 후구(뒷다리)의 각도가 비슷하여 앞뒤가 상호 조화를 이루는 것이 이상적이다. 그러나 우리나라에서는 대퇴골이 짧은 개가 많은데, 이는 주로 유전적 요인에서 기인한다. 대퇴골이 짧아지면 무릎 관절의 각도Stifle Angle가 정상적인 각도보다 커지게 되어 정상적인 보행이 어려워질 수 있다. 하퇴골의 길이를 측정할 때는 경골을 기준으로 삼는데, 이는 경골이 비골보다 더 크고 주요 역할을 담당하기 때문이다.

개체의 기능적 특성에 따라 비절 밑에서 뒤꿈치(중족골)의 길이는 지구력과 속도에 영향을 미친다:

- 지구력이 강한 개: 비절 밑에서 뒤꿈치가 짧음.

  대표 견종: 시베리안 허스키

- 스피드가 좋은 개: 비절 밑에서 뒤꿈치가 깊.

  대표 견종: 하운드 계열 견종

푸들은 사냥감을 회수하기 위한 목적으로 개량된 견종이므로, 지구력이 중요하다. 따라서, 푸들의 경우 비절 밑에서 뒤꿈치가 짧은 구조가 바람직하며, 이는 견종의 목적과 조화를 이루는 이상적인 체형으로 간주된다.

㉞ 이상적인 뒷다리 정렬은 두 좌골단에서 하퇴의 중앙을 지나 뒷발가락 바로 앞에 수직선이 위치하는 것이다. 그러나, 대퇴골과 하퇴골의 각도가 정상적인 각도(110~120°)에서 벗어나면 다음과 같은 문제가 발생할 수 있다:

- 각도가 커지는 경우: 수직선이 뒷발가락 선상에 위치하게 되어, 추진력이 약화되고 효율적인 움직임이 어려워진다.
- 각도가 작아지는 경우: 수직선이 뒷발가락 선상보다 뒤로 이동하여 과잉 추진력을 유발하거나 균형이 깨질 수 있다.

따라서, 대퇴골과 하퇴골의 적절한 각도(110~120°)를 유지하는 것이 견종의 균형 잡힌 체형과 운동성을 유지하는 데 중요하다.

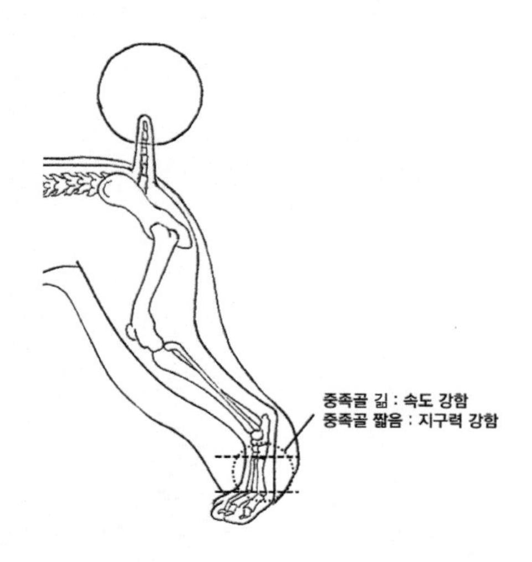

그림 1.40 정상적 뒷다리

그림 1.41 중족골 긺(그레이하운드)

그림 1.42 중족골 짧음

㉟ 소 뒷다리 모양이나 활모양 다리가 형성되는 가장 큰 이유는 유전적으로 족근골(비절)이 약하기 때문이다. 족근골의 약화는 뒷다리의 구조적 안정성을 저하시켜 이러한 비정상적인 다리 형태를 초래하며, 이는 견종 표준에서 바람직하지 않은 결점으로 간주된다. 번식 시 이러한 유전적 특성을 고려하여 개선하는 노력이 필요하다.

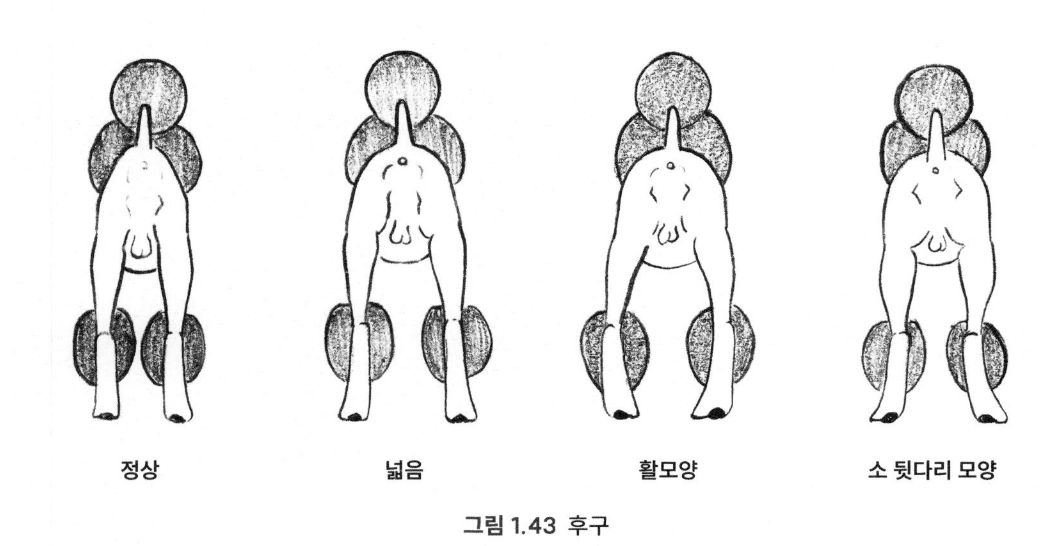

그림 1.43 후구

8) 피모(Coat)

(1) 피모의 유형(Quality)

▶ **원문**

(a) 권모: 자연적으로 거칠고 전체적으로 촘촘하고 그 밀도가 높음. (b) 승상모: 다양한 길이의 장모가 서로 밧줄 모양으로 뭉친 털. 갈기나 몸, 머리와 귀 부분은 좀 더 길; 퍼프, 브래스릿, 폼폰은 좀 더 짧음.

(a) Curly: of naturally harsh texture, dense throughout. (2) Corded: hanging in tight even cords of varying length; longer on mane or body coat, head, and ears; shorter on puffs, bracelets, and pompons.

▶ **해설**

a. 푸들이 권모 형태의 피모를 가지는 것이 잘못된 것은 아니지만, **승상모가 더 바람직**하다. 승상모는 권모보다 거칠고 탄력적이며, 권모는 승상모에 비해 더 촘촘하고 말려 있는 특징을 보인다.

푸들의 털은 헝가리 원산지인 코몬도르와 풀리가 가지고 있는 모질의 형태와 유사한 승상모가 이상적이다.

그러나, 우리나라에서 사육되는 푸들 중에는 승상모를 가진 개체를 찾기가 어렵고, 전반적으로 모질이 약한 편이다. 모질이 약한 이유는 유전적 요인이 가장 크며, 환경과 먹이 또한 영향을 미친다. 푸들의 모질 개선을 위해서는 건강한 혈통 관리와 함께 환경적 요인을 신경 써야 한다. 또한, 모든 개는 털이 난 부위에 따라 털의 길이와 강도에 차이가 있으므로, 각 부위의 특성을 고려한 관리가 필요하다. 이는 푸들의 건강한 모질 유지와 이상적인 외모를 형성하는 데 중요한 요소다.

그림 1.44 승상모(실견)

자연스러운 형태

레게머리 형태(땋은 머리)

그림 1.45 승상모 형태

(2) 클립(Clip)

▶ 원문

12개월 미만의 푸들은 퍼피 클립이 가능하다. 모든 일반적인 조에서 12개월 이상의 푸들은 잉글리쉬 새들 클립이나 콘티넨털 클립만 가능하다. 번식견 조와 비경쟁 우승견 행사에서는 스포팅 클립도 가능하다. 위의 클립들 이외의 형태는 실격이다.

A Poodle under 12 months may be shown in the "Puppy" clip. In all regular classes, Poodles 12 months or over must be shown in the "English Saddle" or "Continental" clip. In the Stud Dog and Brood Bitch classes and in a non-competitive Parade of Champions, Poodles may be shown in the "Sporting" clip. A Poodle shown in any other type of clip shall be disqualified.

▶ 해설

a. 전람회에서는 각 견종에 따라 반드시 해야 하는 쇼 미용Show Grooming이 정해져 있으며, 개인의 선호에 따른 미용은 실격 사유가 된다.

푸들의 경우, **12개월 미만이라도 견체의 발달과 모량이 우수하면 콘티넨털 클립Continental Clip이나 잉글리시 새들 클립English Saddle Clip이 허용**될 수 있다.

그러나 FCI 표준에 따르면,

- 12개월 미만의 푸들은 퍼피 클립Puppy Clip만 허용된다.
- 12개월 이상의 푸들은 콘티넨털 클립이나 잉글리시 새들 클립만 허용된다.

따라서, 전람회에 참가하기 전, 참가 견종의 표준과 규정을 철저히 확인하고, 규정에 맞는 미용을 준비하는 것이 중요하다. 이러한 규정 준수는 견종의 고유한 특성과 아름다움을 강조하기 위해 필수적이다.

b. 미용은 견종의 자연스러운 모습을 강조하기 위한 목적으로만 허용된다. 평가에 혼란을 주거나 체형의 변화를 유발하는 과도한 미용은 허용되지 않는다. 과도한 미용은 견종의 고유한 특징을 왜곡하거나 평가의 객관성을 저해할 수 있으며, 평가자에 따라 실격 처리될 수도 있다. 따라서, 견종 표준에 부합하는 적절한 미용을 유지하는 것이 전람회 준비에서 중요한 요소다.

A. **퍼피 클립**(Puppy clip)

▶ 원문

퍼피 – 1년 미만의 푸들에게 적당한 길이의 피모를 갖는 퍼피 클립으로 출전할 수 있다. 얼굴, 목, 발과 꼬리의 시작 부분은 깎는다. 발은 완전히 깎아 그 형태를 다 볼 수 있다. 꼬리의 끝에는 폼폰이 있다. 단정한 외형과 부드럽고 연속된 형태를 보여주기 위한 피모의 손질은 허용된다.

"Puppy" - A Poodle under a year old may be shown in the "Puppy" clip with the coat long. The face, throat, feet and base of the tail are shaved. The entire shaven foot is visible. There is a pompon on the end of the tail. In order to give a neat appearance and a smooth unbroken line, shaping of the coat is permissible.

▶ **해설**

a. 소형견의 경우, 12개월이 넘어야 골격, 근육, 모량의 완성도가 높아진다. 12개월 미만의 개체는 발달이 아직 진행 중이므로, 발 부분만 노출시키고 나머지 부위는 털로 덮어 보호하는 것이 일반적이다. 즉, 12개월 미만의 개체는 발달이 충분히 이루어지지 않았기 때문에 불필요한 부분을 노출할 필요가 없으며, 모든 부위를 보호하는 것이 바람직하다. 이 시기에는 발가락만으로도 발달 상태와 진행을 예측할 수 있다. 과거에는 미용이 주로 움직임에 불편함이 없는 범위에서 이루어졌지만, 현재는 미적 목적과 함께 관절 보호를 위해 관절 부위만 남기고 털을 다듬는 방식으로 변화했다. 메인Mane과 브레이슬릿Bracelet이 이러한 보호 목적의 미용 형태에 해당된다.

요약: - 12개월 미만: 발달이 진행 중이므로 발 부분만 노출, 나머지는 털로 보호한다.
- 현재 미용: 미적 목적과 관절 보호를 고려하여 관절 부위 털을 남긴다.
- 메인Mane과 브레이슬릿Bracelet은 이러한 현대적 미용 스타일을 대표한다.

그림 1.46 퍼피 클립

B. 잉글리쉬 새들 클립(English Saddle Clip)

▶ 원문

잉글리쉬 새들 – 잉글리쉬 새들 클립은 앞다리의 퍼프와 꼬리 끝의 폼폰을 남겨두고 얼굴, 목, 발, 앞다리와 꼬리의 시작 부분은 깎는다. 몸의 뒷부분은 옆구리에 곡면형태의 깎인 부분과 각 뒷다리에 두 개의 깎여진 구분되는 띠를 제외하고는 짧은 털로 덮여있다. 완전히 깎인 발과 퍼프 위의 깎인 다리 부분은 확실히 보인다. 몸의 다른 부위들은 긴 털로 유지하나 전체적인 조화를 위해서 다듬는 것은 가능하다.

"English Saddle" - In the "English Saddle" clip the face, throat, feet, forelegs and base of the tail are shaved, leaving puffs on the forelegs and a pompon on the end of the tail. The hindquarters are covered with a short blanket of hair except for a curved shaved area on each flank and two shaved bands on each hindleg. The entire shaven foot and a portion of the shaven leg above the puff are visible. The rest of the body is left in full coat but may be shaped in order to insure overall balance.

▶ 해설

a. 클립은 같은 형태를 기본으로 하지만, 털을 남기는 부위에 따라 잉글리쉬 새들 클립English Saddle Clip과 콘티넨털 클립Continental Clip으로 구분된다.

두 클립 모두 앞부분은 동일한 방식으로 미용하지만, 뒷부분의 처리 방식에서 차이가 있다. 잉글리쉬 새들 클립은 뒷다리와 엉덩이 부분에 브레이슬릿Bracelets과 함께 털을 더 많이 남기는 특징이 있다. 콘티넨털 클립은 뒷다리와 엉덩이 부분은 대부분 털을 제거하고, 엉덩이에 폼폰Pompon 형태로만 털을 남긴다. 이러한 차이는 각 클립 스타일의 목적과 미적 선호도에 따라 선택되며, 전람회에서는 견종 표준에 맞는 클립 스타일을 적용해야 한다.

가. 앞부분

- 잉글리쉬 새들 클립, 콘티넨털 클립: 메인Mane, 프린지Fringe 또는 Freathering, 퍼프Puff

나. 뒷부분

- 잉글리쉬 새들 클립: 리어 브레이슬릿Rear Bracelet, 어퍼 블레이슬릿Upper Bracelet, 키드니 패치Kidney Patch 또는 Crescent, 새들Saddle 또는 Pack, 폼폰Pompon
- 콘티넨털 클립: 리어 브레이슬릿Rear Bracelet, 로젯Rosette 또는 Muffin. 폼폰Pompon

그림 1.47 잉글리쉬 새들 클립

C. 콘티넨털 클립(Continental Clip)

▶ **원문**

콘티넨털 클립은 얼굴, 목, 발, 꼬리의 시작 부분은 깎여 있다. 몸의 뒷부분은 엉덩이에 폼폰(선택사항)을 남기고 깎는다. 앞다리의 퍼프와 뒷다리의 브래스릿을 제외하고는 깎는다. 꼬리 끝의 폼폰은 있다. 완전히 깎인 발과 퍼프 위의 깎인 앞다리 부분은 보여야 한다. 몸의 다른 부위들은 긴 털을 가져야 하나 전체적인 조화를 위해서 다듬는 것은 가능하다.

"Continental" - In the "Continental" clip, the face, throat, feet, and base of the tail are shaved. The hindquarters are shaved with pompons (optional) on the hips. The legs are shaved, leaving bracelets on the hindlegs and puffs on the forelegs. There is a pompon on the end of the tail. The entire shaven foot and a portion of the shaven foreleg above the puff are visible. The rest of the body is left in full coat but may be shaped in order to insure overall balance.

▶ **해설**

잉글리시 새들 클립은 콘티넨털 클립에 비해 미용 과정이 더 복잡하고 시간이 오래 걸리는 스타일이다. 따라서 쇼를 준비할 때는 콘티넨탈 클립을 더 선호한다. 콘티넨탈 클립은 비교적 간단하면서도 빠르게 완성도를 높일 수 있어, 시간 관리가 중요한 상황에서 적합하기 때문이다.

그림 1.48 콘티넨털 클립

D. **스포팅 클립**(Sporting Clip)

▶ **원문**

스포팅 클립은 얼굴, 목, 발, 꼬리의 시작 부분은 깎는다. 그러나 머리 윗부분의 손질된 모자 형태와 꼬리 끝의 폼폰은 남긴다. 몸의 나머지 부분과 다리는 1인치 미만의 짧은 털만 남기고 개의 윤곽에 따라 깎거나 손질한다. 다리의 털은 몸의 털 길이보다 약간 더 길어도 된다.

"Sporting" - In the "Sporting" clip, a Poodle shall be shown with face, feet, throat, and base of tail shaved, leaving a scissored cap on the top of the head and a pompon on the end of the tail. The rest of the body, and legs are clipped or scissored to follow the outline of the dog leaving a short blanket of coat no longer than one inch in length. The hair on the legs may be slightly longer than that on the body.

▶ **해설**

a. 스포팅 클립Sporting Clip은 나이에 관계없이 허용되지만, 전람회 경연에서는 허용되지 않는 경우가 대부분이다. 그러나 일부 외국에서는 비경연(아마추어) 전람회에서 허용되기도 한다. 스포팅 클립은 털을 짧게 다듬어 관리가 편리하며, 털의 길이에 따라 퍼피 클립Puppy Clip과 스포팅 클립Sporting Clip으로 나뉜다.

- 퍼피 클립: 다양한 미용 기술과 세심한 작업이 요구된다.
- 스포팅 클립: 간단한 미용 기술만 필요하므로, 아마추어가 선호하는 미용 스타일이다.

스포팅 클립은 유지와 관리가 용이하다는 장점이 있어, 전문적인 전람회보다는 일상적인 관리나 아마추어 미용에 적합하다.

그림 1.49 스포팅 클립

▶ 원문

모든 클립에서 탑노트의 털은 ㊱ 고무줄로 고정할 수도 있고 자연스럽게 둘 수 있다. 털은 개의 단정한 윤곽을 표현할 정도의 적당한 길이이다. 탑노트는 액단에서 후두부까지의 두개골 위에 있는 털을 의미한다. 이 부분만 고무줄을 사용하는 것이 허용된다.

In all clips the hair of the topknot may be left free or held in place by elastic bands. The hair is only of sufficient length to present a smooth outline. "Topknot" refers only to hair on the skull, from stop to occiput. This is the only area where elastic bands may be used.

▶ 해설

㊱ 고무줄을 사용하면 털을 고정하기가 더 쉬워지지만, 고무줄 사용이 털 손상을 초래할 수 있다. 이러한 이유로, 고무줄을 사용하지 않는 사람들도 있다. 대신, 스프레이를 사용하여 털의 강직도를 높이고 손상을 방지하는 방법을 선택하기도 한다. 이러한 선택은 개인적인 선호도의 차이일 뿐이며, 사용하는 도구나 방법은 개의 털 상태와 관리 목적에 따라 달라질 수 있다. 중요한 것은 털을 손상시키지 않으면서 원하는 스타일을 구현하는 것이다.

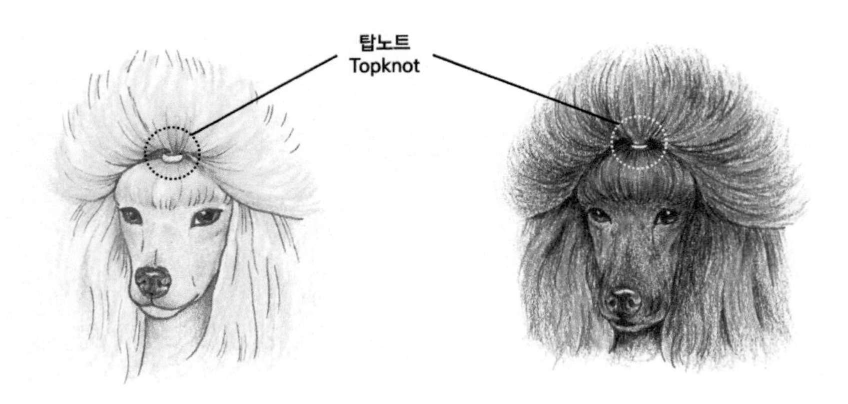

그림 1.50 탑노트(Topknot)

9) 모색(Color)

▶ 원문

피모는 피부에 균일하면서 단색이다. 푸른색, 회색, 은색, 갈색, 카페오레(담갈색), 살구색, 크림색에서 피모는 동일 색상에서 다양한 어두운 색조를 보일 수 있다. 귀의 다소 어두운 깃털과 러프의 끝에서 자주 보인다. 명확한 색상이 바람직하지만, 피모의 자연스러운 어두운 색조 변화는 결점이라고 보지는 않는다. 갈색과 카페오레 푸들은 코, 눈 주변, 그리고 입술이 적갈색이며 짙은 색상의 발톱과 짙은 호박색 눈을 가진다. 검정, 파랑, 회색, 은색, 크림과 흰색 푸들은 코와 눈 주변, 입술이 검은색이고 발톱은 검은색이거나 단색이며 매우 짙은 색의 눈을 가진다. 살구색 푸들은 이미 말한 색상을 선호하며 적갈색의 코, 입 주변, 입술과 호박색 눈은 허용되나 선호되지는 않는다. 중요 결점: 코, 눈 주변, 입술의 불안전한 색상 또는 정의된 색상이 아닐 때. 2가지 색상을 가진 개는 실격이다. 여러 색상을 가진 개의 피모는 피부에서 단일 색이 아니며 2가지 이상의 색이 있다.

The coat is an even and solid color at the skin. In blues, grays, silvers, browns, cafe-au-laits, apricots and creams the coat may show varying shades of the same color. This is frequently present in the somewhat darker feathering of the ears and in the tipping of the ruff. While clear colors are definitely preferred, such natural variation in the shading of the coat is not to be considered a fault. Brown and cafe-au-lait Poodles have liver-colored noses, eye-rims and lips, dark toenails and dark amber eyes. Black, blue, gray, silver, cream and white Poodles have black noses, eye-rims and lips, black or self colored toenails and very dark eyes. In the apricots while the foregoing coloring is preferred, liver-colored noses, eye-rims and lips, and amber eyes are permitted but are not desirable. Major fault: color of nose, lips and eye-rims incomplete, or of wrong color for color of dog. Parti-colored dogs shall be disqualified. The coat of a parti-colored dog is not an even solid color at the skin but is of two or more colors.

▶ **해설**

a. 푸들은 **단일 색만 허용**되며, 색상은 명확하고 균일해야 한다. 이는 견종 표준에서 요구하는 중요한 조건으로, 푸들의 고유한 품종 특성과 아름다움을 강조한다. 색상이 불분명하거나 균일하지 않으면 견종 표준에 부합하지 않는 것으로 간주될 수 있다.

b. 단일 색상의 경우, 농담의 작은 차이는 허용되지만, 큰 차이는 허용되지 않는다. 특히, 귀와 러프(목둘레) 부위는 다소 진한 색상이 허용될 수 있으나, 다른 부위에서는 이러한 차이가 바람직하지 않다. 이상적인 털 색상은 뿌리부터 끝까지 가능한 한 유사한 색상을 유지하는 것이 중요하다. 이는 견종 표준에서 요구하는 균일한 외모를 반영하며, 전람회에서도 긍정적으로 평가받는 요소다.

c. 푸들에서는 2가지 색상이 허용되지 않는다. 이는 견종 표준에서 요구하는 조건으로, 푸들의 피모는 단일 색상이어야 하며, 색상이 명확하고 균일해야 한다. 두 가지 색상이 나타나는 경우는 표준에 부합하지 않는 것으로 간주되어 평가에서 실격 처리된다.

d. 특히 흰색 털을 가진 개의 경우, 털이 자라지 않는 부분(예: 안구, 아이라인, 코, 입술, 발톱, 패드, 항문 주변)은 검은색에 가까울수록 이상적으로 간주된다. 또한, 피부는 어두운 색일수록 바람직하며, 이는 개의 외모에서 대비를 강조하고, 견종 표준에서 요구하는 특징을 더 잘 나타낸다. 이러한 특징은 특히 전람회에서 높은 평가를 받을 수 있는 요소다.

e. 견종 표준에서 사용되는 "바람직하다"와 "허용한다"는 표현은 서로 다른 의미를 가지며, 이를 정확히 구분하는 것이 중요하다.

- "바람직하다": 견종의 이상적인 기준이나 표준을 나타내며, 최우선적으로 추구해야 할 특성을 의미한다.
- "허용한다": 이상적이지는 않지만, 견종 표준에서 수용 가능한 범위로 간주되는 특성을 의미한다.

따라서, "바람직하다"가 항상 우선시되어야 하며, "허용한다"는 경우는 예외적이거나 보완 가능한 특징으로 간주해야 한다. 이러한 구분은 견종의 평가와 브리딩에서 올바른 방향을 설정하는 데 중요한 기준이 된다.

흰색(White)

살구색(Apricot)

은색(Silver)

검은색(Black)

빨간색(Red)

초콜릿색(Chocolate)

이중색(Parti Color) - 실격

그림 1.51 피모의 색상

10) 보행(Gait)

▶ 원문

가볍고 탄력 있는 동작과 강한 뒷부분의 추진력을 가진 바른 속보. 머리와 꼬리는 들려야 하며 견고하고 부드러운 움직임이 필수적이다.

A straightforward trot with light springy action and strong hindquarters drive. Head and tail carried up. Sound effortless movement is essential.

▶ 해설

a. 푸들은 정방형 비율을 가지고 있어 **속보**Trot**에서 단선 보행**Single Tracking**에 가까운 보행**을 보여준다. 그러나 푸들의 구조적 특성상, 완벽한 단선 보행으로 간주하기는 어렵다. 이는 푸들의 균형 잡힌 체형과 정방형 비율이 보행의 효율성을 높이지만, 완전한 단선 보행은 특정 견종의 특화된 보행 방식이기 때문이다. 푸들은 단선 보행에 가까운 자연스럽고 우아한 움직임을 보여주는 것이 이상적이다.

b. 푸들은 앞다리 중수골의 각도가 서 있는 형태(직립성)를 가지고 있어, 말티즈처럼 자연스럽고 유연한 보행을 하기에는 어려움이 있다. 이러한 구조적 특징은 보행 시 튀는 듯한 느낌을 주며, 자연스러운 동작보다는 일정한 탄력과 추진력을 강조하는 움직임을 나타낸다. 이는 푸들의 고유한 체형적 특성과 움직임 스타일을 반영한 결과이다.

c. 보행은 견종의 특징을 잘 나타내는 중요한 요소다. 체형이 정방형이고, 중수골의 각도가 없는 개는 보행 시 완충 역할을 제대로 수행하지 못해, 튀는 듯한 느낌의 보행을 하게 된다. 이러한 보행 스타일은 견종의 구조적 특성과 기능적 역할을 반영하며, 푸들처럼 중수골이 서 있는 견종에서는 이 특징이 특히 두드러진다. 이는 체형적 요소가 보행의 형태와 움직임에 직접적인 영향을 미친다는 점을 보여준다.

d. 푸들이 속보Trot를 할 때, 대각선상의 발은 답입(뒷다리가 앞쪽으로 들어와서 뻗는 동작)과 답출(앞다리가 앞쪽으로 나아가서 뻗는 동작)이 거의 동시에 이루어지는 특징을 보인다. 반면, 일반적인 개는 답입과 답출이 약간의 시간차를 두고 순차적으로 이루어진다. 푸들의 이러한 보행 방식은 정방형 체형과 중수골의 구조에서 기인하며, 균형 잡힌 움직임과 추진력을 강조하는 보행 스타일을 나타낸다.

e. 해크닉 보행Hackney Gait은 마치 말의 해크니 보행처럼 다리를 높이 들어 올리는 독특하고 우아한 걸음걸이를 말한다(그림 1.53). 이 보행은 특정 견종, 예를 들어 미니어처 핀셔와 같은 품종에서 허용되는 보행 방법이다. 그러나 푸들에서는 이 보행이 바람직한 방법으로 간주되지 않는다.

평가자가 푸들의 보행을 정확히 평가하려면 지면 상태를 잘 살펴보는 것이 중요하다. 지면이 고르지 않거나 불안정할 경우, 푸들이 해크닉 보행을 보일 수 있다. 이는 푸들이 자연스럽게 걸을 때의 이상적인 보행이 아니며, 부적절한 환경이 원인일 수 있다.

또한, 푸들이 해크닉 보행을 하는 이유 중 하나는 앞다리와 뒷다리(전구와 후구)의 보폭 차이를 극복하려는 시도 때문이다. 이런 움직임은 푸들의 올바른 걸음걸이가 아니므로 평가 시 유의해야 한다.

f. 측대보Pace는 개의 보행 방식 중 하나로, 같은 방향의 앞다리와 뒷다리가 동시에 움직이는 걸음걸이를 말한다. 이 보행은 개가 움직일 때 에너지를 가장 적게 소비하는 방법이지만, 어느 견종에서도 이상적인 보행으로 간주되지는 않는다.

측대보는 개가 피로해져 에너지를 절약하려 할 때나, 잘못된 보행 습관으로 인해 나타날 수 있다. 특히, 목축견종에서 측대보가 자주 관찰되며, 올드 잉글리시 쉽독이 대표적인 예이다. 이는 목축견이 오랜 시간 움직이며 체력을 효율적으로 사용하려는 특성과 관련이 있다.

하지만 푸들에서는 측대보를 중대한 결점으로 여긴다. 쇼나 평가에서는 푸들이 우아하고 균형 잡힌 걸음걸이를 보이는 것이 중요하기 때문이다. 따라서 핸들러는 푸들이 측대보를 보일 경우, 올바른 보행 자세를 훈련과 교정을 통해 바로잡아야 한다. 이러한 교정은 푸들이 바람직한 걸음걸이를 유지하고 좋은 평가를 받을 수 있도록 돕는다.

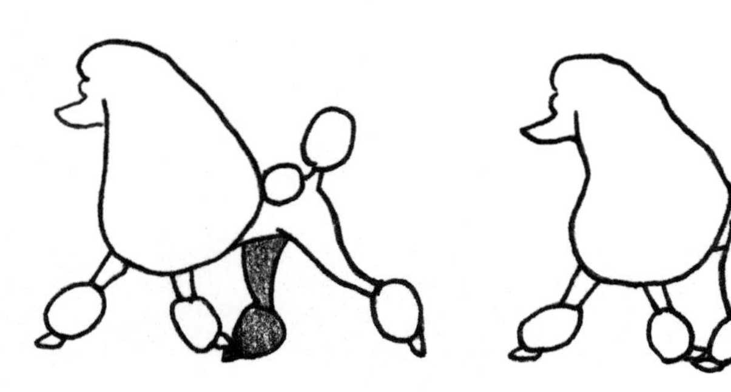

그림 1.52 보행

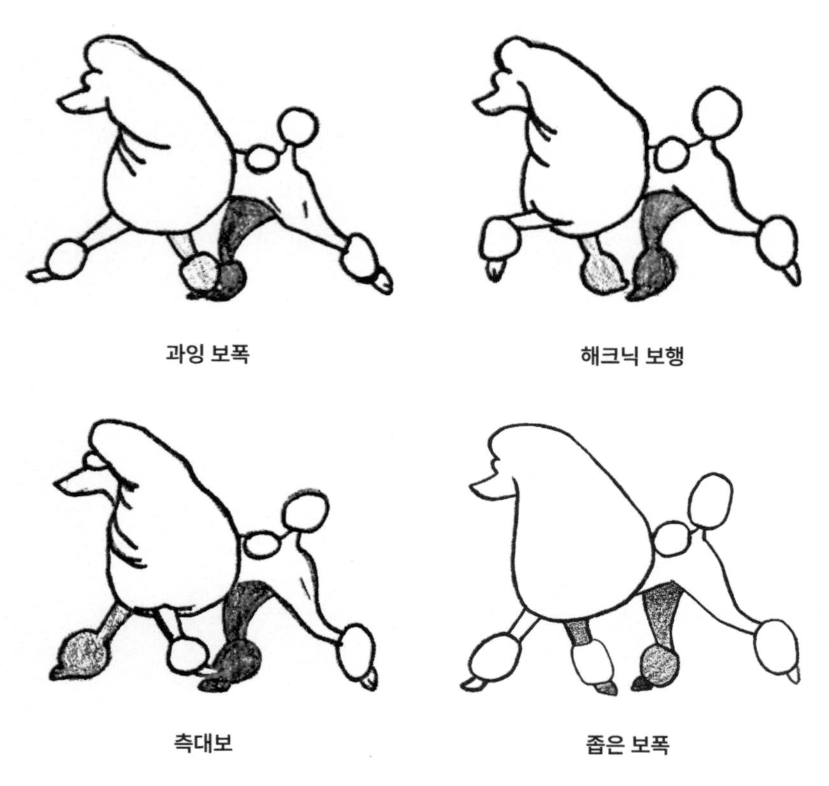

그림 1.53 보행 형태

11) 기질(Temperament)

▶ 원문

자신감 있고 품위 있는 자세를 유지하며, 매우 활동적이고 지적인 푸들은 그만의 독특한 품격과 위엄을 지니고 있다. 중요 결점 : 소심하거나 공격적인 성격.

Carrying himself proudly, very active, intelligent, the Poodle has about him an air of distinction and dignity peculiar to himself. Major fault: shyness or sharpness.

▶ 해설

a. 기질은 개의 타고난 성격과 행동적 특성을 의미하며, 이는 사람의 인성에 해당한다고 볼 수 있다. 기질은 유전적 요인이 크게 영향을 미치지만, 환경과 경험에 따라 어느 정도 조정될 수도 있다. 그러나 기본적으로 기질은 변화하기 어려운 내재된 특성으로 간주된다.

b. 기질은 후천적 요인보다 **유전적 성향의 영향을 훨씬 더 강하게 받는다.** 이는 기질이 개의 본능적 특성과 행동 패턴을 형성하는 데 주요한 역할을 하기 때문이다. 유전적으로 물려받은 기질은 특정 견종이 가지는 행동적 특징이나 성격적 경향을 결정하며, 이는 견종 표준에서도 중요한 요소로 간주된다. 반면, 환경적 요인이나 훈련은 기질에 약간의 변화를 줄 수는 있지만, 기본적인 성향을 완전히 바꾸기는 어렵다. 따라서, 개를 선택하거나 훈련할 때는 유전적으로 물려받은 기질을 충분히 이해하고 고려하는 것이 중요하다.

c. 모든 개는 쾌활하고, 명랑하며, 대담한 성격을 갖는 것이 이상적이다. 이러한 성격은 견종의 사회성, 안정성, 그리고 사람과의 조화로운 관계를 나타낸다.

- 소심한 개는 성별에 관계없이 번식에 적합하지 않으며, 이는 자견에게 부정적인 유전적 영향을 미칠 가능성이 있기 때문이다.
- 개는 소심하거나 공격적인 성향을 가져서는 안 된다. 이러한 기질은 견종 표준에 어긋나며, 개의 사회화와 훈련에도 부정적인 영향을 줄 수 있다.
- 공격적 성향과 대담함은 전혀 다른 특성이다. 대담함은 자신감과 호기심을 바탕으로 한 긍정적인 특징인 반면, 공격성은 부정적이고 통제되지 않은 행동으로 간주된다.
- 소심한 개는 때로 배타적(경계심이 강함)일 수 있지만, 이러한 특징은 지나치면 사회성 부족으로 이어질 수 있다.

따라서, 번식과 훈련에서는 쾌활하고 안정된 기질을 우선적으로 고려하는 것이 중요하다.

12) 주요 결점(Major Faults)

▶ **원문**

견종 표준에서 설명되어 있는 견종 특성에서 벗어나는 모든 것.

Any distinct deviation from the desired characteristics described in the Breed Standard.

▶ **해설**

a. 견종은 반드시 견종 표준에 따라 평가해야 하며, 평가자의 역할은 견종 표준이 제시하는 기준과 의미를 얼마나 깊이 이해하고 적용하느냐에 달려 있다.

평가자는 견종 표준을 단순히 표면적으로 해석하는 것을 넘어, 견종의 본래 목적과 특성을 종합적으로 이해해야 한다. 이 과정에서 평가자의 지식과 경험에 따라 해석과 판단에 개인적인 차이가 발생할 수 있다. 따라서, 평가자는 견종 표준에 대한 깊은 이해와 객관적인 시각을 바탕으로 견종의 고유한 특성과 기능을 공정하게 평가하는 것이 중요하다.

b. 모든 평가는 반드시 견종 표준을 기준으로 이루어져야 하며, 견종 표준을 깊이 이해하는 것이 평가 과정에서 발생할 수 있는 갈등이나 시행착오를 줄이는 핵심이다. 견종 표준은 개의 이상적인 특성과 기질을 정의하며, 이를 기준으로 평가하면 객관적이고 공정한 판단이 가능해진다. 또한, 평가자가 견종 표준을 정확히 이해하고 이를 일관성 있게 적용하면, 해석의 차이로 인한 혼란과 갈등을 최소화할 수 있다. 결론적으로, 견종 표준에 대한 이해와 적용은 평가의 신뢰성을 높이고, 견종 발전에도 긍정적인 영향을 미친다.

c. 견종 표준은 전문가를 위한 고도로 함축된 요약서로, 이를 올바르게 이해하려면 단순한 이론적 지식뿐만 아니라 실물을 보고 판단할 수 있는 능력이 필요하다. 견종 표준은 개의 이상적인 특성, 기질, 체형을 간결하게 설명하지만, 이를 실제 평가에 적용하려면 견종의 구조와 움직임, 기질을 실물로 관찰하고 해석할 수 있는 경험과 안목이 요구된다. 따라서, 견종 표준의 이해도를 높이기 위해서는 이론적 학습과 함께 실제 개체를 관찰하고 비교하는 훈련이 필수적이다. 이러한 과정은 평가의 정확성과 신뢰성을 향상시키는 데 중요한 역할을 한다.

13) 실격(Disqualifications)

▶ 원문

㊲ 크기 – 정의된 체고보다 크거나 작은 개는 실격이다. ㊳ 클립 – 견종 표준에서 열거한 것 이외의 모든 다른 형태의 클립은 실격이다. ㊴ 이중색의 피모 – 이중색을 가진 개의 털은 피부에서 단일 색상이 아니며 2가지 이상의 색상을 가지고 있다. 이중색을 가진 개는 실격이다.

Size - A dog over or under the height limits specified shall be disqualified. Clip - A dog in any type of clip other than those listed under coat shall be disqualified. Parti-colors - The coat of a parti-colored dog is not an even solid color at the skin but of two or more colors. Parti-colored dogs shall be disqualified.

▶ 해설

a. 견종 표준에서 정의하지 않은 특징은 견종의 고유한 특성과 기준에 부합하지 않기 때문에 실격으로 간주된다. 견종 표준은 특정 견종의 이상적인 외모, 기질, 기능적 특성을 명확히 규정한 기준이다. 이를 벗어난 특성은 그 견종의 정체성과 목적에 부합하지 않으므로, 전람회나 공식 평가에서 인정되지 않는다. 따라서, 견종 표준을 충족하는 것은 견종의 정통성과 품질을 보장하는 필수 조건이며, 이를 벗어난 모든 것은 실격 처리의 대상이 된다.

㊲ 모든 개는 크기(체고와 체장)가 견종 표준에 따라 정해져 있다. 견종 표준에서 정의한 크기를 충족할 때, 개는 가장 이상적인 아름다움과 능력을 발휘하게 된다. 이는 단순히 외모뿐만 아니라, 그 크기를 가질 때 가장 이상적인 기능적 탁월함과 효율성을 발휘하며, 본래의 임무 수행 능력을 극대화할 수 있기 때문이다. 또한, 크기와 체중이 조화를 이루는 것도 중요하다. 크기에 비해 체중이 과하거나 부족하면 체형의 균형이 깨지고, 개의 기능성과 건강에도 부정적인 영향을 미칠 수 있다. 따라서, 크기와 체중의 조화는 견종의 외형적 아름다움과 기능적 효율성을 동시에 유지하는 핵심 요소다.

㊳ 클립은 해당 견종을 가장 아름답고 이상적인 모습으로 돋보이게 하기 위해 설정된 미용 방식이다. 따라서, 규정 이외의 클립은 견종의 특징을 제대로 표현할 수 없으며, 개의 장점과 단점을 명확히 평가할 수 없게 만든다. 견종 표준에 맞는 클립은 개의 체형, 비율, 움직임 등을 강조하여 평가의 공정성과 객관성을 보장한다. 반면, 규정을 벗어난 클립은 개의 외모와 구조를 왜곡할 수 있어, 올바른 평가를 방해할 수 있다. 결론적으로, 클립은 견종 표준을 기반으로 개의 이상적인 모습을 표현하는 데 사용되어야 하며, 이를 준수하는 것이 평가와 견종 보호에 필수적이다.

㊴ 피모가 2~3가지 색상을 가진 경우, 피모와 피부의 색상이 다를 가능성이 높다. 이는 다색 피모를 가진 개체에서 단일색 피모가 나타날 확률이 상대적으로 낮기 때문이다. 견종 표준에서 단일색이 요구되는 경우, 이러한 다색 피모와 피부 색상의 차이는 표준에 부합하지 않을 가능성이 크다. 이는 유전적 특성과 색소 분포의 차이로 인해 발생하며, 견종 표준에서 정의한 색상 요건을 충족하지 못할 경우, 평가에서 불리하게 작용할 수 있다. 따라서, 견종 표준에서 허용하는 색상과 피모 특성을 고려하여 번식과 관리를 진행하는 것이 중요하다.

2

말티즈
Maltese

2장 말티즈 Maltese

품종	말티즈(Maltese)
원산지	몰타(지중해 연안 지역)
기후	아열대
용도	가정견, 반려견
공인연도	1888(AKC)
체고	AKC: 7~9인치(17.8~22.8cm) FCI: 수 21~25cm, 암 20~23cm
체중	7파운드 이하(3.2kg)
그룹	토이
승인연도	1964

출처: ACK Maltese Breed Standard

출처: 브리더 - 김소향, 견사호 - Angela White Maltese

그림 2.1 말티즈

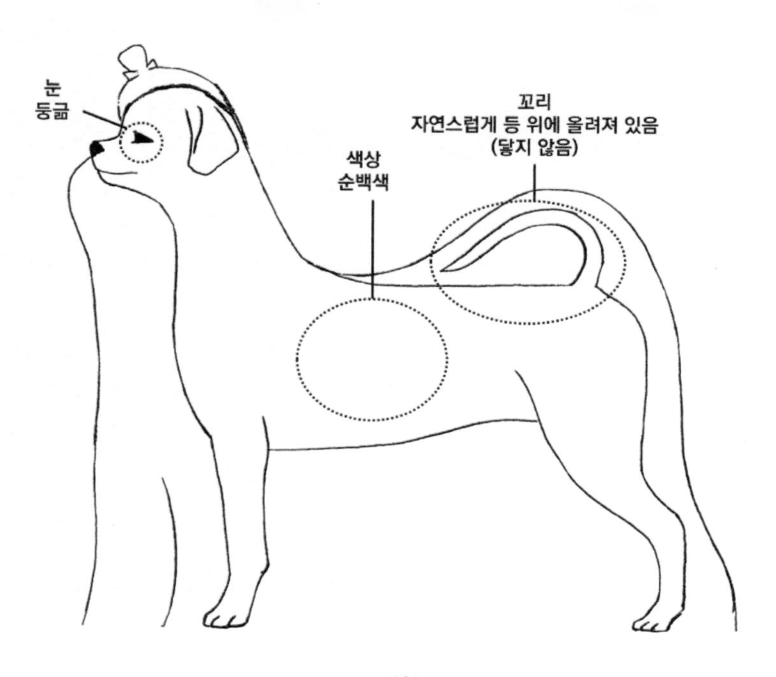

외형

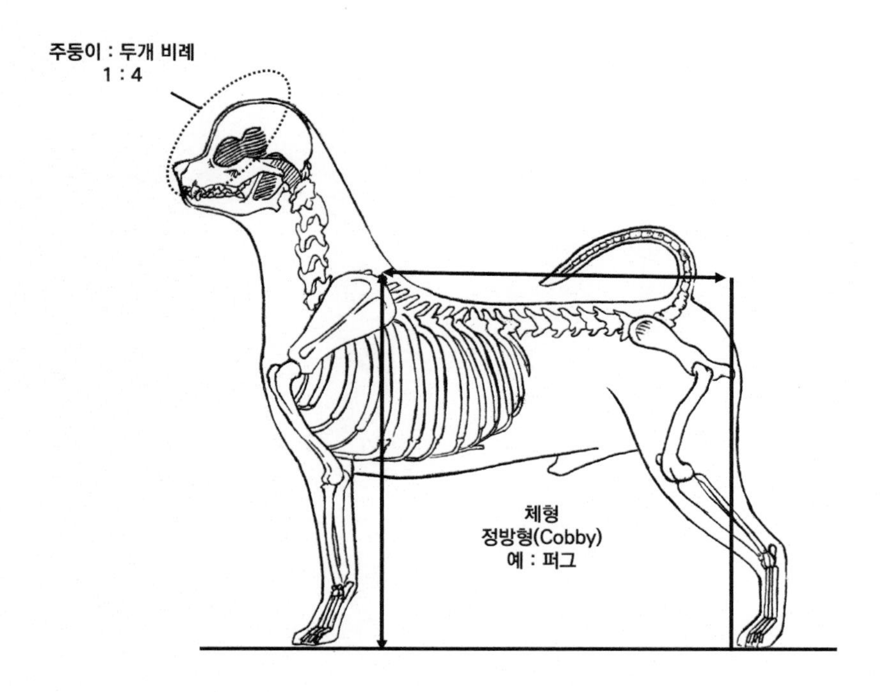

골격도

그림 2.2 말티즈의 주요 평가 기준

1. 핵심 주요사항

1) 체고(견갑-패드)와 체장(견갑-셋온)의 비율 - 정방형 형태(코비) 1 : 1

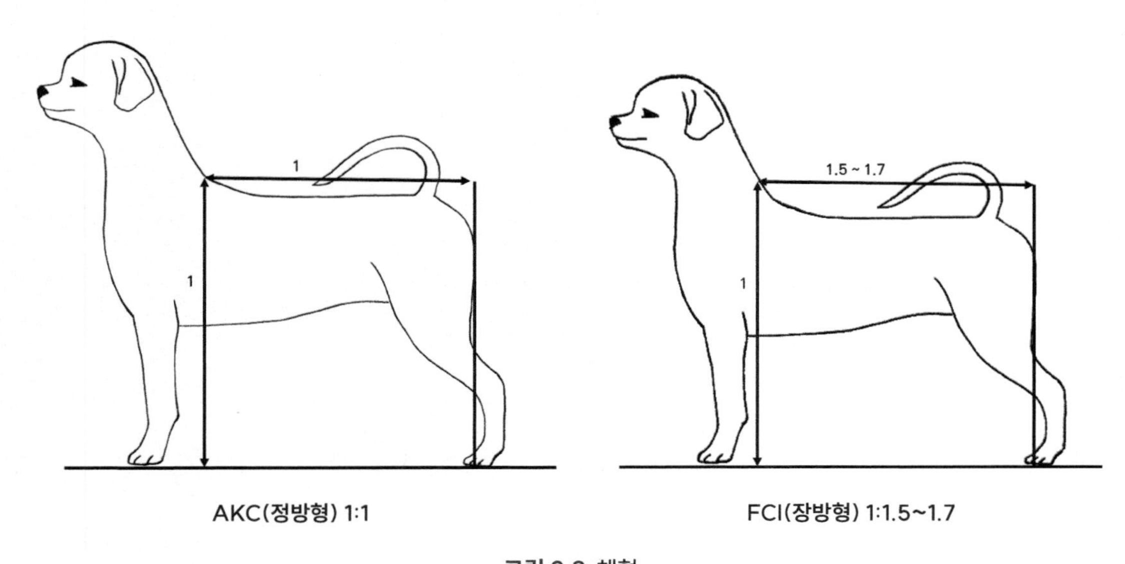

그림 2.3 체형

2) 주둥이 길이와 두개 길이의 비율

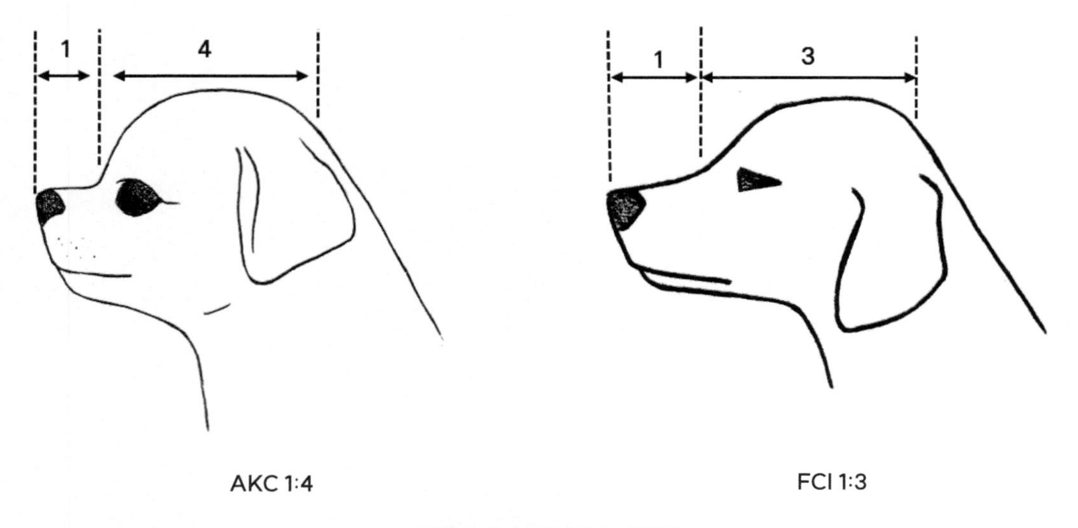

그림 2.4 주둥이와 두개 비율

3) 크기 - 체고 18.8 ~ 22.8 cm ±1 ~ 1.5, 체중 3.2kg 이하

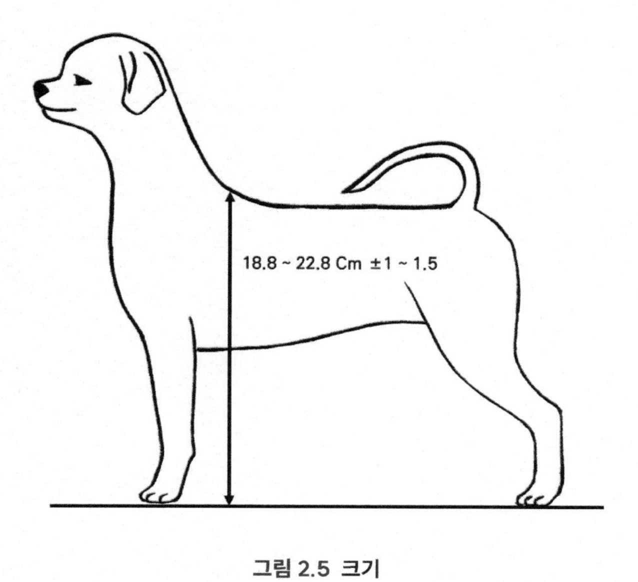

그림 2.5 크기

4) 기질 - 친화력, 애정, 유순

5) 교합 - 가위교합, 절단교합(허용)

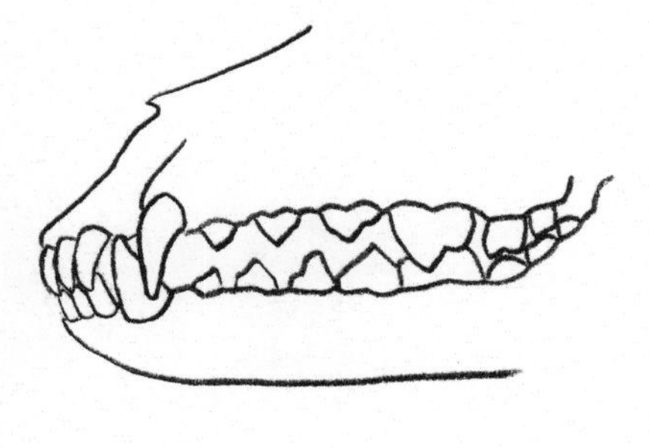

가위교합

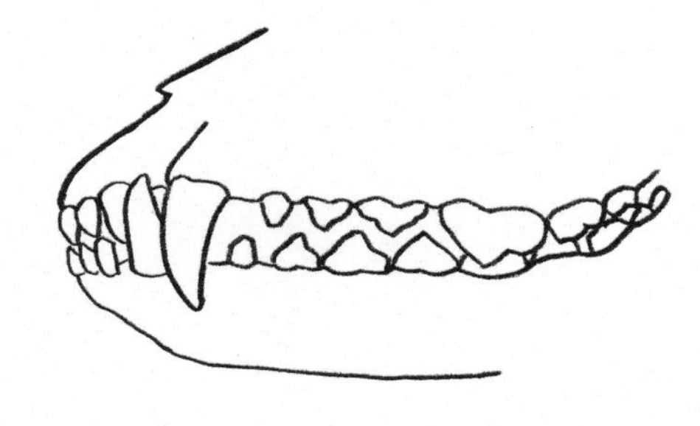

절단교합

그림 2.6 교합

6) 피모 및 모질 - 모량이 많고 부드럽다(가늘거나 두껍지 않다)

그림 2.7 피모

출처: 브리더 - 김소향, 견사호 - Angela White Maltese

그림 2.8 모질

7) 색상 – 순백색

그림 2.9 색상

8) 보행 – 물이 흐르듯 거침없는 보행

그림 2.10 보행

출처: 브리더 - 김소향, 견사호 - Angela White Maltese

그림 2.11 보폭

참고

1. 말티즈는 매혹적인 눈을 가지고 있어야 한다.
2. 피모는 흰색 이외에는 없는 것이 바람직하다.
3. 흰색을 과하게 추구하여 형광색으로 변화되었는지 주의 깊게 살펴보아야 한다.
4. 가위교합이 우선되어야 한다.
5. 모질은 비단결이지만 가늘거나 두껍지 않아야 한다.
6. 모량은 풍성해야 한다.
7. 하모가 없어야 한다.

주의 사항

✓ 부위별 판단 비중

1. 머리 15점
2. 특성과 특징 15점
3. 목, 몸통, 꼬리 15점
4. 전구와 후구 10점
5. 모량, 모질, 모색 10점
6. 보행 15점

총 점수는 100점 만점에 80점이며 평가자에 따라 조금씩 다를 수 있다. 다만 20점은 평가자 재량 점수로 가점할 수 있다.

※ 체고와 체장의 비례, 주둥이 길이와 두개 길이의 비율, 흉심과 다리 길이의 비례, 골격의 각도, 모량 · 모질 · 모색을 주의 깊게 살펴보아야 한다.

2. 역사(History)

몰타의 고대견인 말티즈는 28세기 이상의 기간 동안 개 세계의 귀족으로 알려져 있다. 고대에 있는 그들의 지역이 문서에 의해 입증되어 있다. 사도 바울의 시대에 몰타의 로마 총독이었던 푸블리우스는 '이사Issa'라는 말티즈를 아주 사랑했다. 로마의 경구 시인인 마르쿠스 마르티알리스는 이사에 대한 총독의 사랑을 시로 남겼다. "이사는 카툴라의 참새보다도 쾌활하고 비둘기의 키스보다 순결하다. 이사는 소녀보다도 더 상냥하고 인도의 진귀한 보석보다도 소중하다"는 그의 유명한 경구 중 하나이다. 푸블리우스는 이사가 이 세계를 떠날 때, 그를 그림으로 남겨 영원히 빼앗기지 않으려고 했다. 이사의 그림은 매우 뛰어나서 실물과 그림을 구별할 수 없을 정도였다. 한편 그리스인들은 몰타에 자신이 키운 말티즈를 위한 무덤을 세웠고, 도예를 시작으로 5세기 무렵의 수많은 그림에 이르기까지 말티즈 사랑을 표현했다. 문학작품에서도 왕실의 존경과 특권의 자리를 유지하고 있는 말티즈를 자세히 묘사했다. 미국에 소개된 최초의 말티즈는 하얀색이었으며 1877년 웨스트민스터의 첫 전람회에서 '말티즈 사자 개'로 등록되었다. 미국 켄넬 클럽은 1888년에 말티즈를 공인하였다. 이렇듯 부와 문화를 누리며 까다로운 취향을 가진 사람들의 가정용 애완동물로 수세기 동안 말티즈가 인기를 얻었기 때문에 말티즈는 세련, 충실, 청결의 개로 남게 되었다.

3. 세부 특징

1) 일반적 외형(General Appearance)

▶ **원문**

❶ 말티즈는 머리에서 발끝까지 온몸에 길고 윤기가 난 흰색의 털로 덮여있는 애완견이다. 이 견종은 ❷ 온순한 성품과 애정이 깊으며 움직임이 열정적이고 활발하다. 작은 몸에도 불구하고 만족스러운 반려자에게 필요한 활력을 가지고 있다.

General Appearance: The Maltese is a toy dog covered from head to foot with a mantle of long, silky, white hair. He is gentle-mannered and affectionate, eager and sprightly in action, and, despite his size, possessed of the vigor needed for the satisfactory companion.

▶ **해설**

❶ 말티즈는 **코비형**Cobby Type **체형**을 가진 견종으로, 전신이 순백색의 비단결 같은 털로 덮여 있다. 이 견종은 순한 성격과 더불어 아름답고 사랑스러운 눈을 가지고 있어 많은 사람들에게 사랑받는 반려견이다.

❷ 말티즈는 움직일 때 열정적이고 활기찬 모습을 보여야 한다. 이러한 움직임은 말티즈 특유의 생동감과 에너지 넘치는 성격을 반영하며, 견종 표준에서도 중요한 요소로 간주된다. 활발한 움직임은 말티즈의 우아함과 매력을 더욱 돋보이게 한다.

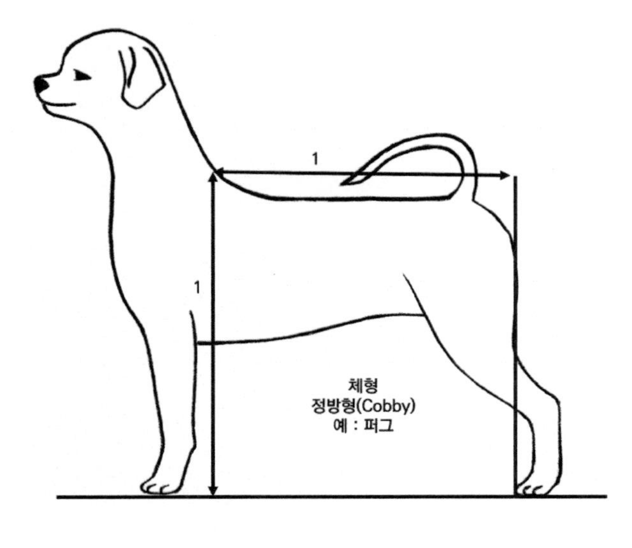

그림 2.12 체형

2) 머리(Head)

▶ 원문

머리는 중간 정도의 길이이며 개의 크기에 비례한다.

Of medium length and in proportion to the size of the dog.

▶ 해설

a. FCI에서는 머리의 길이가 체고에 대해 11:6의 비율이며, 주둥이 길이는 두개 길이의 약 1/3을 차지한다. 반면, AKC에서는 머리의 길이가 체고에 대해 11:5의 비율이며, 주둥이 길이는 두개 길이의 약 1/4로 정의된다. 즉, FCI 기준에서는 주둥이 길이가 약간 더 길게 설정되어 있다. 그러나 일반적으로 AKC의 비율이 더 선호되는 경향이 있다. 이는 **AKC 기준이 더 균형 잡힌 외모와 기능성을 강조**한다고 평가받기 때문이다.

구분	체고 : 머리	주둥이 : 두개
AKC	11: 5	1 : 4
FCI	11 :6	1 : 3

b. 말티즈의 주둥이는 두개 길이에 비례하며, 두개 길이의 약 **1/4 정도가 가장 적당**하다. 이러한 비율은 말티즈의 우아하고 균형 잡힌 얼굴 구조를 유지하며, 견종 표준에서 요구하는 이상적인 형태로 간주된다.

머리Head = 주둥이Muzzle(코끝에서 액단까지) + 두개Skull(액단에서 후두부까지)

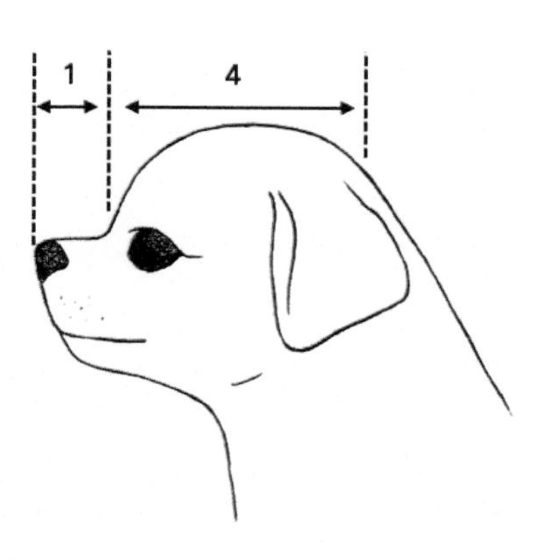

그림 2.13 주둥이와 두개 비율

c. 크라운(두정) 부분은 평평해야 하며, 후두부 융기는 촉심(만져서 평가)을 통해 확인한다. 이는 말티즈의 두개 구조를 정확히 평가하고 견종 표준에 부합하는지 판단하는 데 중요한 요소다.

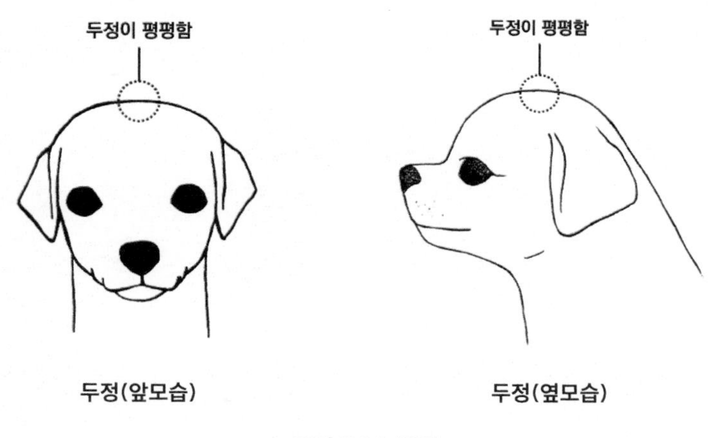

그림 2.14 두정

d. 측두부는 약간 융기된 형태를 가지며, 협골 사이의 폭은 두개 길이와 비슷한 비율을 유지해야 한다. 이러한 구조는 말티즈의 균형 잡힌 두개 형태를 나타내며, 견종 표준에서 중요한 특징으로 간주된다.

▶ **원문**

두개골은 전두부에서 조금 둥글며 액단은 적당하다.

The skull is slightly rounded on top, the stop moderate.

▶ **해설**

a. 두개는 주둥이보다 길며, 액단에서 전두부로 갈수록 약간 둥근 형태를 이룬다. 두정Crown은 평평한 구조를 가지고 있어 말티즈의 견종 표준에 부합하는 이상적인 두개 형태를 나타낸다.

그림 2.15 두개골 형태

b. 양 측두부는 약간 융기된 형태를 가지며, 액단에 대해서는 AKC와 FCI가 다소 다른 표현을 사용하고 있다.

- AKC는 "적당하다"라고 표현하며, 주둥이와 두개의 비율을 1:4로 정의한다.
- FCI는 "약 90°"로 표현하며, 주둥이와 두개의 비율을 1:3으로 규정한다.

두 표현은 동일한 의미로 이해할 수 있지만, AKC 기준의 개는 FCI 기준보다 더 명확한 액단을 가지고 있어야 한다고 해석된다. 저자는 "명확한 액단"을 약 90°가 적절하다고 판단하며, AKC 기준의 개는 FCI 기준의 개보다 더 뚜렷한 액단을 보여야 한다고 생각한다.

주의할 점은, 액단의 각도가 90°에 가까울수록 코끝이 올라갈 가능성이 높아질 수 있다는 것이다. 이러한 경우, 비량(코에서 주둥이까지의 비율)은 수평을 유지하는 것이 바람직하다. 또한, "약간 융기되었다"는 것은 말티즈를 만졌을 때 느껴지는 정도이며, 시츄처럼 눈으로 보아도 명확히 느껴지는 수준은 아니다. 말티즈는 시츄만큼 융기된 구조를 가지지 않는다.

말티즈(AKC) 말티즈(FCI) 시츄

그림 2.16 액단

c. 머리 전체의 모양은 **세로 타원형**으로 이루어져 있으며, 전두부가 측두부처럼 융기되지 않았기 때문에 돔형은 아니다. 이는 말티즈의 균형 잡힌 두개 구조를 보여주는 특징으로, 견종 표준에서 요구하는 이상적인 형태다.

3) 귀(Ear)

▶ **원문**

❸ 늘어진 귀는 조금 낮게 위치하며 머리 근처에 있는 긴 털로 풍성하게 장식되어 있다.

The drop ears are rather low set and heavily feathered with long hair that hangs close to the head.

▶ **해설**

❸ 귀의 위치는 두개보다 낮게 위치하며, 눈꼬리보다 약간 위에 붙어 있는 것이 바람직하다. 또한, 양 귀는 측두부에 가깝게 있어야 한다. 이러한 귀의 위치는 말티즈의 고유한 체형과 균형 잡힌 외모를 강조하는 중요한 요소다.

a. 귀의 형태는 **이등변삼각형으로, 너비와 길이의 비율이 1:3**을 이루는 것이 바람직하다. 이러한 비율은 말티즈의 우아한 외모와 균형 잡힌 체형을 강조하며, 견종 표준에서 중요한 특징으로 간주된다.

b. 귀의 장식털은 풍부해야 말티즈의 고유한 품위와 우아함을 잘 나타낼 수 있다. 그러나 모량이 부족하거나 모질이 떨어지는 경우, 말티즈의 특유한 품위가 저하될 수 있다. 따라서, 귀의 모량과 모질은 말티즈의 외모를 평가할 때 주의 깊게 관찰해야 하며, 이를 유지하기 위해 꾸준한 관리와 적절한 영양 공급이 필요하다. 이는 말티즈의 품종 특성과 아름다움을 유지하는 데 중요한 요소다.

c. 미색이 약간 있는 것은 허용되지만, 이러한 경우 반드시 미색이 있는 털의 모근을 확인해야 한다.

- 모근까지 미색이 있는 경우: 털의 미색이 없어질 확률이 낮으며, 영구적으로 남을 가능성이 크다.
- 모근에 미색이 없는 경우: 시간이 지나면서 미색이 사라질 가능성이 있다.

이러한 차이는 평가와 번식에서 중요한 참고 사항이므로, 미색이 있는 털을 세심하게 관찰하고 견종 표준에 부합하는지 확인해야 한다.

d. 귀의 길이는 **뺨까지 내려오는 것이 적당**하다. 이는 말티즈의 균형 잡힌 외모와 견종 표준에 부합하는 이상적인 귀 길이로 간주된다. 귀가 너무 짧거나 길면 전체적인 조화가 깨질 수 있으므로, 뺨에 닿는 정도의 길이가 가장 바람직하다.

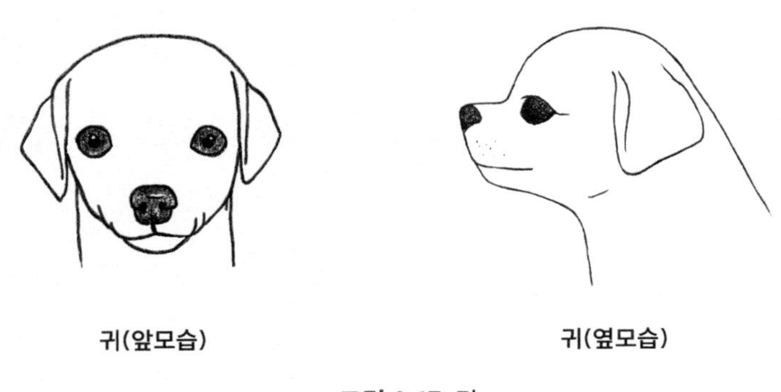

귀(앞모습) **귀(옆모습)**

그림 2.17 귀

4) 눈(Eye)

▶ **원문**

❹ 눈은 서로 너무 멀지 않게 위치한다; ❺ 매우 진하면서도 둥글고 온순하면서도 기민한 표현이 돋보이도록 ❻ 검은 눈 테두리가 있다.

Eyes are set not too far apart; they are very dark and round, their black rims enhancing the gentle yet alert expression.

▶ **해설**

❹ 눈의 **간격은 적당**해야 하며, 다음과 같은 눈의 형태는 견종 표준에 부합하지 않는다:

- 안구 돌출Fully Eye
- 튀어나온 눈Bulging Eye
- 깊숙한 눈Deep Set Eye
- 작은 눈Beady Eye

말티즈의 눈은 전두부와 거의 수평을 이루며, 적당한 크기를 가져야 하고, 형태는 둥근형이어야 한다. 이러한 눈의 특징은 말티즈의 온화하고 사랑스러운 외모를 완성하는 데 중요한 요소다.

❺ 눈의 색은 **짙은 암갈색으로, 검정에 가까울수록 바람직**하지만, 검은색은 아니다. 이러한 색상은 말티즈의 부드럽고 따뜻한 눈빛을 강조하며, 견종 표준에서 이상적인 눈의 색상으로 간주된다.

❻ 눈의 **테두리는 검은색**이어야 하며, **중간에 끊어진 부분이 없어야** 한다. 이는 말티즈의 이상적인 눈 모양을 완성하는 중요한 요소로, 견종 표준에서 요구되는 특징이다. 테두리가 끊어진 경우는 외모의 균형과 표현력에서 부족함을 나타낼 수 있어 바람직하지 않다.

a. 호수에 비친 달처럼 매혹적인 눈을 가진 말티즈는 그 눈빛이 매우 매력적이고 사랑스러워 보인다. 이러한 표현은 말티즈의 아름다운 눈을 강조하며, 부드럽고 신비로운 인상을 준다. 그들의 눈은 밝고 선명한 암갈색으로, 개의 표정을 더욱 풍부하고 감동적으로 만드는 중요한 특징이다.

b. 안구 돌출, 둥근 눈이나 깊숙한 눈은 중요한 결점이다. 이러한 눈의 형태는 말티즈의 이상적인 외모와 기능성에 부합하지 않으며, 견종 표준에서 요구하는 균형 잡힌 눈 모양을 방해한다.

c. 개가 정면을 보고 있을 때, 안구에서 흰 부분(공막)이 보여서는 안 된다. 이는 말티즈의 이상적인 눈 모양과 균형을 유지하기 위한 중요한 요소로, 눈은 깨끗하고 선명한 색상으로, 외부에 불필요한 부분이 보이지 않도록 해야 한다.

d. 말티즈에서 돌출눈은 눈이 안구에서 밖으로 튀어나와 보이는 상태를 말한다. 이는 눈이 둥근 형태를 가진 견종(예: 퍼그)에서 흔히 나타나는 현상이지만, 말티즈에서는 바람직하지 않은 특징으로 간주된다. 돌출된 눈은 말티즈의 고유한 특성과 아름다운 외모를 해칠 뿐만 아니라, 눈이 외부로 더 많이 노출되어 눈을 보호하기 어렵다.

돌출눈을 가진 말티즈는 먼지, 바람, 작은 충격 등에도 눈에 쉽게 상처를 입을 수 있으므로, 눈 건강을 유지하려면 특별히 세심한 관리가 필요하다. 특히, 여러 마리를 한 번에 키우는 집단 사육 환경에서는 돌출된 눈을 보호하기가 더 어렵기 때문에, 한 마리씩 개별적으로 사육하며 관리하는 것이 더 적합하다.

말티즈가 돌출눈을 가지게 되면, 이는 말티즈의 고유한 특성과 아름다움을 저해하는 큰 결점으로 간주된다. 따라서 건강한 눈과 외모를 유지하기 위해 적절한 관리와 환경을 제공해야 한다.

e. 개의 눈은 견종에 관계없이 정면을 바라볼 때 흰자(공막)가 보이지 않는 것이 정상이다. 하지만 사시(눈이 서로 다른 방향을 바라보는 상태)가 있는 경우, 개가 목표물을 주시하더라도 두 눈의 초점 방향이 다르기 때문에 눈의 초점을 정확히 확인하기 어렵다.

내사시는 정면에서 눈을 보았을 때 흰자가 눈꼬리(바깥쪽)에 나타나는 경우를 말하며, 외사시는 흰자가 눈의 안쪽(코 쪽)에 나타나는 경우를 말한다. 특히, 주둥이가 짧은 견종에서 외사시가 자주 발견되는데, 이는 눈 구조의 특성과 관련이 있다.

말티즈는 주둥이가 짧고 둥근 형태의 눈을 가지고 있어 사시가 나타날 가능성이 높다. 사시는 보통 유전적인 원인으로 발생하며, 문제가 있는 개를 브리딩(번식)하는 경우 다음 세대에서도 사시가 나타날 확률이 높아진다. 따라서 번식을 계획할 때는 주둥이가 긴 개를 선택하면 사시 발생을 줄이는 데 도움이 된다.

사시는 개의 외모와 건강 모두에 영향을 미치는 중대한 결점으로 간주된다. 특히 개를 평가하거나 판단하기 어려운 경우, 사람의 사시를 떠올리며 이해하면 도움이 될 수 있다. 예를 들어, 사람이 사시가 있다면 시선이 분산되고 어색해 보이는 것처럼 개도 비슷하게 보인다. 이런 점을 참고하면 판단이 쉬워질 수 있다.

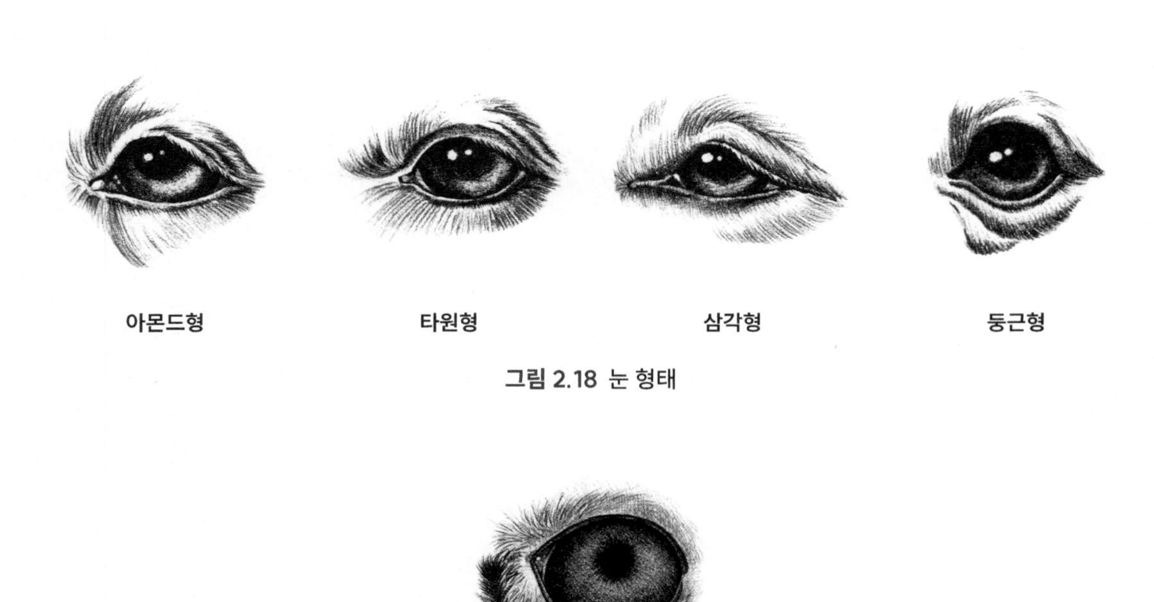

그림 2.18 눈 형태

그림 2.19 돌출 눈

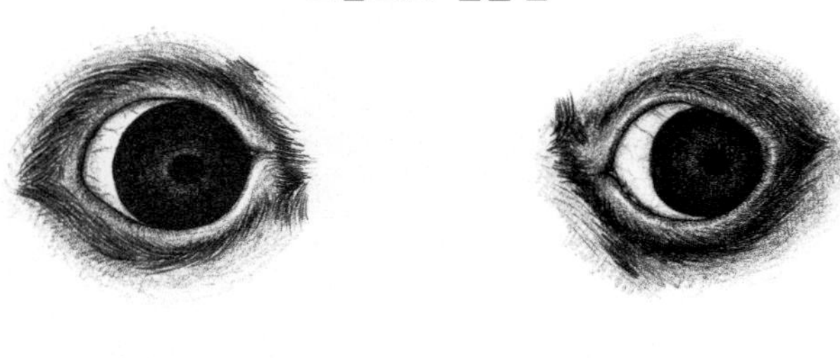

내사시(Esotropia) 외사시(Exotropia)

그림 2.20 사시

5) 주둥이(Muzzle)

▶ **원문**

주둥이는 중간 정도 길이에 깔끔하며 끝으로 갈수록 점점 가늘어지지만 끝이 뾰족하지는 않다.

The muzzle is of medium length, fine and tapered but not snipy.

▶ **해설**

a. **주둥이와 두개의 비례는 약 1:4 정도가 이상적**이며, 주둥이 너비는 좁아서는 안 된다. 이러한 비율은 말티즈의 균형 잡힌 얼굴 구조를 유지하는 데 중요하며, 견종 표준에서 요구하는 이상적인 형태로 간주된다.

b. 액단에서 코끝으로 갈수록 조금씩 가늘어지는 것은 허용되지만, 급격히 좁아지는 것은 바람직하지 않다. 주둥이는 자연스럽고 부드럽게 점차 좁아지도록 형성되어야 하며, 지나치게 좁은 주둥이는 말티즈의 균형과 조화를 해칠 수 있다.

c. 잘 발달된 42개의 치아가 들어설 공간을 확보하려면 주둥이 발달이 필요하다. 이는 유전적 결치를 제외한 설명으로, **주둥이가 충분히 발달되어 있어야 치아가 고르게 배열**될 수 있기 때문이다. 주둥이 발달은 개의 구강 건강과 치열의 중요성을 고려할 때 필수적인 요소다.

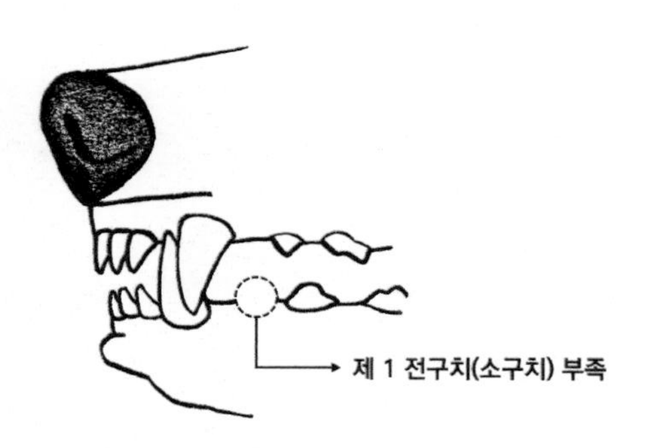

그림 2.21 결치

d. **주둥이는 정면에서 보았을 때 정방형**이 아니다. 주둥이는 약간 좁아지며 자연스럽게 균형을 이루는 형태로, 정방형보다는 약간 각이 진 형태를 가지는 것이 바람직하다. 이는 말티즈의 얼굴 특징을 돋보이게 하는 중요한 요소다.

e. 주둥이 깊이는 코끝 부분에서 측정했을 때, **비량의 길이(코끝에서 액단까지)의 20%를 넘지 않는 것이 좋다**. 이는 말티즈의 균형 잡힌 얼굴 구조를 유지하는 데 중요한 기준으로, 주둥이가 과도하게 깊어지면 얼굴의 비례

와 조화가 깨질 수 있다.

f. 비량은 **수평**Level이어야 한다. 이는 말티즈의 얼굴 구조에서 중요한 요소로, 균형 잡힌 외모와 자연스러운 비율을 유지하기 위해 필수적인 특성이다. 비량이 수평을 유지하면 얼굴이 더 조화롭게 보인다.

g. 코와 입술은 검정이어야 하며, 입술 안쪽도 검정이 바람직하다. 또한, 윗입술과 아랫입술이 잘 맞물려 있어야 하며, 입술에서 구각(입꼬리)이 늘어져서는 안 된다. 이는 말티즈의 균형 잡힌 얼굴과 고유한 품격을 유지하기 위한 중요한 요소로, 입술의 발달 상태가 건강과 외모에 큰 영향을 미친다.

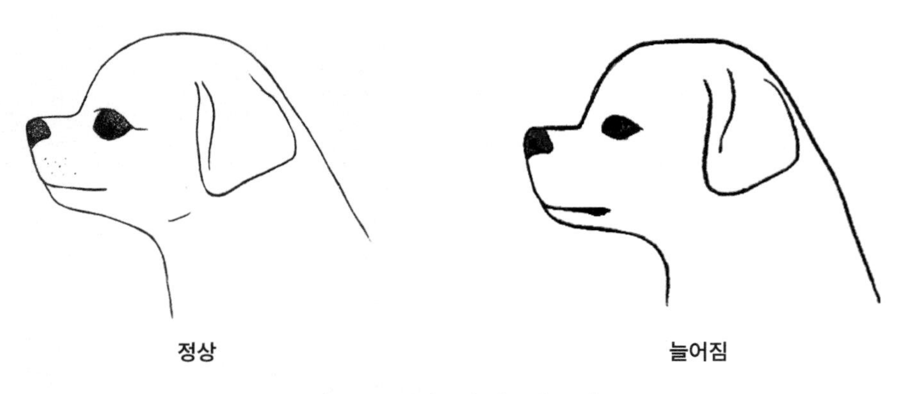

그림 2.22 말티즈의 입꼬리(구각)

6) 코(Nose)

▶ **원문**

코는 검은색이다.

The nose is black.

▶ **해설**

a. 하얀 모색을 가진 모든 개는 동일하게 털이 없는 부분에서 검은색이 우선한다.

b. 털이 자라지 않는 부분(눈, 아이라인, 코, 입술, 발톱, 패드, 항문 주변)은 검은색일수록 좋다.

c. 멜라닌 색소가 부족한 개는 합병증을 유발할 가능성이 높으며, 자외선 차단 효과가 없다.

d. 인중Philtrum(코입술선, 즉 앞에서 보았을 때 코 중앙의 세로선)이 **넓고 깊게 파여 있는 것은 바람직하지 않다.** 개가 입술을 핥을 때마다 이 홈에 침이 고여 모세관 작용으로 위쪽으로 당겨진다. 이는 코가 젖지 않더라도 촉촉하게 유지되어 냄새를 효과적으로 포착할 수 있게 해준다.

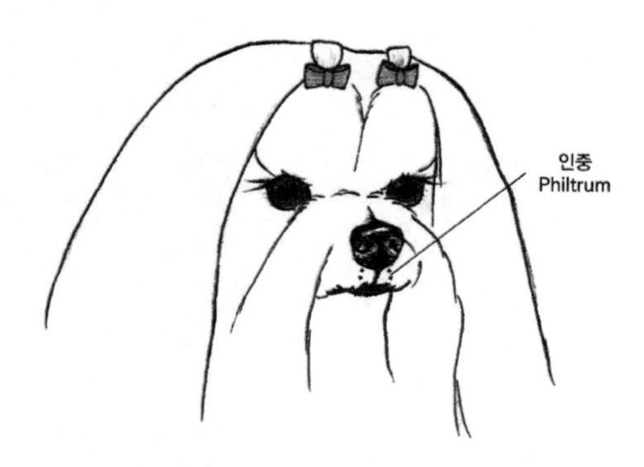

그림 2.23 인중

7) 이빨(Teeth)

▶ **원문**

이빨은 절단교합이나 가위교합이다.

The teeth meet in an even, edge-to-edge bite, or in a scissors bite.

▶ **해설**

a. 교합은 가위교합이 바람직하며, 절단교합은 허용된다고 볼 수 있다.

b. 가위교합과 절단교합은 주둥이의 형태와 악력에 차이를 보인다. 가위교합은 위턱과 아래턱의 치아가 정확히 맞물려 음식물을 효율적으로 자르고 찢는 데 유리하다. 반면, 절단교합은 치아가 마주 닿아 있어 기능적으로 허용 가능하지만, 치아의 마모가 빠르게 진행될 가능성이 있고 장기적인 사용에 있어 효율성이 떨어질 수 있다. 이러한 이유로, 이상적인 교합으로는 가위교합이 더 바람직하다고 평가된다.

c. 가위교합은 윗니가 아랫니를 약 1/3 정도 덮으며, 윗니의 안쪽 면과 아랫니의 바깥쪽 면이 정확히 맞닿아 있어야 한다. 이는 견종의 기능적이고 이상적인 교합 형태로, 음식물을 효율적으로 자르고 찢는 데 적합하다.

d. 말티즈의 허용 교합은 단체마다 차이가 있다. AKCAmerican Kennel Club에서는 절단교합을 허용하지만, FCIFédération Cynologique Internationale에서는 이를 허용하지 않는다. 저자는 이러한 차이가 주둥이 길이에서 기인한다고 본다. AKC 기준에서는 말티즈의 주둥이가 조금 짧아 절단교합이 나타날 가능성이 높아 이를 허용하는 반면, FCI 기준에서는 주둥이가 상대적으로 길어 절단교합이 발생할 확률이 낮기 때문에 이를 허용하지 않는 것으로 해석할 수 있다.

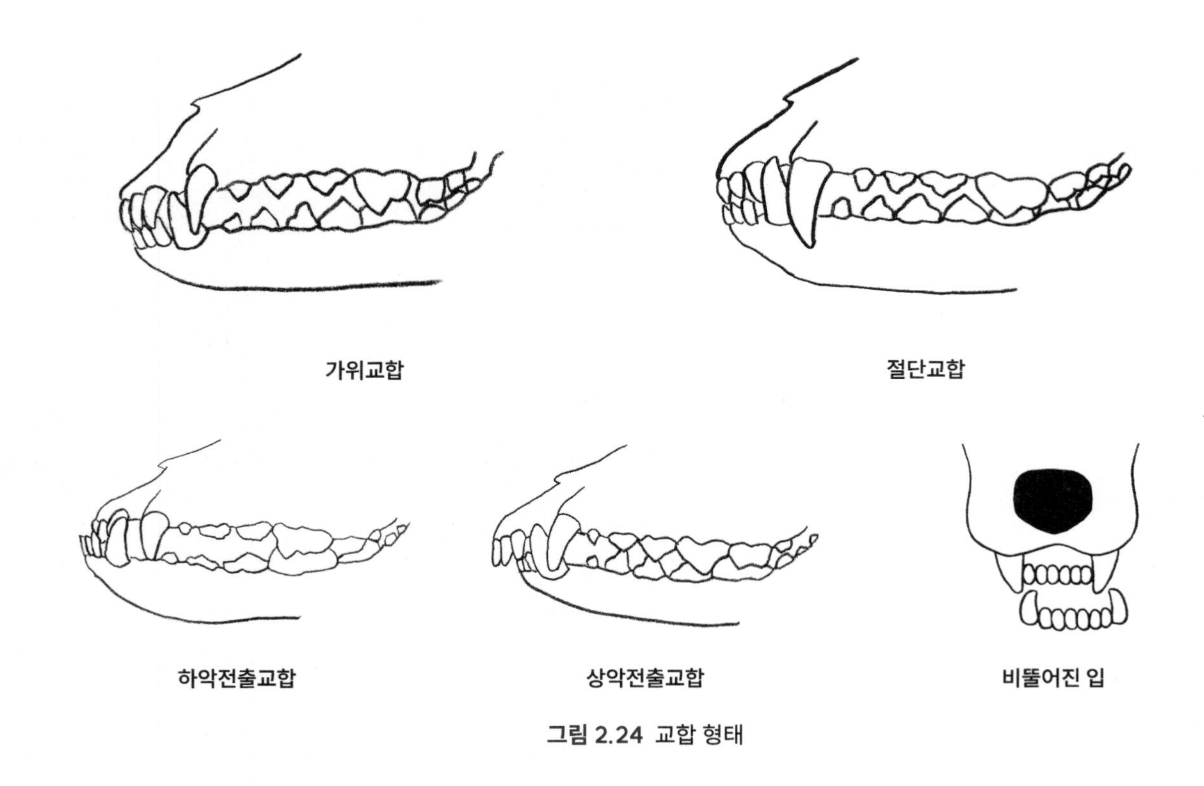

그림 2.24 교합 형태

8) 목(Neck)

▶ 원문

목은 충분히 길어서 머리의 위치가 높아 보이는 것이 바람직하다.

Sufficient length of neck is desirable as promoting a high carriage of the head.

▶ 해설

a. 목의 길이는 **체고의 약 1/2**이 이상적이다. 이는 전체적인 균형과 조화를 이루는 데 중요한 요소로, 너무 짧거나 길 경우 견종의 전반적인 외관과 동작에 영향을 미칠 수 있다. 피부는 탄력 있고 팽팽해야 하며, 이완된 피부는 건강 상태나 외형적으로 좋지 않은 인상을 줄 수 있다. 또한, 목은 충분히 발달되어 강한 근육 구조를 가져야 하며, 이를 통해 고개를 안정적으로 유지하고 우아한 자세를 표현할 수 있다. 견종 심사에서는 이러한 목의 길이, 피부 상태, 근육 발달 등이 중요한 평가 요소로 작용한다.

b. 목덜미와 몸통이 연결되는 **경계는 명확**하게 구분되어야 한다. 목덜미는 견고하게 발달되어 있어야 하며, 목과 몸통이 자연스럽고 매끄럽게 이어지되, 뚜렷하게 구분되어야 한다. 이러한 분명한 경계는 말티즈의 우아하고

균형 잡힌 실루엣을 형성하는 데 중요한 요소다. 경계가 흐릿하거나 과도하게 연결된 경우, 전체적인 외형이 둔탁해 보이거나 견종 표준에서 벗어날 수 있다. 이는 견종 심사에서 중요한 평가 기준 중 하나로 간주된다.

c. 목의 윗부분은 자연스러운 아치형을 이루는 것이 이상적이다. 이 아치형은 우아하고 품격 있는 실루엣을 형성하며, 말티즈의 전체적인 균형미를 강조한다. 지나치게 곧거나 과도하게 휘어진 경우에는 견종 표준에서 벗어난 것으로 간주될 수 있다. 아치형 목은 머리와 몸통의 연결을 부드럽게 만들어 자연스럽고 기품 있는 자세를 유지하는 데 기여한다. 이는 말티즈의 고유한 특징 중 하나로, 견종 심사에서도 중요한 평가 요소로 여겨진다.

d. 목의 두께는 말티즈의 전체적인 신체 비율과 조화를 이루는 것이 중요하다. 지나치게 두껍거나 얇은 목은 우아하고 균형 잡힌 외형을 해칠 수 있다. 적절한 두께는 목이 견고하면서도 유연하게 보이도록 하며, 머리와 몸통 사이의 연결을 자연스럽고 안정적으로 만들어 준다. 또한, 두께는 단순히 외형적인 요소뿐만 아니라 목의 강도와 기능적인 역할에도 영향을 미치므로, 전체적인 체형과의 조화가 필수적이다. 견종 심사에서는 이러한 조화로운 두께가 중요한 평가 기준으로 작용한다.

그림 2.25 목 형태

9) 몸통(Body)

▶ 원문

❼ 몸통은 옹골지며, 견갑에서 지면까지의 높이는 견갑에서 꼬리 시작점까지의 길이와 같다. ❽ 견갑골은 기울어 있으며 팔꿈치는 잘 결합되어 몸에 가까이 있다. ❾ 등은 등선이 수평이며 ❿ 늑골은 잘 형성되어 있다. ⓫ 가슴은 적당히 깊고 ⓬ 허리는 팽팽하고 강하며 ⓭ 아래쪽으로 약간 턱업이 있다.

Compact, the height from the withers to the ground equaling the length from the withers to the root of the tail. Shoulder blades are sloping, the elbows well knit and held close to the body. The back is level in topline, the ribs well sprung. The chest is fairly deep, the loins taut, strong, and just slightly tucked up underneath.

▶ **해설**

❼ 말티즈의 체형은 견종 표준에 따라 다소 차이가 있다. **AKC**American Kennel Club 표준에 따르면, 말티즈는 장방형 체형으로 체고(견갑에서 패드까지)보다 체장(흉골단에서 좌골단까지)이 **약 1/3 정도 더 길어야 한다**. 반면, **FCI**Fédération Cynologique Internationale 표준에서는 체고보다 체장이 약 38% 더 길어야 한다. 몸통 비율과 관련하여 AKC는 상대적으로 **정방형**Cobby Type에 가까운 체형을 기준으로 하고, FCI는 약간 더 긴 **장방형 체형**을 기준으로 삼는다. 그러나 일반적으로 AKC의 **정방형 체형**이 더 선호된다. 이는 견고하고 균형 잡힌 외형을 강조하며, 말티즈의 품종 특성을 보다 명확하게 드러낸다는 평가를 받기 때문이다. 이러한 차이는 견종 심사에서 체형을 평가하는 기준에도 영향을 미친다.

그림 2.26 몸통 형태

이러한 차이는 미묘하지만, 말티즈의 몸통 타입은 코비 타입Cobby Type으로 분류된다. 이는 정방형에 가까운 체형을 의미한다. 체장과 체고의 비율에서 **1/3 정도**와 **38%** 사이의 차이는 우아함과 간결함Smart의 표현에서 나타난다. 저자의 심사 경험에 따르면, **1/3 정도의 비율**이 말티즈의 품종 특성을 더 잘 드러내며, 전체적으로 균형 잡히고 깔끔한 실루엣을 제공하기 때문에 더 선호되는 경향이 있다. 이는 AKC 표준이 강조하는 정방형 체형의 선호도를 뒷받침하는 근거로 작용한다.

❽ 팔꿈치가 몸통에 밀착되지 못하는 개는 심사에서 자주 관찰되는 문제 중 하나이다. 이러한 현상은 주로 견갑(어깨뼈)이 짧거나, 팔꿈치가 약한 경우 발생한다. 견갑이 짧으면 앞다리의 전체적인 균형이 깨지고, 팔꿈치

가 몸통에서 벌어지게 된다. 또한, 팔꿈치가 약한 경우 관절의 안정성이 떨어져 움직임이 부자연스럽고, 전체적인 자세가 흐트러질 수 있다. 이는 말티즈의 견종 표준에서 요구하는 균형 잡힌 체형과 우아한 움직임을 해치는 요소로, 견종 심사에서 주의 깊게 평가된다.

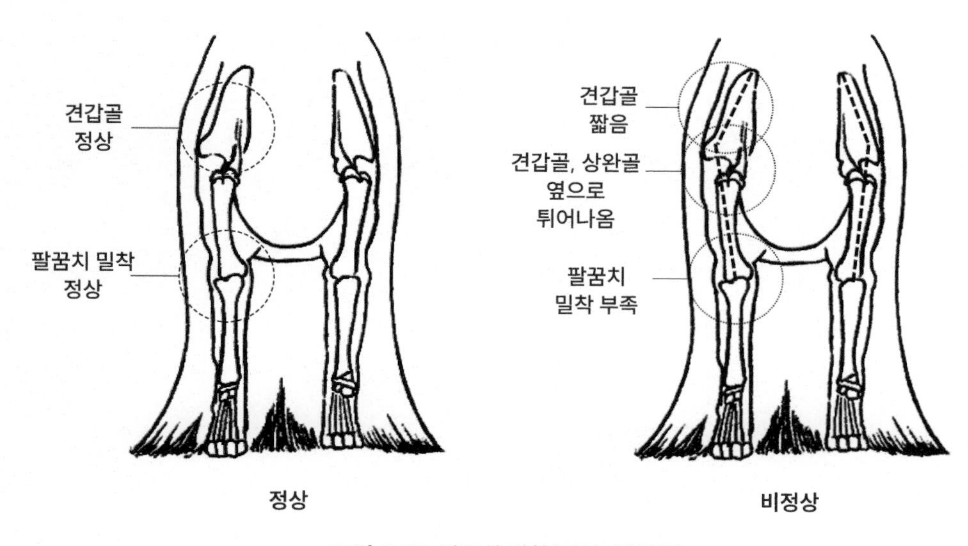

그림 2.27 팔꿈치 밀착(정상, 비정상)

❾ 등선(견갑에서 꼬리 시작점까지)은 수평을 이루는 것이 이상적이다. 등선은 AKCAmerican Kennel Club 기준에서는 체고와 비슷한 비율을 가지며, 전체적으로 균형 잡힌 정방형 체형을 강조한다. 반면, FCIFédération Cynologique Internationale 기준에서는 체장(흉골단~좌골단)이 체고의 1/2보다 약간 더 긴 비율로 설정되어 약간의 장방형 체형을 보여준다. 따라서 전체적인 외관에서 보면, **AKC의 체장이 FCI보다 조금 더 짧아 보인다.** 이는 두 표준이 각각 체형에서 요구하는 균형과 외형적 특징에 따른 차이로, 말티즈의 우아함과 견종 표준 해석에 중요한 영향을 미친다.

수평 등(Level Back)
견갑-꼬리 시작점 수평

잉어 등(Roached Back)
흉추 9부터 아치 형태

역경사 등(Slopping Back)
견갑에서 꼬리 시작점까지 점차적으로 높아**짐**

움푹 패인 등(Dipped Back)
견갑 바로 뒤에서 움푹 들어간 후 서서히 아치를 이룸

그림 2.28 등 형태

⑩ 늑골은 적당히 부풀어야 하며, 전체적인 흉곽의 형태는 타원형을 이루는 것이 이상적이다. 늑골은 몸통의 가장 앞부분이 1번 늑골로 시작하며, 요추 앞부분에 위치한 13번 늑골로 끝난다. 늑골의 길이는 9번 늑골을 중심으로 변화하며, 9번 늑골을 기준으로 뒤쪽으로 갈수록 점점 짧아지고, 앞쪽으로 갈수록 역시 점점 짧아지는 구조를 가진다. 이러한 특징은 흉곽이 적당히 넓고 깊으며, 우아하면서도 기능적인 체형을 유지하는 데 기여한다. 늑골이 과도하게 부풀거나 너무 평평하면 말티즈의 균형 잡힌 체형과 품종 표준에서 벗어나게 된다.

⑪ 가슴은 촉심했을 때 **적당히 부풀어 있는 상태**가 이상적이다. 여기서 "적당히"란 가슴을 만졌을 때, 깊이가 너무 부풀어 있지도 않고, 너무 빈약하지도 않은 상태를 의미한다. 즉, 흉심(가슴의 깊이)은 체고의 약 45%를 차지하며, 나머지 지장(다리의 길이)은 체고의 55%를 차지하는 비율이 바람직하다. 이러한 비율은 말티즈의 전체적인 균형과 조화를 유지하는 데 중요하다. 가슴이 지나치게 부풀면 둔탁해 보일 수 있고, 반대로 빈약하면 품종의 이상적인 체형에서 벗어나게 된다. 따라서 적절한 깊이와 비율을 갖춘 가슴은 말티즈의 우아함과 균형 잡힌 실루엣을 형성하는 핵심 요소로 간주된다.

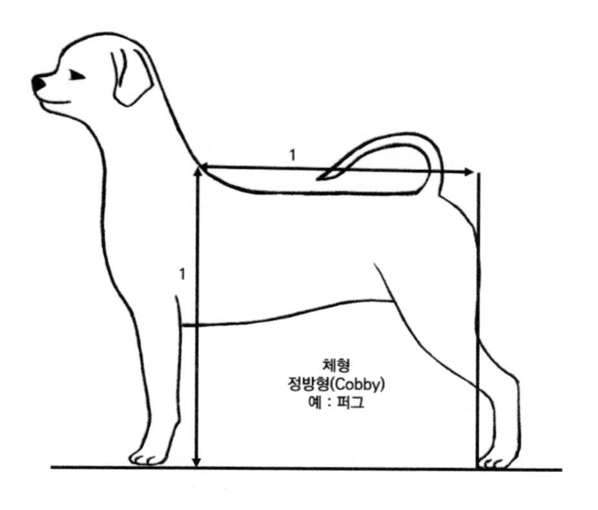

그림 2.29 체고 및 체장의 비례

⓬ 요추는 7분절로 구성되며, 길지 않고 **짧고 넓은 형태**가 바람직하다. 이는 요추가 짧고 튼튼할수록 말티즈의 움직임에서 중요한 동력을 효율적으로 전달할 수 있기 때문이다. 짧고 견고한 요추는 허리 부분의 안정성을 높이고, 뒷다리와 몸통 간의 힘 전달을 원활하게 하여 부드럽고 균형 잡힌 걸음걸이를 가능하게 한다. 반대로, 요추가 길면 허리의 안정성이 떨어지고 힘의 손실이 발생할 수 있어 움직임이 부자연스러워질 수 있다. 따라서 견종 심사에서는 짧고 넓은 요추가 말티즈의 이상적인 체형과 기능적 효율성을 뒷받침하는 중요한 요소로 평가된다.

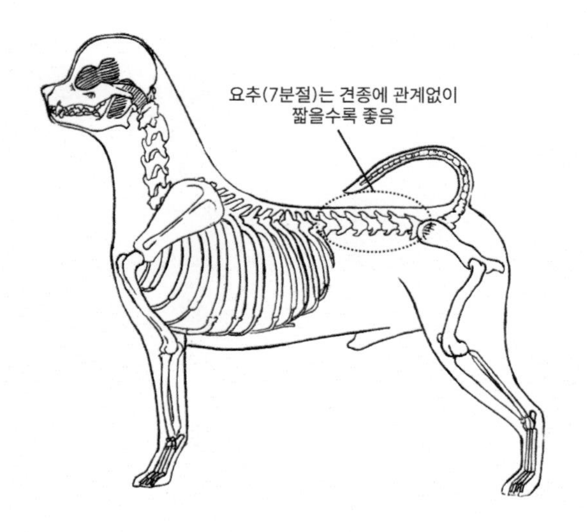

그림 2.30 요추

⓭ 턱업은 9번째 늑골을 기준으로 미세하게 올라가는 것이 이상적이다. 이는 말티즈 특유의 우아한 실루엣을 형성하는 중요한 요소 중 하나이다. 9번째 늑골에서부터 미세하게 올라가는 턱업은 자연스럽고 매끄러운 라인을 만들어내며, 균형 잡힌 몸통과 함께 부드러운 곡선을 강조한다. 턱업이 지나치게 급격하게 올라가면 허리 부분이 약해 보이거나 불안정한 인상을 줄 수 있고, 반대로 턱업이 부족하면 몸통이 무겁고 둔탁하게 보일 수 있다. 따라서, 견종 표준에서 요구하는 적절한 턱업의 각도와 시작 지점은 말티즈의 우아함과 기능적인 움직임을 동시에 표현하는 데 중요한 역할을 한다.

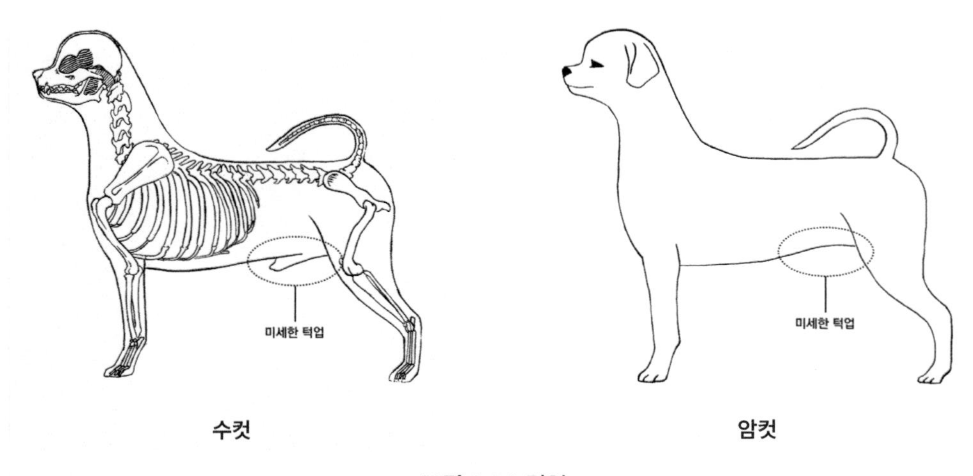

그림 2.31 턱업

a. 엉덩이는 넓고 길며, 약 10° 정도 경사를 이루는 것이 이상적이다. 이러한 엉덩이 구조는 말티즈의 전반적인 균형과 움직임에서 중요한 역할을 한다. 넓고 긴 엉덩이는 뒷다리의 근육 발달을 지원하며, 강력한 추진력을 가능하게 한다. 또한, 10° 정도의 경사는 뒷다리의 각도를 자연스럽게 만들어 부드럽고 유연한 움직임을 제공한다. 이 경사는 과도하거나 부족할 경우 동작이 부자연스러워지거나 균형이 흐트러질 수 있다. 견종 표준에서는 이러한 엉덩이의 넓이, 길이, 그리고 경사가 적절한지 여부를 중요한 평가 기준으로 삼는다. 말티즈의 우아함과 기민한 움직임을 완성하는 데 있어 적합한 엉덩이 구조는 필수적이다.

b. 팔꿈치는 몸통에 가깝게 밀착되어 있어야 하며, 몸통의 **정중앙선과 평행**을 이루는 것이 이상적이다. 팔꿈치가 몸통에 제대로 붙어 있으면 앞다리의 움직임이 자연스럽고 안정적이며, 말티즈의 전체적인 균형과 조화를 유지하는 데 중요한 역할을 한다. 반면, 팔꿈치가 벌어지거나 몸통과 평행을 이루지 못하면 걸음걸이가 부자연스럽거나 균형이 흐트러질 수 있다. 이는 견종 표준에서 요구하는 이상적인 체형과 동작에서 벗어나는

것으로, 심사에서 감점 요소가 될 수 있다. 따라서 팔꿈치의 밀착과 정렬은 말티즈의 품종 특성을 잘 나타내는 중요한 평가 기준 중 하나이다.

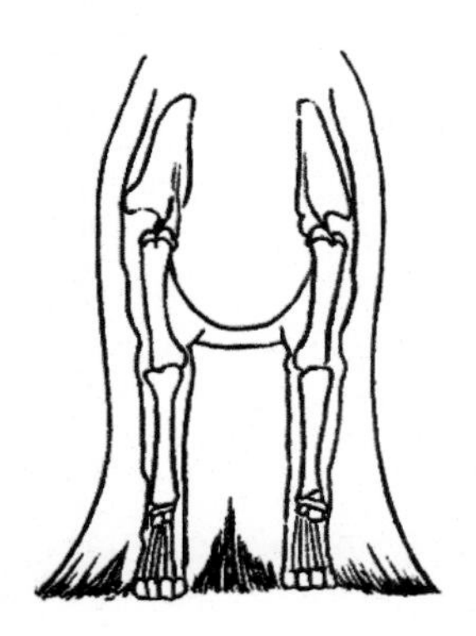

그림 2.32 팔꿈치(정상)

10) 꼬리(Tail)

▶ **원문**

긴 꼬리 깃털은 우아하게 등 위로 놓여 있으며, 꼬리 끝부분은 뒤쪽 1/4에 옆으로 놓여있다.

long-haired plume carried gracefully over the back, its tip lying to the side over the quarter.

▶ **해설**

a. 꼬리는 **높게 위치**하는 것이 이상적이며, 푸들에 비해 약간 뒤쪽에 자리 잡는 것이 바람직하다. 꼬리의 길이는 체고의 약 60%로, 끝이 비절(뒷다리 관절)에 가까이 접근해야 한다. 꼬리의 위치와 길이는 말티즈의 전체적인 균형과 조화를 이루는 데 중요한 요소다. 꼬리가 너무 짧거나 낮게 위치하면 외형적으로 둔탁하거나 부자연스러운 인상을 줄 수 있고, 반대로 너무 길거나 높게 위치하면 품종 특유의 우아한 실루엣에서 벗어날 수 있다. 견종 표준에서는 꼬리의 위치와 길이가 정확히 균형 잡혀야 하며, 이는 심사에서 중요한 평가 기준으로 작용한다.

b. 꼬리의 형태는 **큰 곡선을 그리며 허리 위로 드리우는 것이 이상적**이다. 꼬리 끝은 좌우 어느 방향으로 위치해도 허용되지만, 가장 바람직한 형태는 **체장의 뒤쪽 1/4 지점에서 옆으로 내려가는 것**이다. 이러한 꼬리 형태는 말티즈의 우아하고 균형 잡힌 외형을 완성하는 데 중요한 역할을 한다. 꼬리가 부드럽고 자연스럽게 곡선을 이루면서 허리 위에 드리워지면 말티즈의 특성을 더욱 돋보이게 한다. 반대로 꼬리가 너무 높거나 지나치

게 아래로 처질 경우, 전체적인 실루엣과 조화가 깨질 수 있다. 견종 표준에서는 꼬리의 형태와 위치가 말티즈의 품격과 조화를 얼마나 잘 나타내는지를 중요한 평가 요소로 간주한다.

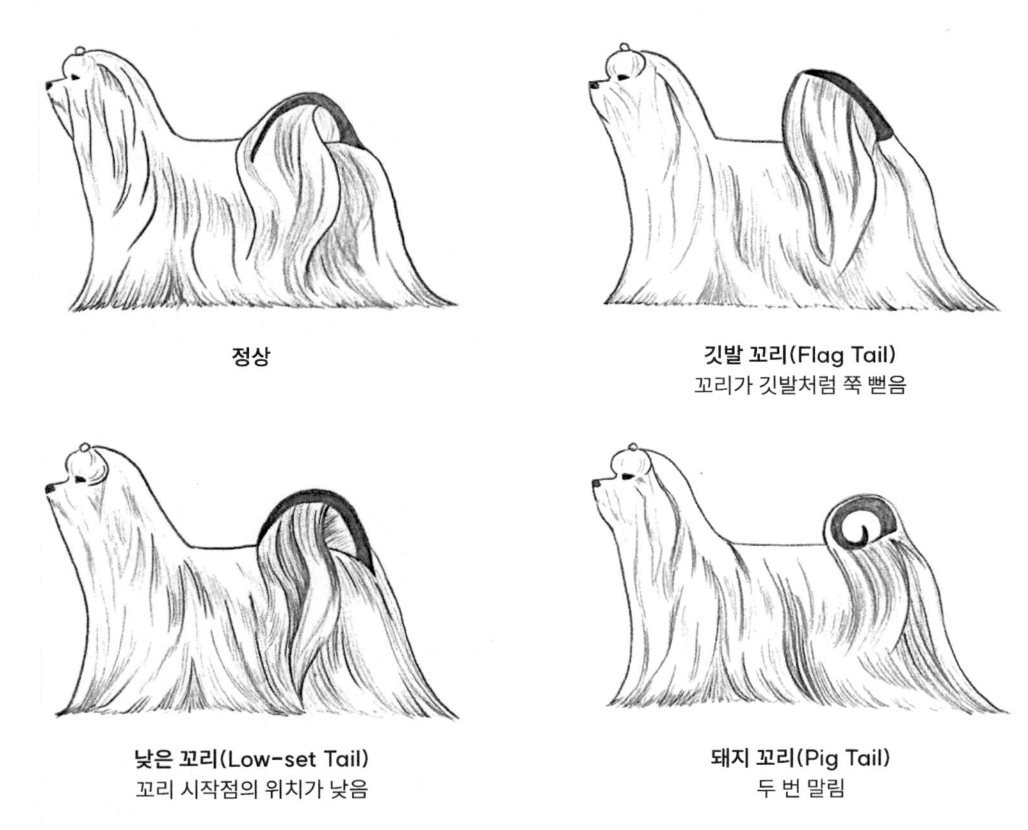

그림 2.33 꼬리 시작점과 형태

11) 다리와 발(Legs and Feet)

▶ **원문**

다리는 좋은 뼈대와 멋진 깃털이 있다. 앞다리는 반듯하며, 발목 관절은 잘 결합되어 있고, 현저한 구부러짐은 없다. 뒷다리는 강하고 무릎 관절과 비절에서 적당한 각을 이룬다. 발은 작고 둥글며 발가락 패드는 검은색이다. 발 위의 지저분한 털은 좀 더 깔끔한 외형을 위하여 다듬어줄 수 있다.

Legs are fine-boned and nicely feathered. Forelegs are straight, their pastern joints well knit and devoid of appreciable bend. Hind legs are strong and moderately angulated at stifles and hocks. The feet are small and round, with toe pads black. Scraggly hairs on the feet may be trimmed to give a neater appearance.

▶ **해설**

a. 앞다리는 **몸통에 가깝게 위치**하며, **곧게 서 있고 평행을 이루는 것**이 이상적이다. 이러한 구조는 말티즈의 안정적인 체형과 균형 잡힌 걸음걸이를 유지하는 데 필수적이다. 앞다리가 곧고 평행하게 정렬되어 있으면 체중을 고르게 분산시키며, 걸음걸이가 부드럽고 우아하게 보인다. 반면, 앞다리가 휘어지거나 평행하지 않으면 움직임이 부자연스럽고 전체적인 균형이 흐트러질 수 있다. 견종 표준에서는 앞다리가 몸통과의 적절한 밀착 상태를 유지하면서 곧고 평행하게 자리 잡고 있는지를 중요한 평가 기준으로 삼는다.

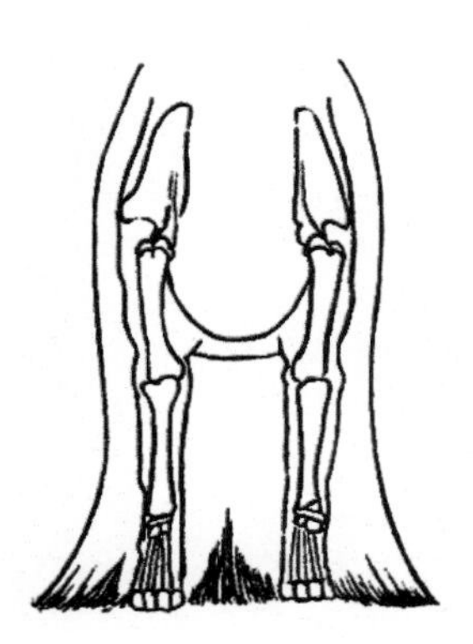

그림 2.34 앞다리

b. 어깨(견갑골)의 길이는 **체고의 1/3** 정도가 이상적이다. 앞다리의 각도는 말티즈의 최대 보폭과 자연스러운 움직임을 위해 매우 중요한 요소로, 앞다리를 앞으로 뻗었을 때 약 60~65°의 각도를 이루며, 움직임 중 착지 시에는 약 45°에 도달하는 것이 바람직하다. 이러한 각도는 앞다리의 유연성과 추진력을 최적화하여 부드럽고 우아한 걸음걸이를 가능하게 한다. 견갑골이 너무 짧거나 각도가 부족하면 보폭이 제한되어 동작이 부자연스러워지고, 반대로 각도가 과도하면 안정성이 떨어질 수 있다. 견종 표준에서는 어깨의 길이와 각도를 세밀하게 평가하며, 이는 말티즈의 품종 특성을 완벽히 표현하는 중요한 기준으로 작용한다.

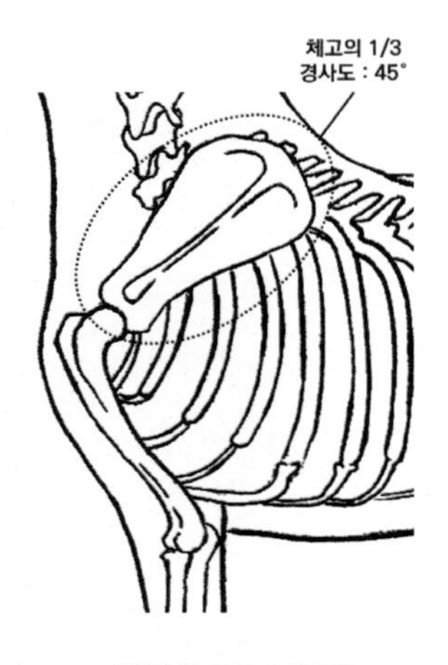

그림 2.35 견갑골

c. 상완은 어깨(견갑골)보다 약간 길며, 길이는 **체고의 40~45%** 정도가 이상적이다. 상완의 경사도는 약 70°를 이루며, 이는 말티즈의 균형 잡힌 체형과 자연스러운 움직임을 지원한다. 상완의 **위쪽 2/3** 부분은 몸통과 연결되어 있으며, **세로 방향은 몸통의 정중앙면과 거의 평행**을 이루는 것이 바람직하다. 이러한 구조는 앞다리의 안정성과 추진력을 최적화하여 보폭을 충분히 확보하고, 부드럽고 우아한 걸음걸이를 가능하게 한다. 상완이 너무 짧거나 경사도가 부족하면 움직임이 제한되거나 부자연스러워질 수 있으며, 반대로 과도하게 길거나 경사도가 높으면 안정성이 떨어질 수 있다. 견종 표준에서는 상완의 길이, 경사도, 정렬 상태가 이상적인지 여부를 중요한 평가 기준으로 삼는다.

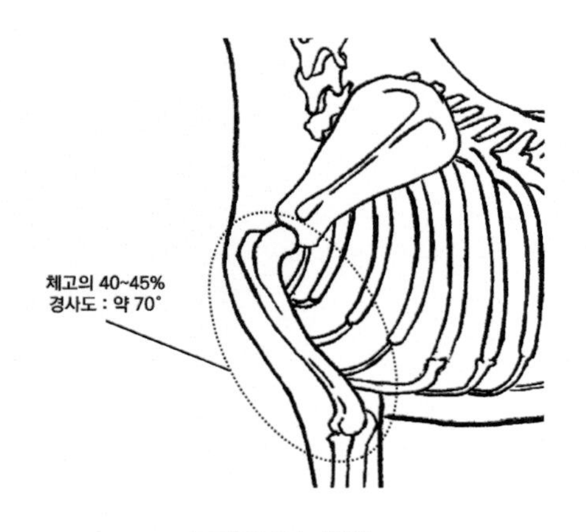

그림 2.36 상완

d. 전완은 **튼튼한 골격**으로 잘 발달되어 있어야 하며, 이는 말티즈의 안정적인 체형과 기능적인 움직임을 지원

하는 중요한 요소다. 전완이 견고하게 발달되어 있으면 앞다리가 체중을 효과적으로 지지하고, 부드럽고 자연스러운 걸음걸이를 유지할 수 있다. 골격이 약하거나 발달이 부족할 경우, 체중 지지가 불안정해지거나 움직임이 부자연스러워질 수 있다. 견종 표준에서는 전완의 강도와 발달 상태를 중요한 평가 기준으로 삼으며, 이는 말티즈의 품종 특성을 완벽하게 나타내는 데 필수적인 요소로 간주된다.

e. 중수골의 각도는 약 20° 정도로 뉘어 있는 것이 이상적이다. 이러한 각도는 보행 시 탄력을 증가시키고, 착지 시 발생하는 충격을 효과적으로 흡수하는 데 도움을 준다. 수근골과 중수골의 연결 부위는 자연스럽고 매끄럽게 이어져야 하며, 앞쪽으로 약간 튀어나와 있는지(너클링 오버)를 반드시 확인해야 한다. 수근골은 7개의 분절로 구성되어 있으며, 이 부위가 지나치게 눈에 띄거나 바셋하운드처럼 튀어나와 있다면 이는 견종 표준에서 벗어나는 중대한 결점으로 간주된다. 모든 개에서 수근골 관절 부위는 촉심으로 느낄 수 있지만, **눈으로 보았을 때는 매끄럽게 연결된 모습**이어야 한다. 만약 수근골이 눈에 띄게 튀어나와 있다면, 이는 견종 표준에서 요구하는 말티즈의 우아하고 조화로운 외형에 부정적인 영향을 미친다.

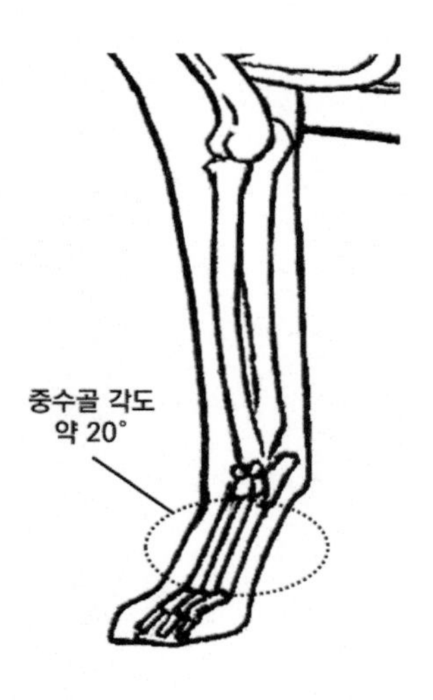

그림 2.37 전완 및 중수골

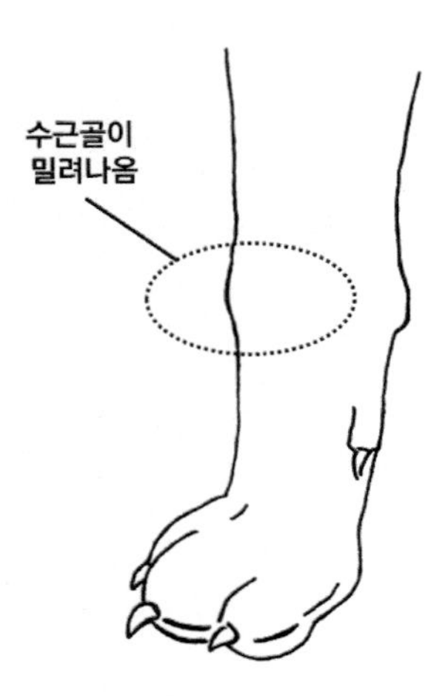

그림 2.38 너클링 오버

f. 중수골(리스트)은 20~25° **정도 기울어져 있는 것이 이상적**이다. 이러한 각도는 보행 시 충격을 흡수하고, 자연스러운 탄력을 제공하여 부드럽고 효율적인 움직임을 가능하게 한다. 중수골이 과도하게 기울어지거나 너무 직립해 있으면 움직임이 부자연스러워지고, 관절에 과도한 부담이 가해질 수 있다. 따라서 20~25°의 적절한 기울기는 말티즈의 견종 표준에서 요구하는 균형 잡힌 체형과 기능적인 움직임을 지원하는 중요한 요소로 간주된다. 견종 심사에서는 중수골의 각도가 품종 특성에 부합하는지 면밀히 평가된다.

g. 중족골(뒷다리 아래쪽의 뼈)은 견종 표준에 따라 90°로 수직을 이루는 것이 이상적이다. 이는 뒷다리의 안정성과 추진력을 제공하며, 말티즈의 균형 잡힌 자세와 움직임에 중요한 역할을 한다. 중족골이 90°를 벗어나 기울어지거나 불안정하면, 뒷다리의 기능적 효율성이 떨어지고 전체적인 걸음걸이가 부자연스러워질 수 있다. 따라서 중족골이 정확히 수직을 유지하는 것은 말티즈의 견종 표준에서 요구하는 중요한 구조적 특징 중 하나로, 심사 과정에서도 세심히 평가된다.

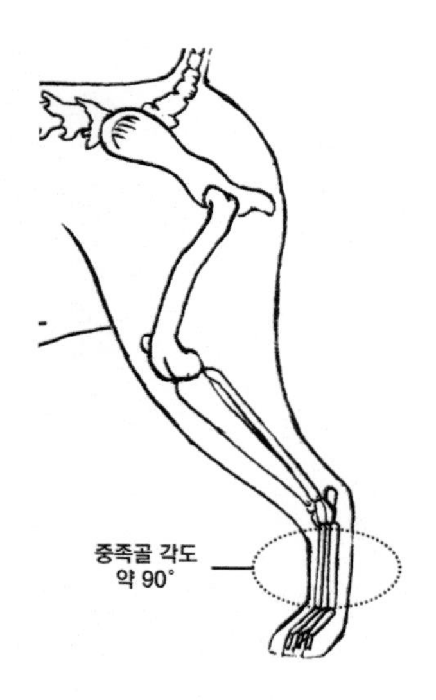

그림 2.39 중족골

h. 중수골의 각도는 말티즈의 보행에서 매우 중요한 역할을 한다. 중수골이 적절한 기울기(20~25˚)를 유지하면, 보행 시 발이 자연스럽게 땅에 닿고 충격을 효과적으로 흡수하며, 부드럽고 안정적인 움직임을 가능하게 한다. 이러한 구조는 말티즈의 보행을 물 흐르듯 자연스럽고 우아하게 만들어 말티즈 특유의 품격과 기민한 동작을 강조한다. 반면, 중수골의 각도가 과도하거나 부족하면 걸음걸이가 부자연스러워지고, 균형이 깨지며 관절에 부담을 줄 수 있다. 견종 표준에서는 중수골의 각도가 말티즈의 이상적인 보행과 기능적 효율성을 나타내는 중요한 기준으로 평가된다.

i. 발목Pastern은 길이가 **짧고 수직**을 이루는 것이 이상적이다. 짧고 수직적인 발목은 말티즈의 앞다리 구조를 안정적으로 지지하며, 보행 시 충격을 효과적으로 분산시키는 역할을 한다. 발목이 짧으면 전체적인 다리 구조가 견고해 보이며, 움직임이 안정적이고 부드럽게 유지된다. 반대로 발목이 길거나 기울어져 있으면 관절에 과도한 스트레스가 가해져 움직임이 불안정해질 수 있다. 견종 표준에서는 발목의 길이와 수직성을 중요하게 평가하며, 이는 말티즈의 균형 잡힌 체형과 자연스러운 걸음걸이를 표현하는 핵심 요소 중 하나이다.

j. 앞발은 **둥글고 단단하게 쥐어져 있으며, 아치형**을 이루는 것이 이상적이다. 이러한 구조는 말티즈의 균형 잡힌 체형과 보행 시 안정성을 높이는 데 중요한 역할을 한다. 발바닥의 **패드는 검은색**이어야 하며, **발톱은 검은색**이 가장 바람직하지만, 어두운 계열의 색을 띠고 있어도 허용된다. 이는 말티즈의 특성을 잘 나타내는 특징 중 하나로, 발의 구조와 색상이 전반적인 외형의 완성도를 높인다. 발톱이나 패드의 색상이 밝거나 이탈된 경우 품종 표준에서 벗어난 것으로 간주될 수 있으며, 심사 과정에서 감점 요인이 될 수 있다.

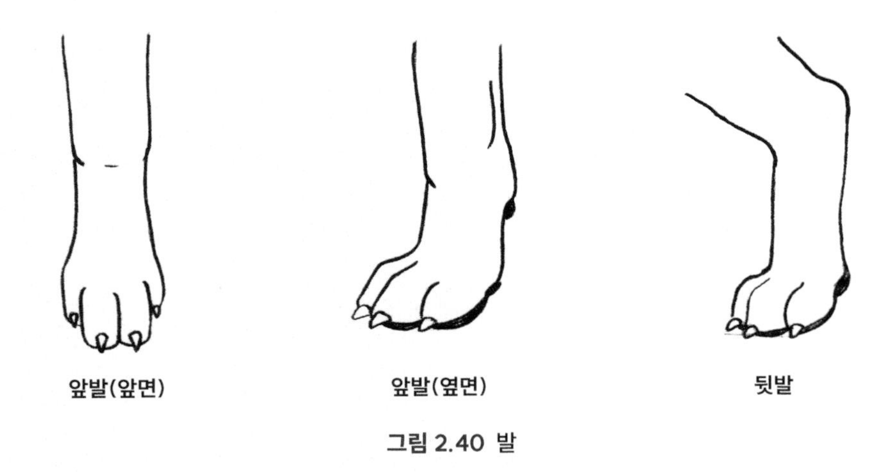

그림 2.40 발

k. 뒷다리는 전체적으로 **튼튼한 골격과 안정적인 구조**를 이루는 것이 이상적이다. 엉덩이 끝(좌골단)에서 하퇴의 중앙을 지나 지면까지 수직선을 그렸을 때, 그 선이 **뒷발의 바로 앞부분**에 도달하는 구조가 바람직하다. 이러한 구조는 말티즈의 균형 잡힌 체형과 효율적인 움직임을 지원하며, 걸음걸이가 자연스럽고 추진력이 강하게 나타나게 한다. 뒷다리가 수직선을 벗어나 지나치게 앞으로 나오거나 뒤로 치우치면, 움직임의 안정성이 떨어지고 균형 잡힌 보행이 어려워질 수 있다. 견종 표준에서는 뒷다리의 구조와 정렬 상태가 품종 특성에 부합하는지 면밀히 평가한다.

l. 대퇴의 길이는 **체고의 약 40%** 정도가 이상적이며, **단단한 근육**으로 잘 발달되어 있어야 한다. 대퇴는 **몸통의 정중앙면과 평행**을 이루면서 약간 경사져 있어야 하며, 이러한 구조는 말티즈의 균형 잡힌 체형과 강력한 추진력을 지원한다. 적절한 대퇴 길이와 근육 발달은 보행 시 안정성과 유연성을 높이며, 부드럽고 효율적인 움직임을 가능하게 한다. 반면, 대퇴가 너무 짧거나 길면 균형이 깨질 수 있고, 경사도가 부족하거나 과도할 경우 움직임이 부자연스러워질 수 있다. 견종 표준에서는 대퇴의 길이와 정렬 상태가 품종 특성에 부합하는지를 중요한 평가 요소로 간주한다.

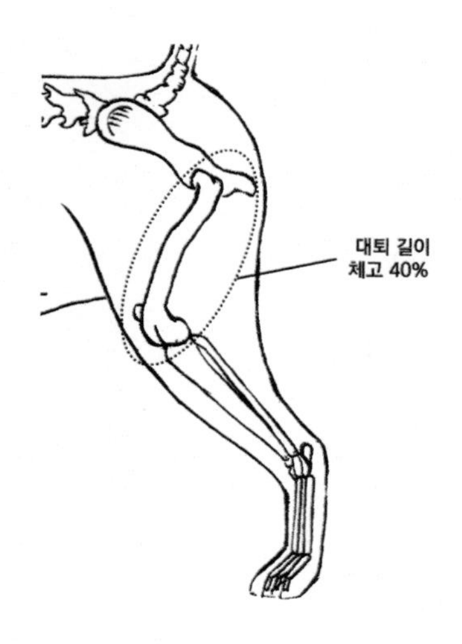

그림 2.41 대퇴

m. 무릎(스타이플)은 대퇴와 하퇴를 연결하는 부위로, 그 각도는 약 110~120°가 이상적이다. 이러한 각도는 말티즈의 보행에서 유연성과 추진력을 제공하며, 뒷다리의 움직임을 부드럽고 자연스럽게 만들어 준다. 무릎의 각도가 적절하면 강한 추진력을 통해 효율적인 보행이 가능하며, 체중을 안정적으로 지탱할 수 있다. 반대로, 각도가 너무 좁거나 넓으면 움직임이 부자연스러워지고 관절에 과도한 부담이 가해질 수 있다. 견종 표준에서는 무릎의 각도와 정렬이 품종 특성에 부합하며, 기능적이고 균형 잡힌 구조를 이루고 있는지 면밀히 평가한다.

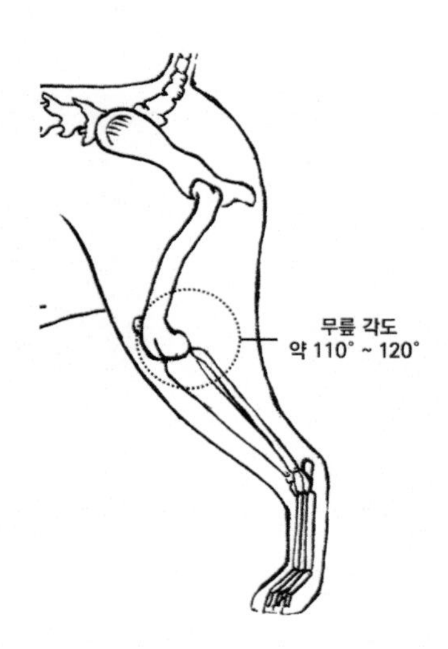

그림 2.42 무릎 각도

n. 하퇴는 팽팽한 근육으로 잘 발달되어 있어야 하며, 경사도는 약 55°를 이루는 것이 이상적이다. 하퇴의 길이는 **대퇴보다 약간 길어야** 하며, 이러한 비율은 말티즈의 뒷다리 움직임과 전체적인 균형을 유지하는 데 중요한 요소다. 적절한 하퇴 길이와 경사도는 뒷다리의 유연성을 제공하고, 강력한 추진력을 만들어 부드럽고 효율적인 보행을 가능하게 한다. 반대로, 하퇴가 대퇴보다 지나치게 길거나 짧거나 경사도가 맞지 않으면 움직임이 부자연스럽고 균형이 흐트러질 수 있다. 견종 표준에서는 하퇴의 길이, 경사도, 그리고 근육 발달 상태가 말티즈의 이상적인 체형과 움직임에 부합하는지 중요한 평가 요소로 간주된다.

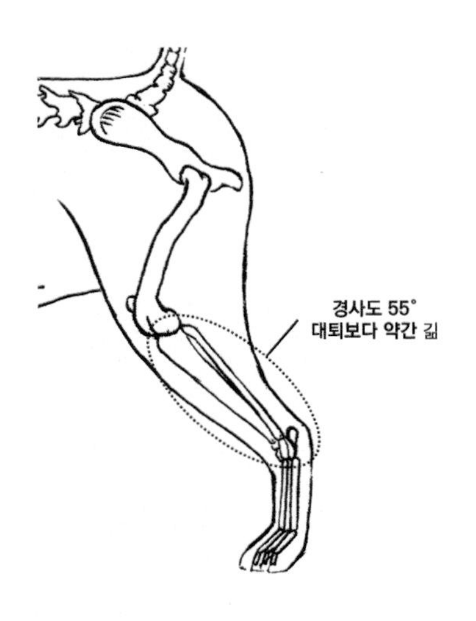

그림 2.43 하퇴

o. 비절의 각도는 90°를 이루는 것이 이상적이며, 이는 말티즈의 뒷다리 움직임에서 중요한 역할을 한다. 비절의 각도가 정확히 90°일 경우, 뒷다리가 강한 추진력을 발휘할 수 있고, 보행 시 안정적이고 자연스러운 움직임을 가능하게 한다. 앞 각도는 약 140°로 설정되며, 이는 대퇴와 하퇴의 각도를 포함하는 구조적 균형을 나타낸다. 이러한 각도는 뒷다리가 부드럽고 유연하게 움직이도록 지원하며, 품종 특유의 우아한 걸음걸이를 완성하는 데 기여한다. 만약 비절의 각도가 과도하게 좁거나 넓으면, 걸음걸이가 부자연스러워지거나 관절에 과도한 부담이 가해질 수 있다. 견종 표준에서는 비절과 앞 각도의 균형과 정렬 상태가 말티즈의 이상적인 체형과 기능적 움직임에 부합하는지 중요한 평가 기준으로 삼는다.

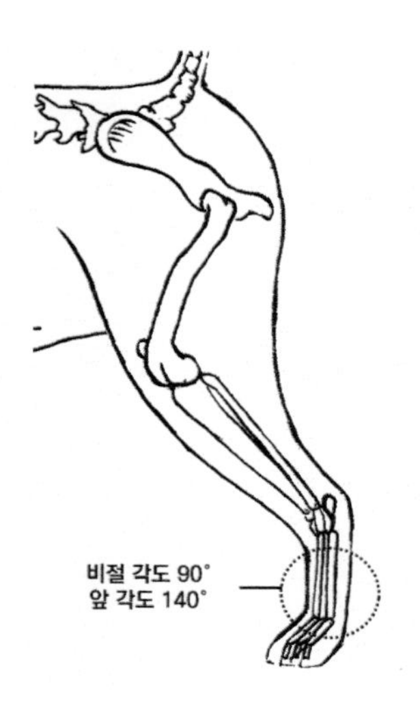

그림 2.44 비절

p. 지면에서 **비절까지의 길이는 체고의 1/3보다 약간 긴 비율**이 이상적이다. 이러한 길이는 말티즈의 뒷다리가 안정적인 구조를 유지하면서도 충분한 추진력을 발휘할 수 있도록 돕는다. 비절의 높이가 적절하지 않으면 균형이 흐트러지고, 보행이 부자연스러워질 수 있다. 예를 들어, 비절이 너무 낮으면 뒷다리의 각도가 좁아져 움직임이 제한될 수 있으며, 반대로 너무 높으면 체중 지지가 어려워지고 안정성이 떨어질 수 있다. 견종 표준에서는 비절의 위치와 길이가 말티즈의 전체 체형과 조화를 이루는지 면밀히 평가한다.

※ **상완보다 전완이 조금 길고, 대퇴보다 하퇴가 조금 긴 비율**은 말티즈의 자연스러운 보행을 가능하게 하는 이상적인 구조이다. 이러한 비율은 앞다리와 뒷다리가 조화를 이루어 균형 잡힌 걸음걸이를 만들어내며, 말티즈 특유의 우아하고 부드러운 움직임을 강조한다. 전완이 상완보다 약간 길면 앞다리가 더 유연하고 안정적으로 움직일 수 있으며, 대퇴보다 하퇴가 조금 더 길면 뒷다리의 추진력이 강화되고 보폭이 늘어나 효율적인 보행이 가능하다. 이 비율이 맞지 않으면 보행이 부자연스러워지거나 균형이 흐트러질 수 있다. 견종 표준에서는 이러한 다리의 비율과 조화가 말티즈의 품종 특성을 충분히 나타내는지 평가한다.

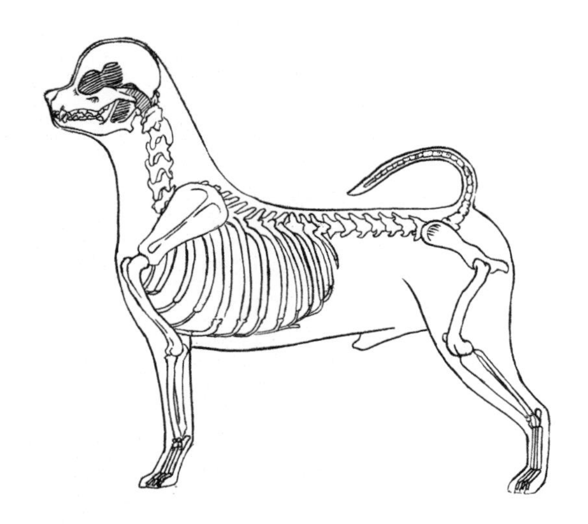

그림 2.45 앞다리와 뒷다리

12) 피모와 모색(Coat and Color)

▶ 원문

피모는 하모가 없는 단일모이다. 길고 편평하고 비단결 같은 털이 지면 근처까지 거의 모든 몸에 덮여있다. 긴 머리털은 탑노트에 묶을 수도 있고 그대로 놔두어도 된다. 꼬임, 곱슬거림, 양모 같은 모질은 어떠한 것도 바람직하지 않다. 색상은 순백색이다. 귀에 있는 엷은 유색 반점이나 레몬색은 허용되지만 바람직하지 않다.

The coat is single, that is, without undercoat. It hangs long, flat, and silky over the sides of the body almost, if not quite, to the ground. The long head-hair may be tied up in a topknot or it may be left hanging. Any suggestion of kinkiness, curliness, or woolly texture is objectionable. Color, pure white. Light tan or lemon on the ears is permissible, but not desirable.

▶ 해설

a. 모량은 충분히 풍성해야 하며, **몸통의 털 길이는 체고보다 길어야** 말티즈의 우아하고 고급스러운 외형을 강조할 수 있다. 그러나 털이 지나치게 길거나 무거워 개가 **걷거나 뛸 때 움직임에 방해를 주어서는 안 된다**. 이상적인 털은 부드럽고 매끄럽게 흐르며, 말티즈 특유의 품격을 돋보이게 하는 동시에 자유롭고 자연스러운 움직임을 유지할 수 있어야 한다. 털이 몸통에 달라붙거나 땅에 끌릴 정도로 과도하게 길면 보행과 기능성을 저해할 수 있으므로, 견종 표준에서는 모량과 길이가 균형을 이루어야 한다는 점을 강조한다. 이러한 조건은 말티즈의 품질을 평가하는 데 중요한 기준이 된다.

b. 머리의 털은 **안면부까지 자연스럽게 내려오며**, 턱수염과 귀를 덮고 있는 털과 섞여 부드럽게 연결되는 것이 이상적이다. 이러한 털의 흐름은 말티즈의 우아한 외형을 더욱 돋보이게 하며, 얼굴 주변의 부드럽고 고급스러운 인상을 만들어 준다. 머리와 얼굴, 귀 주변의 털은 매끄럽고 풍성해야 하되, 지나치게 뻗치거나 엉키지 않아야 한다. 털의 자연스러운 흐름은 말티즈의 전체적인 균형과 품격을 강조하며, 견종 표준에서 중요한 평가 요소로 간주된다. 털이 얼굴 윤곽을 방해하거나 불규칙하게 흩어져 있으면 품종 특유의 아름다움에서 벗어날 수 있다.

c. 꼬리는 **비절 선상까지 이르는 길이**가 이상적이며, 몸통의 한쪽 방향으로 자연스럽게 놓이는 것이 바람직하다. 꼬리털의 길이와 배치는 말티즈의 우아한 실루엣을 완성하는 데 중요한 요소다. 모색은 **순백색**이 가장 이상적이며, 이는 말티즈의 품종 특유의 아름다움을 강조한다. 그러나 **형광색을 띠는 푸른색은 견종 표준에서 부적합**하다. 지나치게 하얀색을 추구하다 보면 털이 형광빛을 띠는 경우가 있는데, 이는 자연스럽고 균일한 순백색의 느낌을 해치며 심사에서 감점 요소가 될 수 있다. 견종 표준에서는 모색이 깨끗하고 자연스러운 순백색을 유지하면서, 지나치게 인위적이거나 형광빛을 띠지 않는 것을 강조한다.

d. 단일 색상을 가진 견종에서는 **견종 표준에서 규정하는 단일 색상을 유지**하는 것이 가장 바람직하다. 그러나 **미색이 약간 섞인 것은 허용**된다. 이러한 미색은 견종의 자연적인 변이로 간주되지만, 단일 색상의 전체적인 조화와 품질을 해치지 않아야 한다. 특히, 귀나 머리 부분은 색이 섞일 가능성이 높은 부위이므로, 이러한 부분을 주의 깊게 관찰해야 한다. 색이 과도하게 섞이거나 단일 색상의 균일함을 해친다면, 이는 견종 표준에서 벗어난 것으로 간주될 수 있다. 견종 표준에서는 단일 색상을 유지하되, 자연스러운 미색 섞임 정도는 견종 특성의 일부로 인정한다. 심사에서는 이러한 미세한 색상 변이를 균형 있게 평가하는 것이 중요하다.

그림 2.46 털 길이

출처: 브리더 - 김소향, 견사호 - Angela White Maltese

그림 2.47 모질

13) 크기(Size)

▶ **원문**

크기: 체중은 7파운드(3kg) 미만이며, 4~6파운드(1.8~2.7kg)가 적당하다. 전반적인 품질이 크기보다 선호된다.

Size: Weight under 7 pounds, with from 4 to 6 pounds preferred. Overall quality is to be favored over size.

▶ **해설**

a. 크기(체고, 체장, 체중)는 말티즈의 견종 표준에서 매우 중요한 요소다. 적절한 크기는 견종의 이상적인 체형을 유지하는 데 필수적이며, 품종의 아름다움과 균형을 강조한다. 견종 표준에서 요구하는 조건을 충족하면, 말티즈는 아름다운 체형과 건강을 동시에 유지할 수 있어 보다 행복한 삶을 살게 되고, 작업 능력과 기능적 효율성도 향상된다. 반대로, 크기가 기준을 벗어나면 균형 잡힌 체형과 움직임이 저해될 수 있으며, 이는 건강 및 기능적인 문제로 이어질 수 있다. 따라서 크기는 단순한 외형적 요소를 넘어 말티즈의 전반적인 건강과 품질을 평가하는 핵심 기준으로 간주된다.

b. 크기는 일반적으로 작은 쪽이 조화를 이루기 쉬운 반면, **큰 쪽으로 갈수록 조화를 유지하기가 어려워지는 경향**이 있다. 그러나 조화가 잘 이루어진 경우, 브리더들은 큰 개를 더 선호하는 경향이 있다. 모든 개에서 크기가 커질수록 조화를 이루기가 어려워지는 이유는 비율 유지가 까다로워지기 때문이다. 반면, 작은 크기일수록 비율이 잘 맞아 조화롭고 균형 잡힌 체형을 이루기가 상대적으로 용이하다. 이러한 특성 때문에 중간 크기에서 조화를 이루는 확률이 가장 높다. 쇼 브리더Show Breeder들 사이에서는 이러한 중간 크기의 개를 **로열**

사이즈Royal Size라고 부르며, 이는 견종 표준에서 이상적인 크기와 조화를 나타내는 표현으로 사용된다. 로열 사이즈는 쇼와 브리딩 모두에서 우수한 균형과 품질을 가진 개로 평가받는다.

14) 보행(Gait)

▶ **원문**

말티즈는 경쾌하고, 부드럽고 흐르는 듯이 움직인다. 옆에서 보았을 때 크기를 고려하여 빠르게 움직이는 듯한 인상을 준다. 보폭에서 앞다리는 반듯하게 뻗어야 하며 팔꿈치는 밀착되며 어깨로부터 자유롭다. 뒷다리는 직선상에서 움직여야 한다. 소 뒷다리 모양 비절이나 뒷다리의 내향이나 외향은 결점이다.

The Maltese moves with a jaunty, smooth, flowing gait. Viewed from the side, he gives an impression of rapid movement, size considered. In the stride, the forelegs reach straight and free from the shoulders, with elbows close. Hind legs to move in a straight line. Cowhocks or any suggestion of hind leg toeing in or out are faults.

▶ **해설**

a. 말티즈는 **물이 흐르듯 자연스럽고 우아하게 빠른 속보**Trot로 움직이는 것이 이상적이다. 이러한 움직임은 균형 잡힌 체형과 강력한 추진력을 바탕으로 이루어지며, 말티즈 특유의 우아함과 품격을 돋보이게 한다. 속보는 앞다리와 뒷다리가 교차로 움직이는 동작으로, **부드럽고 유연하면서도 강한 추진력**이 요구된다. 걸음걸이가 자연스럽고 흐름이 끊기지 않아야 하며, 몸통이 안정적으로 유지되어 전체적으로 균형 잡힌 모습이어야 한다. 견종 표준에서는 이러한 속보가 말티즈의 이상적인 체형과 움직임을 나타내는 중요한 기준으로 평가된다.

b. 품질이 우수한 개를 선발하는 과정에서 **보행은 매우 중요한 평가 요소**다. 보행은 개의 **구조적 균형, 근육 발달, 그리고 기능적 효율성**을 가장 잘 보여주는 지표 중 하나로, 견종 표준에 부합하는 움직임을 통해 품종 특유의 특징과 건강 상태를 확인할 수 있다. 특히, 말티즈와 같은 견종에서 보행의 부드러움과 자연스러움, 그리고 추진력은 품질 평가의 핵심이다. 걸음걸이는 앞다리와 뒷다리의 조화, 체형의 균형, 그리고 관절의 유연성을 종합적으로 반영하며, 물 흐르듯 이어지는 우아한 속보Trot가 이상적으로 간주된다. 보행이 부자연스럽거나 비정상적인 경우, 이는 구조적 결함이나 건강 문제의 징후일 수 있으므로 세심한 관찰이 필요하다. 견종 심사에서는 보행을 통해 개의 전체적인 품질과 견종 표준과의 일치도를 평가하는 데 큰 비중을 둔다.

c. 개의 보행은 **가장 적은 에너지로 가장 큰 효과를 발휘**해야 하며, 이를 위해 **전체적인 조화와 균형**이 매우 중요하다. 보행이 효율적이려면 각 신체 부위가 견종 표준에 맞는 비율과 구조를 가져야 하며, 움직임이 자연스

럽고 유연해야 한다. 특히, 앞다리와 뒷다리의 움직임은 서로 조화를 이루어야 하며, 몸통은 안정적으로 유지되어야 한다. 보행 중 과도한 에너지 소비나 불필요한 움직임은 견종의 기능성과 효율성을 떨어뜨릴 수 있다. 효율적인 보행은 체형의 균형, 근육 발달, 그리고 관절의 올바른 정렬에서 비롯된다. 따라서 견종 표준에 부합하는 체형을 가진 개는 적은 에너지로 최대의 추진력과 안정성을 발휘하며, 이는 견종 심사에서 중요한 평가 요소로 간주된다.

d. 우수한 개를 선발할 때에는 **다음과 같은 순서**로 평가가 이루어진다. 먼저, **시각적으로 일반적인 외모**를 평가하여 개의 체형, 균형, 모색, 그리고 전체적인 조화를 확인한다. 그 후, **의심스러운 부분에 대해 촉각으로 확인**하여 근육 발달, 골격의 구조, 피부 상태 등을 세밀하게 점검한다. 마지막으로, **움직임을 관찰**하여 최종 판단을 내린다. 완전한 조화를 이루는 개는 기계적으로 움직이는 듯한 모습을 보이는데, 이는 사지(네 다리) 외에 다른 부분의 불필요한 움직임이 없음을 의미한다. 또한, 견종 표준에서 요구하는 보폭을 정확히 유지하며, 앞발과 뒷발이 발만 교차하고 보폭이 일정해야 한다. 견종 표준에서 요구하는 보폭은 효율적이고 안정적인 움직임을 나타내며, 각 다리의 움직임이 과하지 않으면서도 충분한 추진력과 유연성을 제공해야 한다. 이러한 움직임은 말티즈의 균형 잡힌 체형과 우아함을 강조하며, 견종 심사에서 매우 중요한 평가 기준으로 간주된다.

e. 장모종(털이 긴 개)은 털로 인해 신체의 구조가 가려져 있어, 겉으로만 보아서는 정확한 평가가 어렵다. 따라서 촉심(만져서 평가하는 방법)을 먼저 사용하여 몸의 구조를 꼼꼼히 확인하는 것이 중요하다. 촉심을 통해 뼈대와 근육의 위치를 확인한 후, 이를 보조적으로 검증하기 위해 개가 걷거나 뛸 때 털이 움직이는 방향을 관찰하면 평가의 정확성을 높일 수 있다.

예를 들어, 개가 걸을 때 앞발이 움직이면 앞다리 부분의 털이 자연스럽게 함께 움직이는 것이 정상이다. 하지만 앞발이 움직일 때 앞다리 외의 다른 부위의 털이 움직인다면, 이는 몸의 구조에 문제가 있을 가능성을 시사한다. 이런 경우, 다시 한번 촉심을 통해 문제를 확인하고 평가하는 것이 필요하다.

이 방법은 장모종의 신체 구조를 정확히 이해하는 데 매우 효과적이며, 촉심과 보행 관찰을 함께 활용하면 더욱 신뢰도 높은 평가를 할 수 있다.

그림 2.48 보행(옆모습)

출처: 브리더 - 김소향, 견사호 - Angela White Maltese

그림 2.49 보행(앞모습)

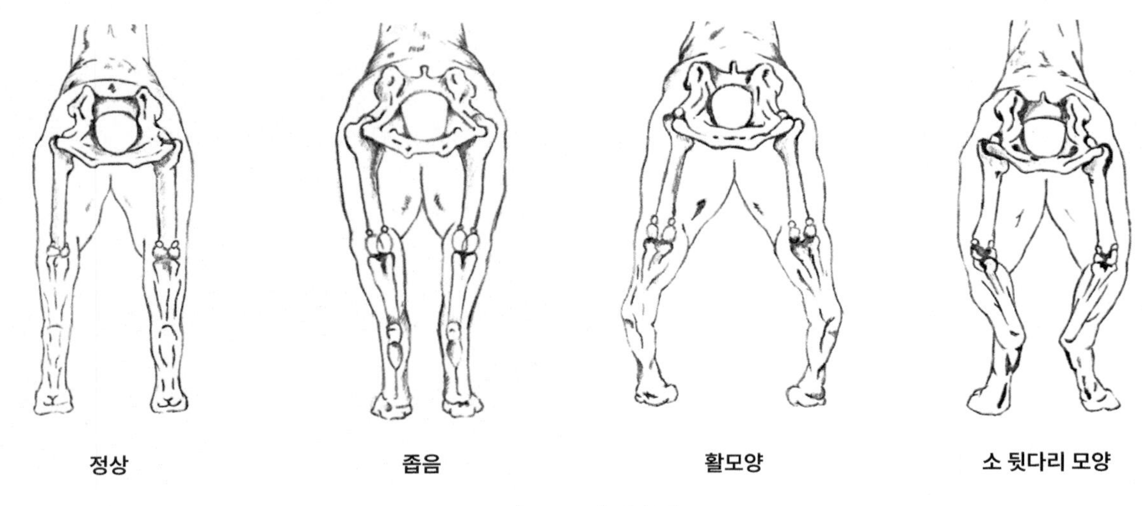

그림 2.50 후구 형태

15) 기질(Temperament)

▶ **원문**

작은 크기에도 불구하고 말티즈는 두려움이 없는 것처럼 보인다. 신뢰와 애정 어린 반응은 매우 매력적이다. 모든 작은 개들 가운데서도 가장 다정한 개지만, 활기차고, 장난기가 많고, 활발하다.

For all his diminutive size, the Maltese seems to be without fear. His trust and affectionate responsiveness are very appealing. He is among the gentlest mannered of all little dogs, yet he is lively and playful as well as vigorous.

▶ **해설**

a. 말티즈는 **활동적이고 우호적인 성격**을 지닌 반려견으로서 많은 장점을 갖춘 사랑스러운 견종이다. 이들은 밝고 친근한 성격으로 사람들과 잘 어울리며, 충성심이 강하고 주인에게 애정을 깊이 표현한다. 말티즈의 이러한 성격적 특징은 반려견으로서 이상적인 조건을 갖추게 하며, 가족 구성원들과의 유대감을 형성하는 데 탁월하다. 또한, 작은 체구와 함께 온화한 성격은 다양한 환경에 잘 적응할 수 있도록 해준다. 이로 인해 말티즈는 반려견으로 많은 사람들에게 꾸준히 사랑받는 견종으로 평가받는다.

b. 우리나라에서는 말티즈가 **가장 많이 사육되는 견종** 중 하나이다. 이는 말티즈의 색상, 성격, 친화력이 우리나라 반려인들이 선호하는 특징과 잘 부합하기 때문이다. 말티즈는 밝고 우호적인 성격을 바탕으로 매 순간 자신감 있는 행동을 보이며, 불필요한 행동을 하지 않는 점이 특히 주목받는다. 여기서 불필요한 행동이란, 사람들이나 다른 개를 보았을 때 목적 없이 짖거나 통제되지 않는 행동을 의미한다. 말티즈는 이러한 점에서 훈

련이 용이하고, 반려인과 조화롭게 지낼 수 있는 품종으로 인식되고 있다. 이와 같은 특성 덕분에 말티즈는 우리나라에서 가장 사랑받는 반려견 중 하나로 자리 잡고 있으며, 가족 구성원들에게 안정적이고 친근한 동반자가 되고 있다.

결점

1. 견종 표준에서 벗어나는 모든 특징은 결점으로 간주되며, 특히 **좌·우 양측 눈의 사시나 몸통의 길이가 체고의 43%를 초과하는 경우**는 말티즈에게 치명적인 결점으로 평가된다. 양측 눈의 사시는 말티즈의 균형 잡힌 얼굴 비율과 생동감 있는 표정을 해치며, 견종 특유의 우아하고 똑똑한 이미지를 손상시킨다. 또한, 몸통의 길이가 체고의 43%를 초과하면, 체형의 균형이 깨져 말티즈의 경쾌하고 유연한 움직임에 부정적인 영향을 미친다. 이러한 결점은 말티즈의 외형적 아름다움과 기능적 효율성을 저해하기 때문에 견종 표준에서는 엄격히 배제해야 할 요소로 간주되며, 심사 과정에서 감점의 주요 원인이 된다. 견종 표준에 부합하는 체형과 균형은 말티즈의 품종 특성을 완벽히 드러내는 데 필수적이다.
2. 수컷 말티즈는 **고환의 크기와 위치가 정확**해야 한다. 견종 표준에 따르면, 수컷의 고환은 **두 개 모두 정상적으로 발달**되어 있어야 하며, **음낭 내에 완전히 내려와 위치**해야 한다. 고환이 하나만 내려와 있거나 위치가 비정상적일 경우, 이는 품종 표준에서 결점으로 간주되며 번식견으로서 부적합할 수 있다. 이러한 조건은 개체의 번식 능력뿐만 아니라 전반적인 건강 상태와도 관련이 있다. 견종 심사에서는 수컷의 고환 발달과 위치를 확인하는 과정이 포함되며, 이는 말티즈의 건강과 품질을 평가하는 데 중요한 요소로 여겨진다.
3. **상악전출교합**과 **하악전출교합**은 말티즈의 견종 표준에서 **중대한 결점**으로 간주된다. 이러한 교합 문제는 말티즈의 균형 잡힌 얼굴 구조를 해칠 뿐만 아니라, 음식물을 씹는 기능과 전반적인 구강 건강에도 부정적인 영향을 미칠 수 있다. 견종 표준에서는 가위교합을 이상적인 교합으로 규정하며, 이 기준에서 크게 벗어나는 상악전출교합이나 하악전출교합은 심사 과정에서 치명적인 결점으로 평가된다. 정확한 교합은 말티즈의 품종 특성을 나타내는 중요한 요소로, 외형적 아름다움과 기능적 효율성을 유지하는 데 필수적이다.

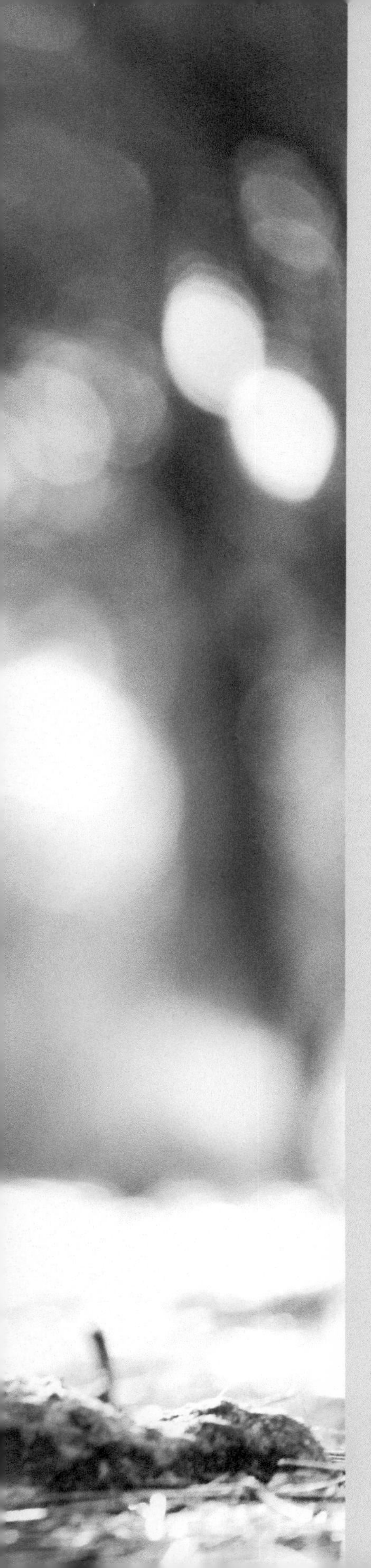

3

포메라니안

Pomeranian

3장 포메라니안 Pomeranian

품종	포메라니안(Pomeranian)
원산지	독일, 폴란드
기후	해양성 기후
용도	1888(AKC)
공인연도	1888
체고	6~7인치(15~18cm)
체중	3~7파운드(1.4~3.2kg)
그룹	토이
승인, 효력	2011. 7. 12., 2011. 8. 31.

출처:ACK Maltese Breed Standard

그림 3.1 포메라니안

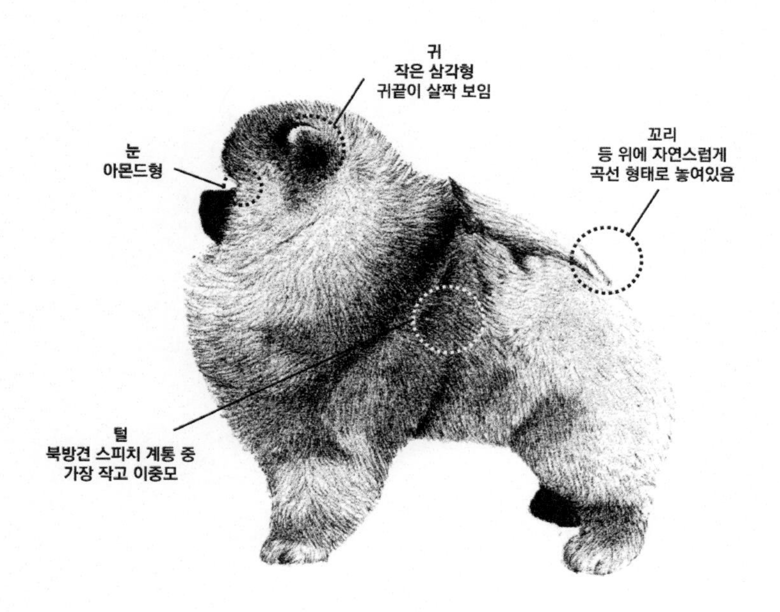

외형

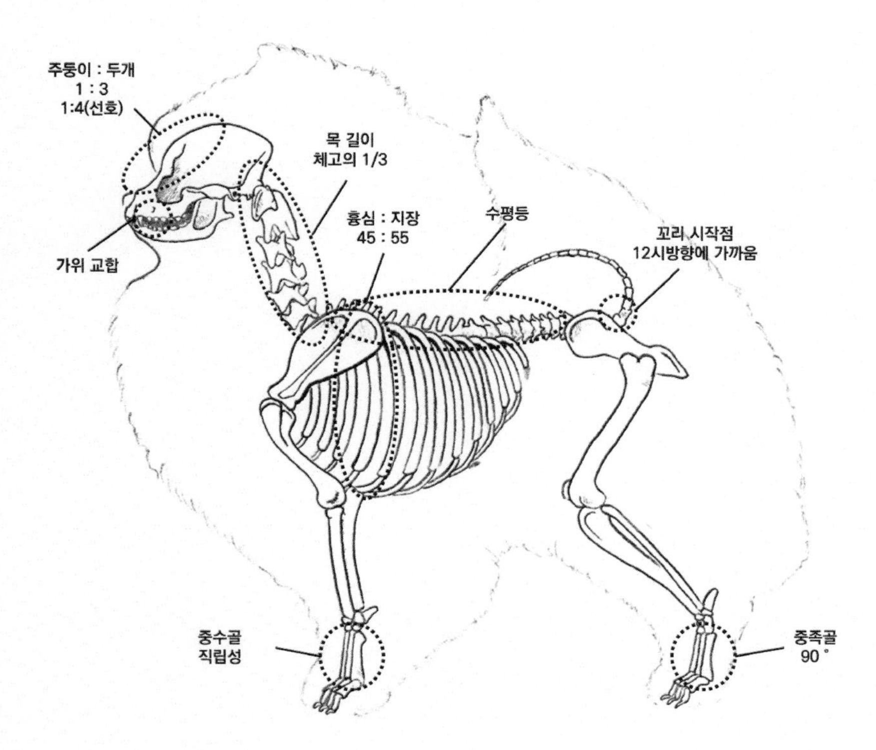

골격도

그림 3.2 포메라니안의 주요 평가 기준

1. 핵심 주요사항

1) 체고(견갑-패드)와 체장(흉골단-좌골단)의 비례 - 정방형

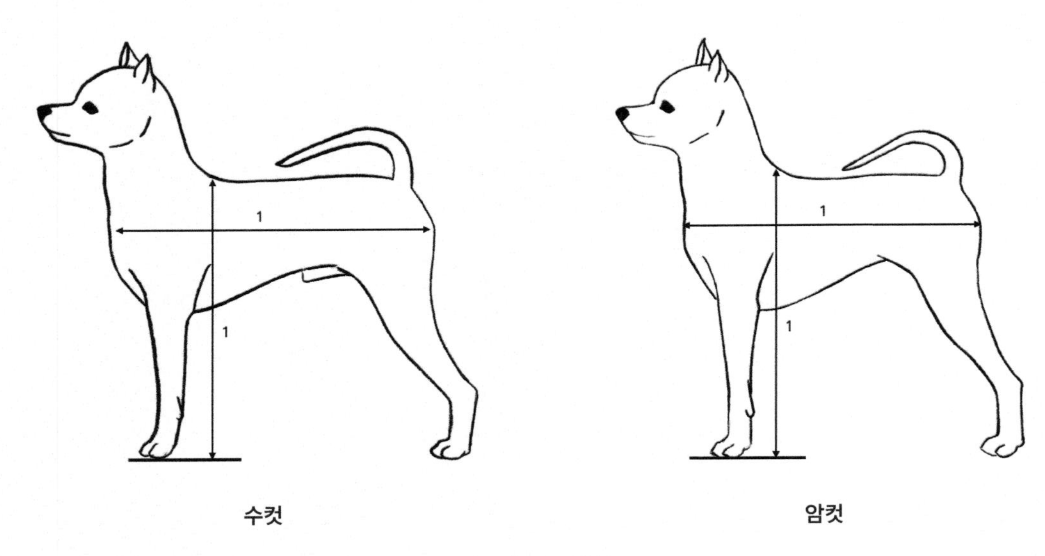

그림 3.3 체형

2) 주둥이 길이와 두개 길이의 비율 - 1:3(1:4 선호)

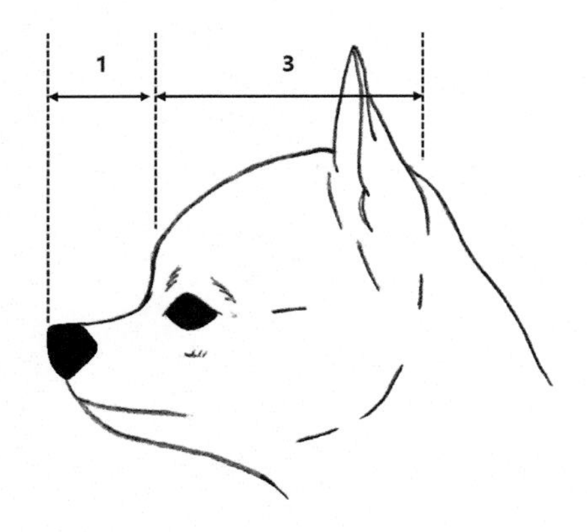

그림 3.4 머리 비율

3) 크기 – 15~18cm(6~7inch)

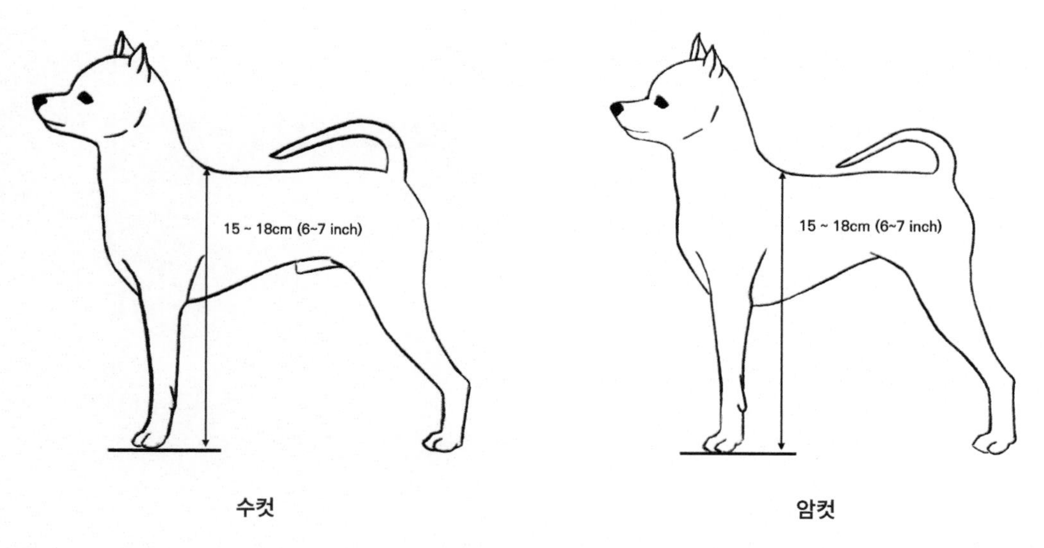

그림 3.5 크기

4) 기질 – 쾌활 명랑하면서 예민하다.

5) 교합 – 가위교합

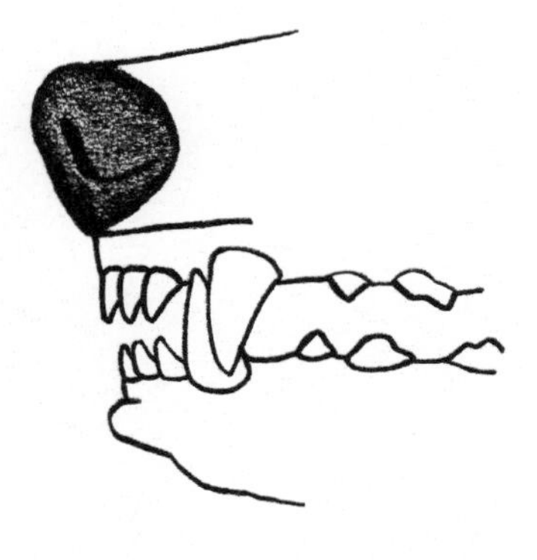

그림 3.6 교합

6) 모량 및 모질

북방견 스피치 계통의 개로서 가장 작으며, 모량 · 모질은 풍부한 이중모를 가지고 있다.

그림 3.7 피모 및 모질

7) 색상

북방견 스피치견으로는 매우 다양한 색상을 가지고 있다. 약 25가지 정도의 색상이 있다.

8) 보행

발가락을 활용하여 강한 추진력을 제공하기 때문에 뒤에서 보면 뒤 패드가 타 견종에 비해서 좀 더 잘 드러나 보인다.

그림 3.8 보행

참고

1. 북방견 스피치 계통으로서 가장 작은 개이며, 모량은 어느 견종보다도 풍부하다.
2. 브리지Bridge를 했을 때 타 견종에서 보기 힘든 럭비공 모양의 형태를 보여준다. 브리지는 머리를 들어서 뒤쪽으로 꼬리는 앞쪽으로 밀어서 전체적으로 형태가 럭비공 모양이 되도록 하는 것이다.
3. 보행 시 발가락의 힘으로 힘찬 보행을 하기 때문에 패드가 잘 보인다.

주의사항

✓ 부위별 판단 비중

1. 머리 15점
2. 특성과 특징 15점
3. 목, 몸통, 꼬리 15점
4. 전구와 후구 10점
5. 모량, 모질, 모색 10점
6. 보행 15점

총 점수는 100점 만점에 80점이며 평가자에 따라 조금씩 다를 수 있다. 다만 20점은 평가자 재량 점수로 가점할 수 있다.

※ 체고와 체장의 비례, 주둥이 길이와 두개 길이의 비율, 흉심과 다리 길이의 비례, 골격의 각도, 모량 · 모질 · 모색을 주의 깊게 살펴보아야 한다.

※ 국내 포메라니안은 모량, 모질, 꼬리의 형태에 문제를 가지고 있는 경우가 많다. 따라서 모량, 모질, 꼬리의 형태에 대해서는 특별히 더욱 주의 깊게 살펴보아야 한다.

2. 역사(History)

포메라니안은 아이슬란드와 라플란드의 썰매를 끌던 스피츠 계통의 개 자손이다. 이 견종은 발트해(현재의 독일과 폴란드)의 남부 해안을 구성하는 포메라니아의 역사적인 지역에서 이름을 따왔다. 그러나 이는 포메라니안이 그 지역에서 유래되었기 때문이 아니라 그 지역이 그 크기의 견종이 사육되기 가장 적합하기 때문이었다. 좀 더 공식적으로 이 개는 양을 지키는 일을 했다. 19세기 중반 영국에서 처음 발견되었을 때, 일부 표본에서 무게가 30파운드(13kg)였으며 크기, 털의 색상이 독일 늑대 스피츠와 비슷하였다. 1870년 영국의 켄넬 클럽은 스피츠 개로 인정하였다. 1888년 이탈리아 피렌체에서 마르코라는 이름의 포메라니안이 영국의 빅토리아 여왕에게 헌상되었다. 당시 여왕은 인기 있는 군주였기 때문에 이 견종의 인기 또한 증가하였다. 그리고 여왕은 더 작은 포메라니안을 선호했다. 포메라니안은 1892년까지 미국에서 기타 그룹으로 소개되었다. 뉴욕에서는 1900년까지 독립된 견종으로서 인정받지 못하였으며, 1911년에 미국 포메라니안 클럽이 첫 번째 특별전을 가졌다. 초기 미국에서 우승한 개는 뼈가 더 무겁고 귀가 더 크며 보통 6파운드 미만이었다. 비록 그 당시의 개가 오늘날처럼 털이 풍성하지는 않았지만, 좋은 모질을 가지고 있었다. 자그마한 신체 크기와 유순함, 활동적이고 발랄한 기질이 포메라니안을 훌륭한 애완동물이자 반려자로 만들었다.

출처: Wikipedia

그림 3.9 1915년 포메라니안

참고

독일 스피치(German Spitz)는 5종 즉, 울프 스피치(Wolf spitz), 자이언트 스피치(Giant Spitz), 미디엄 스피치(Medium Size Spitz), 미니어처 스피치(Miniature Spitz), 토이 스피치(Toy Spitz)가 있다. 이 중에서 울프 스피치는 키스혼드(Keeshond), 토이 스피치는 오늘날 포메라니안이 되었다.

3. 세부 특징

1) 일반적 외형(General Appearance)

▶ **원문**

포메라니안은 노르딕 후손으로 다부지고, 등이 짧으며 활동적인 애완견이다. 이중모는 짧고 조밀한 아래털과 풍성하고 강한 모질의 긴 위 털로 구성된다. 깃털 모양 꼬리는 이 견종의 특징 중 하나이다. 꼬리는 높게 위치하며, 등 위에 편평하게 놓여있다. 성격은 기민하고, 지적인 표현을 보여준다. 태도는 쾌활하며, 천성적으로 호기심이 많다. 포메라니안은 보행 시 당당하고 위엄이 있으며, 활기차며, 구성과 행동이 견실하다.

The Pomeranian is a compact, short-backed, active toy dog of Nordic descent. The double coat consists of a short dense undercoat with a profuse harsh-textured longer outer coat. The heavily plumed tail is one of the characteristics of the breed. It is set high and lies flat on the back. He is alert in character, exhibits intelligence in expression, is buoyant in deportment, and is inquisitive by nature. The Pomeranian is cocky, commanding, and animated as he gaits. He is sound in composition and action.

▶ **해설**

a. 북방견 스피츠 계열 중에서 가장 작은 크기의 견종으로, 풍성하고 촘촘한 이중모를 가지고 있다. 털은 외부 환경으로부터 몸을 보호하고 체온을 유지할 수 있을 만큼 두텁고 풍부하다. 걸을 때는 머리를 당당히 치켜들고 자신감 넘치는 걸음걸이를 보여, 활기차고 품격 있는 인상을 준다.

그림 3.10 포메라니안(이상적 이미지와 실견)

2) 크기, 비례, 실체(Size, Proportion, Substance)

(1) 체중(Weight)

▶ 원문

❶ 체중은 3~7파운드(1.4~3.2 킬로그램)이며, 전람회 개의 이상적인 체중은 4~6파운드(1.8~ 2.7킬로그램)이다. 체중이 미달되거나 초과하면 어떠한 개도 거부될 수 있다; 그러나 전체적인 개의 품질이 크기에 우선되어야 한다.

is from 3 to 7 pounds with the ideal weight for show specimens being 4 to 6 pounds. Any dog over or under the limits is objectionable; however, overall quality should be favored over size.

▶ 해설

❶ 포메라니안의 체중은 1.4~3.2kg이 적정 범위로 정의되지만, **비만해 보이는 경우 크기가 초과될 가능성이 높으며, 너무 말라 보이는 경우 크기가 미달될 가능성이 크다.** 이는 포메라니안이 비만하거나 지나치게 마르지 않은 균형 잡힌 상태를 유지해야 한다는 것을 의미한다. 포메라니안에서 체중은 전체적인 건강과 체형 유지에 있어 매우 중요한 요소로 간주된다.

※ 크기(Size)는 체고와 체중을 모두 포함하는 포괄적인 용어이다. 체고 대신 체중으로 크기를 표현하는 이유는 **체고만으로 표현할 경우 우수한 품질의 개체가 평가에서 제외되는 상황을 방지하기 위함**이다. 특히 수컷의 경우, 체중이 견종 표준 내에서 적절하게 유지되는 것이 중요하며, 이는 품질과 건강 모두에서 이상적인 균형을 나타낸다.

그림 3.11 체형

(2) 비례(Proportion)

▶ 원문

❷ 포메라니안은 짧은 등의 정방형 견종이다. 몸의 길이에 대한 견갑까지 높이의 비례는 1:1이다. 이 비례의 길이는 흉골병에서 좌골단까지를 측정한 것이며 높이는 견갑의 가장 높은 지점에서 지면까지를 측정한 것이다.

The Pomeranian is a square breed with a short back. The ratio of body length to height at the withers being 1 to 1. These proportions are measured from the prosternum to the point of buttocks, and from the highest point of the withers to the ground.

▶ **해설**

❷ 체고를 측정할 때, **견갑의 가장 높은 지점은 견갑골 위에 위치한 극돌기를 의미**하며, 이 부분이 **체고 측정의 기준점**이 된다.

한편, 견종 표준에서는 체장을 흉골병으로 표현하고 있으나, 정확히는 **흉골단이 체장 측정의 시작점**으로 간주되어야 한다. 이는 측정의 정확성을 유지하기 위해 중요한 사항이다.

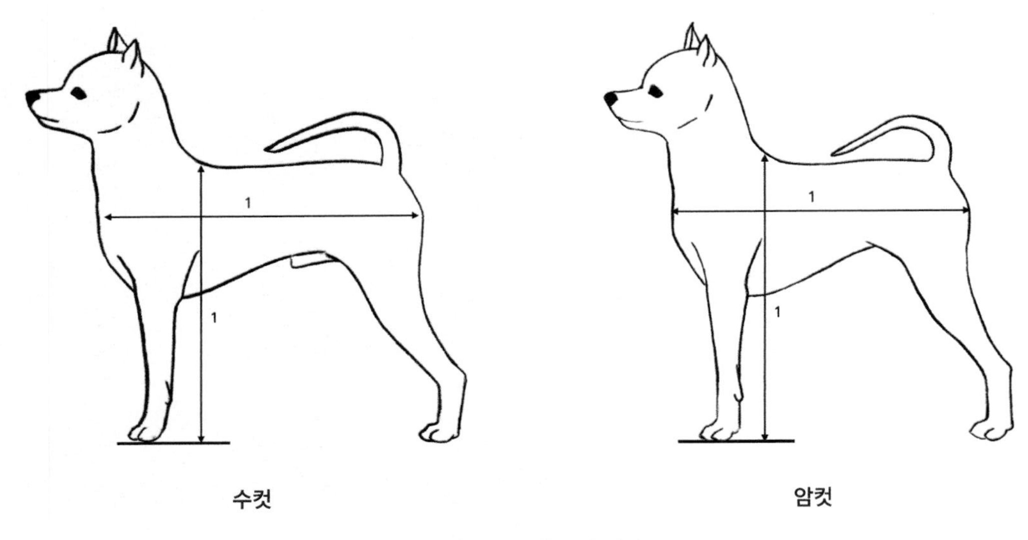

그림 3.12 체고 및 체장

(3) 실체(Substance)

▶ **원문**

❸ 단단하고 ❹ 중간 정도 뼈대를 가지고 있다.

Sturdy, medium-boned.

▶ **해설**

❸ 몸의 모든 부분이 단단하고 잘 발달된 다부진 체형을 유지해야 하며, **어떠한 부분도 늘어지거나 느슨하지 않아야 한다.** 이러한 체형은 포메라니안의 건강과 견종 표준에서 바람직한 모습을 나타낸다.

❹ 체형은 전체적으로 너무 약해 보이거나 지나치게 과도해 보이지 않아야 한다. 이는 작업 시 골격이 약해 작업 능률이 떨어지거나, 반대로 과도한 체형으로 인해 에너지 소비가 지나치게 많아지는 상황을 방지하기 위함이다. 견종 표준에 부합하는 균형 잡힌 체형이 이상적이다.

※ 견종의 외형을 볼 때, **조화로운 골격이란 너무 가늘지도 않고 너무 굵지도 않은, 적당한 중간 정도의 뼈대를 말한다.** 이는 개의 움직임과 체형의 균형을 유지하는 데 매우 중요하다. 다만, 암컷과 수컷의 골격은 자연적으로 차이가 있을 수 있으므로, 이를 평가할 때 반드시 고려해야 한다. 예를 들어, 암컷은 수컷보다 약간 더 가늘고 우아한 골격을 가질 수 있으며, 수컷은 상대적으로 더 강인한 인상을 줄 수 있는 골격을 가질 가능성이 높다. 이러한 차이는 견종 표준 내에서 정상적인 것으로 간주된다.

3) 머리(Head)

▶ 원문

머리는 몸과 조화를 이룬다. ❺ 위에서 보았을 때 코끝으로 갈수록 점점 가늘어지며 뒤로 갈수록 넓어져 쐐기 형태를 가진다.

in balance with the body, when viewed from above, broad at the back tapering to the nose to form a wedge.

▶ 해설

❺ 액단에서 코끝으로 갈수록 **조금씩 점진적으로 가늘어지는 형태가 이상적**이다. 급격히 가늘어지는 것은 바람직하지 않으며, 이렇게 될 경우 교합과 이빨에 문제가 생길 가능성이 높다. 따라서 점진적인 변화를 통해 균형 잡힌 형태를 유지하는 것이 중요하다.

※ 쐐기형이란 삼각형 모양을 의미한다.

그림 3.13 머리

4) 표정(Expression)

▶ 원문

기민하고 지적임을 나타내기 위하여 ❻ 여우처럼 보일 수도 있다.

may be referred to as fox-like, denoting his alert and intelligent nature.

▶ 해설

❻ "여우"라는 표현 때문에 포메라니안의 주둥이가 매우 뾰족할 것이라고 오해해서는 안 된다. 포메라니안의 주둥이는 **액단에서 코끝으로 가면서 점진적으로 가늘어지는 것이 특징**이다. 여우는 주둥이가 길고 끝이 뾰족하지만, 포메라니안은 이를 단순히 유사한 동물로 비유한 것일 뿐, 완전히 동일한 형태를 가진 것은 아니다. 따라서 포메라니안의 주둥이는 여우의 뾰족한 주둥이와는 차이가 있다.

그림 3.14 표정

5) 눈(Eyes)

▶ 원문

눈은 ❼ 진하고, ❽ 밝으며, ❾ 중간 크기의 아몬드 모양이다; 다른 안면 특징들과 ❿ 조화되는 눈 사이의 간격을 가지고 두개골에 잘 위치해 있다. ⓫ 눈꺼풀은 검은색이며, 초콜릿색, 비버색, 블루색의 경우에는 털 색과 같은 색일 수 있다. 실격: 옅은 청색, 대리석 모양의 청색, 얼룩진 청색.

dark, bright, medium sized, and almond shaped; set well into the skull with the width between the eyes balancing the other facial features. Eye rims are black, except self-colored in chocolate, beaver and blue. Disqualification - Eye(s) light blue, blue marbled, blue flecked.

▶ **해설**

❼ 눈과 눈꺼풀의 색상은 견종에 관계없이 **짙은 색일수록 이상적**이다. 색이 옅은 경우, 이는 멜라닌 색소 부족으로 발생하며, 합병증이 발생할 확률을 높이는 요인이 될 수 있다. 따라서 짙은 색의 눈과 눈꺼풀은 건강과 직결된 중요한 요소로 간주된다.

❽ 눈은 흐리멍텅하지 않고, **초점이 명확하며 초롱초롱하고 생기가 있어야 한다**. 이는 개의 건강과 활력을 나타내는 중요한 특징으로, 견종 표준에서 이상적으로 평가되는 요소다.

❾ 눈은 **두상과 조화를 이루는 크기를 가져야 하며, 너무 크거나 작아서는 안 된다**. 눈이 두상에 비해 지나치게 크면 라운드 형태가 되고, 너무 작으면 삼각형 형태로 변할 수 있으므로 주의가 필요하다. 만약 크기에 차이가 있다면, 작은 눈을 선택하는 것이 더 바람직하다. 이는 북방견 스피츠 계통의 견종에서 라운드 형태의 눈은 표준에 부합하지 않기 때문이다. 북방견 스피츠 계통의 대부분 견종은 아몬드 형태의 눈이 가장 흔하며, 일부 견종(예: 키슈, 시코쿠 등)은 삼각형 형태의 눈을 가지기도 한다.

❿ 눈의 간격은 적절해야 하며, 너무 넓거나 좁아서는 안 된다. 시츄나 프렌치 불독처럼 눈 간격이 지나치게 넓어 사시처럼 보이는 경우는 바람직하지 않으며, 반대로 눈이 너무 가까워 품위가 떨어져 보이는 것도 피해야 한다. **눈의 간격은 두상과 조화를 이루어야 하며, 고귀한 인상을 주는 것이 이상적**이다. 이는 견종의 외모에서 중요한 균형과 품격을 나타내는 요소다.

⓫ **초콜릿색, 비버색, 청색 모색을 가진 개는 눈 주변 색상과 동일한 색상이 눈꺼풀, 코, 입술에 나타나는 것이 허용된다**. 그러나 **이 외의 모색을 가진 개는 눈꺼풀이 검은색인 것이 바람직**하다. 이는 견종 표준에 따른 모색과 부위별 색상의 조화를 유지하기 위해 중요하게 고려되는 사항이다.

※ 털이 나지 않는 부분(눈꺼풀, 코, 입술, 발톱, 패드, 항문 주위)은 검은색이 바람직하다.

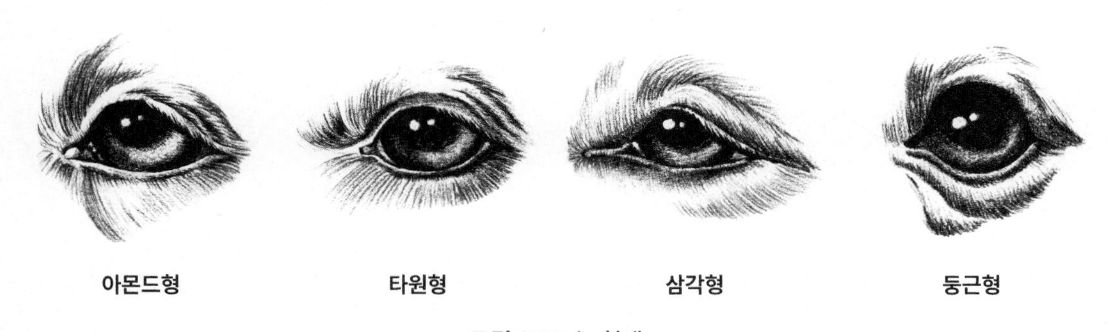

그림 3.15 눈 형태

a. 눈의 색상은 어두울수록 이상적이다.

b. 부모견의 안구 색상이 명확하지 않을 경우, 자견의 눈 색상을 정확히 예측하기 어렵다. 특히 어린 강아지의 안구 색은 변화 가능성이 있으므로, 주의 깊게 관찰하며 성장 과정을 확인하는 것이 중요하다. 이는 자견의 견종 표준에 부합하는 안구 색을 평가하기 위해 필요한 과정이다.

6) 귀(Ears)

▶ **원문**

⓬ 귀는 작고 높게 위치하며 세워져 있다. ⓭ 적절한 귀의 형태는 크기보다도 선호되어야 한다.

small, mounted high and carried erect. Proper ear set should be favored over size.

▶ **해설**

⓬ 귀는 작아 보이지만, 털을 깎았을 경우 실제로 작은 귀는 아니다. 상모가 정상적으로 유지된다면, **뒤에서 보았을 때 귀 끝이 약간 보이는 정도가 적당하며, 앞에서 보았을 때 귀의 1/2 이상이 드러나지 않아야 한다.** 털의 질이 떨어질 경우 귀가 더 많이 드러나게 되며, 전체 귀의 1/2 이상이 보인다면 털의 상태가 좋지 않다고 판단할 수 있다. 이는 상모와 귀의 조화를 유지하기 위한 중요한 기준이다.

⓭ 귀는 적당한 간격을 유지해야 하며, **앞에서 보았을 때 귀의 바깥쪽 끝이 측두골 선상과 비슷한 위치**에 있어야 한다. 일반적으로 귀의 외이선이 내이선보다 조금 더 길어야 하며, 내이선이 더 긴 경우를 **"역귀"**라고 한다. 역귀는 귀가 서 있는 북방견 스피츠 계통에서 모두 발생할 수 있지만, 포메라니안에서 더 자주 나타나는 특징이다. 귀를 평가할 때는 **크기보다는 위치(시작점)가 가장 중요**하며, 그다음으로 형태와 크기를 순서대로 살펴보는 것이 바람직하다.

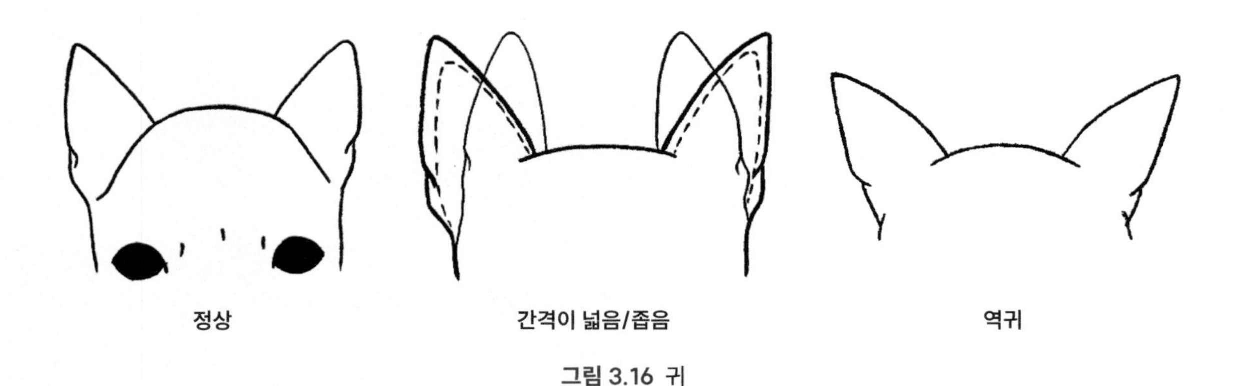

그림 3.16 귀

7) 액단(Stop)

▶ **원문**

⓮ 액단은 명확하다.

well pronounced.

▶ **해설**

⓮ 액단은 약 90°로 꺾여 있는 것이 이상적이다.

※ 주둥이와 두개의 비율이 1:3인 경우, 액단이 부족하여 90°에 미치지 못할 가능성이 있다. 반면, 1:4 비율에서는 90°에 더 가깝게 보일 확률이 높다. 그러나 1:4 비율의 경우, 주둥이가 코끝으로 갈수록 점차 위로 올라가는 접시 모양 얼굴Dish Face이 나타날 수 있으므로 주의가 필요하다. 특히 접시 모양 얼굴은 잉글리쉬 포인터와 같은 견종에서 흔히 관찰되는 특징으로, 포메라니안에서는 바람직하지 않다. 견종 표준에 부합하는 균형 있는 얼굴 형태를 위해 세심한 관찰이 필요하다.

그림 3.17 액단

8) 두개골(Skull)

▶ **원문**

⓯ 두개골은 닫혀 있고 ⓰ 약간 둥글지만 돔형은 아니다.

closed, slightly round but not domed.

▶ **해설**

⓯ 주둥이가 짧은 견종(예: 치와와, 포메라니안, 페키니즈, 시츄 등)은 천공(두개골의 연약한 부위)이 닫히지 않을 가능성이 있다. 이는 두개골의 골화가 완전히 이루어지지 않았음을 의미하며, 이러한 상태는 건강 관리와 번식

시 주의가 필요하다.

⑯ **돔은 측두부가 약간 돌출된 형태**를 의미한다. 반면, **'둥글다'는 전두부와 후두부만 돌출된 경우를 가리키며, 측두부는 돌출되지 않아야 한다.** 이는 두개골의 구조적 균형과 견종 표준을 이해하는 데 중요한 구분이다.

그림 3.18 두개

9) 주둥이(Muzzle)

▶ **원문**

주둥이는 ⑰ 다소 짧으며, ⑱ 반듯하고, ⑲ 늘어져 있지 않으며 거칠거나 뾰족하지 않다. ⑳ 주둥이에 대한 두개의 비율은 ⅓ : ⅔이다.

rather short, straight, free of lippiness, neither coarse nor snipy. Ratio of length of muzzle to skull is ⅓ to ⅔.

▶ **해설**

⑰ 액단에서 코끝으로 갈수록 **점진적으로 줄어들어 쐐기형을 이루는 것이 이상적**이다. 그러나 이 과정이 급격하지 않고, 완만하게 줄어들어야 한다. 이는 균형 잡힌 얼굴 형태를 유지하고 견종 표준에 부합하기 위한 중요한 요소다.

그림 3.19 주둥이(위에서 본 모습)

⑱ 비량(콧마루)은 옆에서 보았을 때 수평을 이루는 것이 이상적이다. 이는 견종 표준에서 균형 잡힌 주둥이와 두상 구조를 나타내는 중요한 특징이다.

그림 3.20 비량

⑲ 주둥이 **끝은 뾰족하지 않고 부드러운 곡선**을 이루는 것이 이상적이다. '거칠다'는 표현은 입술의 형태가 느슨하여 윗입술과 아랫입술이 정확히 맞물리지 않고 반듯하지 않음을 의미한다. 이는 견종 표준에서 바람직하지 않은 특징으로 간주된다.

그림 3.21 주둥이

⑳ 견종 표준에서는 **주둥이와 두개의 비율을 1:3**으로 규정하고 있지만, 국내 브리더들은 **1:4 비율을 선호**하는 경우가 많다. 그러나 저자의 평가 경험에 따르면, **1:3 비율이 더 바람직**하다. 그 이유는 1:4 비율에서 주둥이가 짧아짐으로 인해 다양한 문제가 발생할 가능성이 높기 때문이다. 단, 견종 표준에서 요구하는 모든 조건을 만족했을 경우, 주둥이와 두개의 비율은 1:4를 쇼 독으로서 더 선호한다.

- 주둥이가 짧아지면 두개가 융기하고 폭이 넓어져, 두개의 형태와 눈 간격 등에 문제가 생겨 견종 고유의 특징이 변할 수 있다.
- 짧아진 주둥이는 치열이 비정상적으로 형성되며, 공간 부족으로 인해 이빨 발달과 정렬에 문제가 발생할 수 있다.
- 짧은 주둥이는 절단교합 및 하악전출교합과 같은 교합 문제를 유발할 가능성이 높다.
- 정상적인 호흡이 어려워져 견종 고유의 능력을 발휘하는 데 제한이 생길 수 있다.

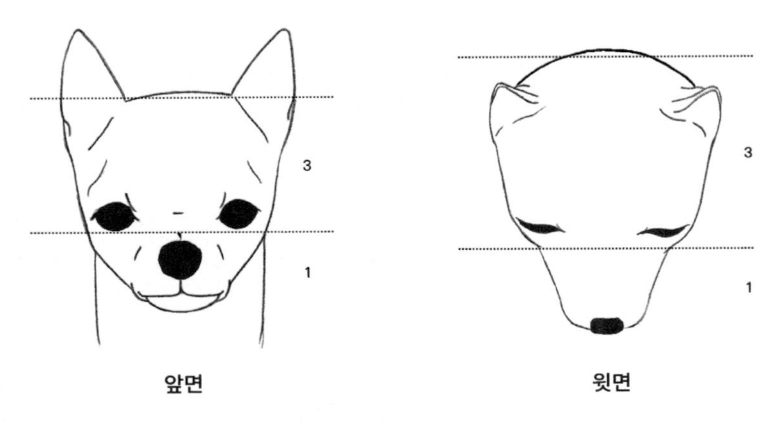

그림 3.22 주둥이에 대한 두개의 비율

10) 코(Nose)

▶ **원문**

㉑ 색소는 단색의 초콜릿색, 비버색, 청색 외에는 검정이다.

pigment is black except self-colored in chocolate, beaver and blue.

▶ **해설**

㉑ 코의 색소는 견종에 관계없이 어두운 색이 선호된다. 이는 견종 표준에서 건강하고 선명한 외모를 나타내는 중요한 특징으로 간주된다.

a. 주둥이가 짧으면 코 끝부분이 역으로 올라가는 경우가 발생할 수 있다. '반듯하다'는 것은 콧등(콧마루)이 일직선을 이루고 있는 상태를 의미한다. 또한, '늘어져 있지 않다'는 것은 윗입술과 아랫입술이 정확히 맞물려 있어야 하며, 윗입술이 아랫입술을 덮는 상태는 바람직하지 않다. 이는 주둥이의 균형과 견종 표준에 부합하기 위한 중요한 요소다.

b. 입술이 구각(입꼬리)에서 피부가 이완되면 입술이 늘어져 보이며, 이는 매우 품위가 떨어지는 형태로 간주된다. 피부의 이완은 순발력과 근육 발달에 문제를 초래할 가능성이 있어 주의가 필요하다. 이는 견종의 건강과 기능성을 평가할 때 중요한 요소다.

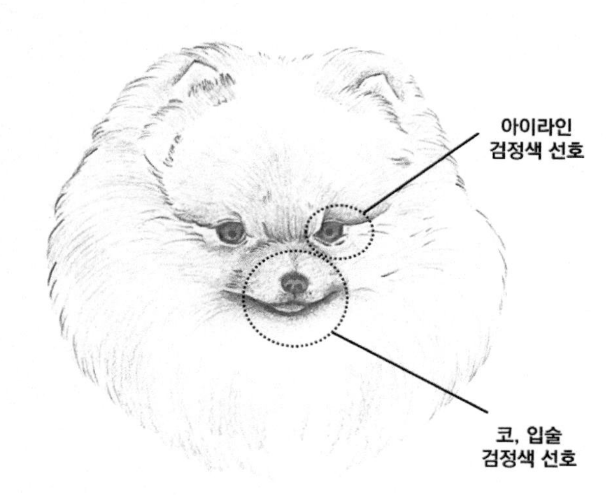

그림 3.23 코, 입술, 아이라인

11) 교합(Bite)

▶ **원문**

교합은 가위교합(협상교합)이며 ㉒ 정렬되지 않은 1개의 이빨은 허용된다. 주요 결함 : 둥글고, 돔형인 두개골, 하악전출교합, 상악전출교합 또는 뒤틀린 교합.

scissors, one tooth out of alignment is acceptable. Major Faults - Round, domed skull. Undershot, overshot or wry bite.

▶ **해설**

㉒ 정렬되지 않았다는 것은 치열이 바르지 않음을 의미하며, 1개 정도의 결함은 허용된다. 허용되는 위치는 앞니(절치)에 해당한다. 그러나 **치열이 바르고 정렬된 것이 우선**시되어야 하며, 이는 견종 표준에서 중요한 기준으로 간주된다.

a. 하악전출교합(언더샷)은 아래턱이 위턱보다 돌출된 것이며, 상악전출교합(오버샷)은 아래턱보다 위턱이 돌출된 것을 의미한다.

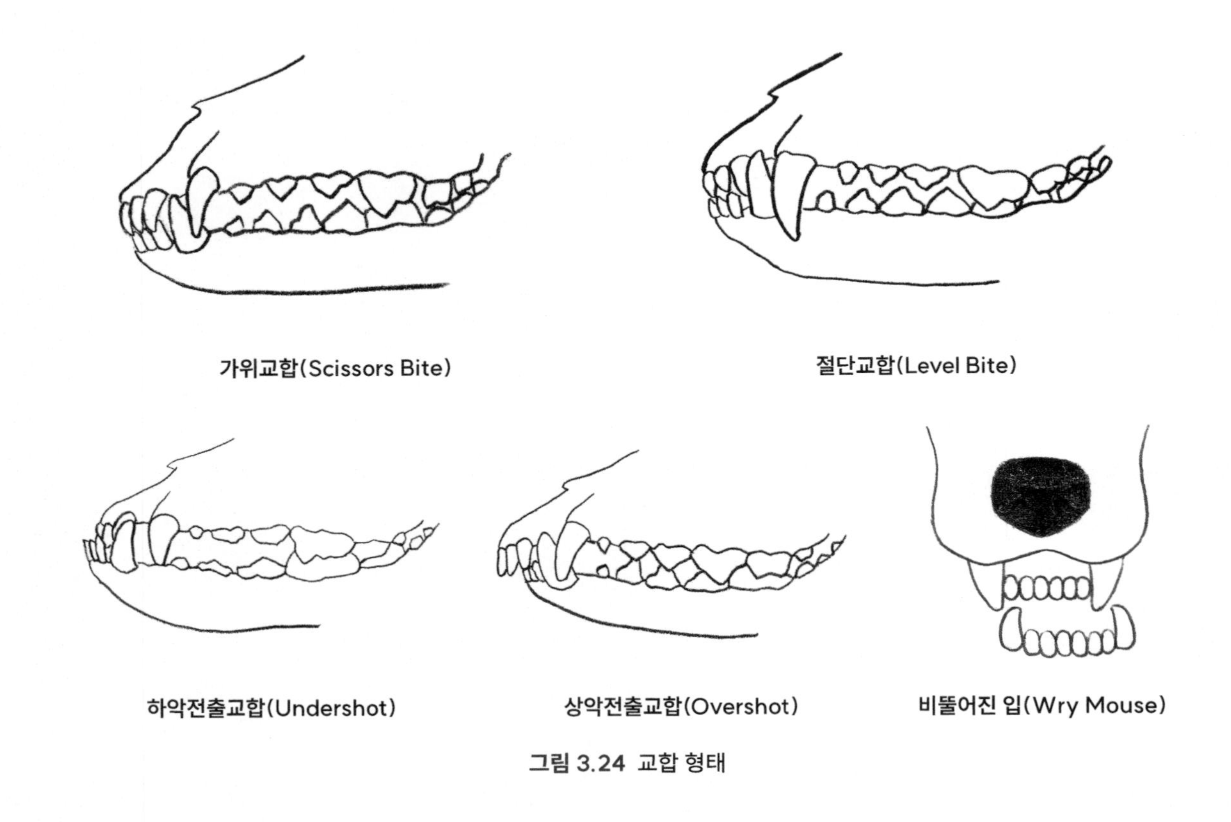

그림 3.24 교합 형태

12) 목(Neck)

▶ 원문

㉓ 목은 어깨에 잘 고정되어 있으면서도 머리를 당당하고 높게 들 수 있을 만큼 충분한 길이를 가져야 한다.

set well into the shoulders with sufficient length to allow the head to be carried proud and high.

▶ 해설

㉓ 포메라니안은 타 견종에 비해 목 길이가 짧아 보이는 경향이 있다. 포메라니안은 풍성하고 긴 털(상모) 때문에 목이 짧아 보일 수 있다. 하지만 실제로 목이 짧아서는 안 되며, 목의 길이는 적절해야 한다.

포메라니안은 걷는 동안 머리를 높이 들어야 하며, 이렇게 하면 당당하고 자신감 있는 인상을 줄 수 있다. 이 자세는 포메라니안의 활기차고 우아한 매력을 더욱 돋보이게 한다.

그림 3.25 목

13) 등선(Topline)

▶ **원문**

㉔ 등선(위쪽 윤곽선)은 견갑에서 엉덩이까지 수평이다.

level from withers to croup.

▶ **해설**

㉔ 포메라니안의 등은 견갑에서 꼬리 시작점까지 수평을 이루는 것이 이상적이다. 포메라니안처럼 정방형 Square 체형을 가진 개에서 가장 많이 나타난다.

그림 3.26 등선

14) 몸통(Body)

▶ **원문**

몸통은 옹골지고 늑골이 잘 발달되어 있다. ㉕ 가슴은 명확한 흉골병을 가지며 팔꿈치 지점까지 확장되어 점점 가늘어지면서 타원형이다. 등은 짧고 반듯하며 튼튼하다. ㉖ 허리는 약간의 턱업이 있으며 ㉗ 엉덩이는 평평하다.

Body - compact and well-ribbed. Chest - oval tapered extending to the point of elbows with a pronounced prosternum. Back - short-coupled, straight and strong. Loin - short with slight tuck-up. Croup is flat.

▶ **해설**

㉕ 9번째 늑골을 중심으로 앞쪽과 뒤쪽이 점차 짧아지며 **타원형**을 이룬다. 흉심과 지장의 비례를 확인하는 것이 중요하다.

- 흉심이 지장보다 길다면 흉심이 과도하게 발달한 것이며,
- 지장이 흉심보다 길다면 흉심이 빈약한 것으로 간주된다.

이 비례는 약 4.5(**견갑에서 가슴 밑까지**) : 5.5(**팔꿈치에서 패드까지**)가 되어야 이상적이다. 이는 견종 표준에서 균형 잡힌 체형을 평가하는 중요한 기준이다.

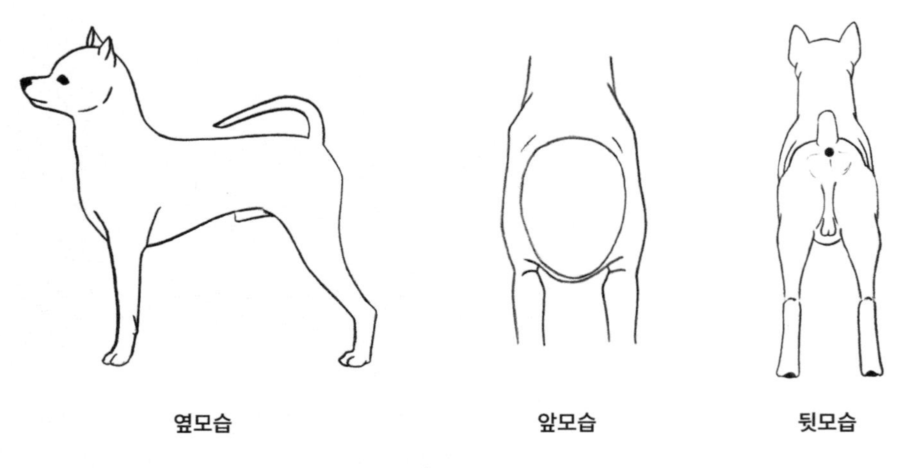

그림 3.27 몸통

㉖ 모든 개는 허리 부분에서 약간 올라간 형태를 가지고 있지만, 운동과 움직임으로 인해 근육이 발달하면서 수평 등Level Back으로 보인다. 이는 균형 잡힌 체형과 민첩성을 유지하기 위한 자연스러운 구조이다.

㉗ 엉덩이가 평평하지 않으면 꼬리의 위치가 약간 아래로 내려갈 수 있다. 이는 관골의 각도와 꼬리 위치가

밀접하게 연결되어 있기 때문이다. 엉덩이가 평평하다는 것은 근육이 잘 발달되어 추진력이 우수함을 의미하며, 견종의 운동성과 균형을 나타내는 중요한 특징이다.

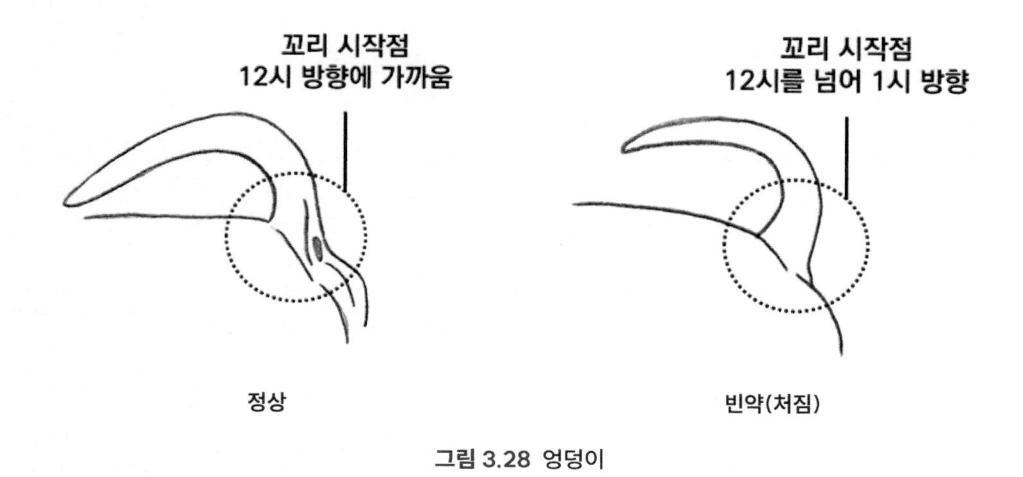

그림 3.28 엉덩이

15) 꼬리(Tail)

▶ **원문**

꼬리는 많은 깃털과 ㉘ 높게 고정되어 있으며 등 위에 평평하고 반듯하게 놓여있다. 주요 결함 : 낮은 꼬리 위치.

heavily plumed, set high and lies flat and straight on the back. Major Fault - Low tail set.

▶ **해설**

㉘ 높은 꼬리(정상 꼬리)는 꼬리의 시작점이 약 12시 방향을 향하며, 이는 관골(좌골)의 발달과 각도가 정확하다는 것을 의미한다. 반면, 낮은 꼬리는 꼬리가 정상 위치보다 아래에 붙어 있으며, 이는 관골 발달이 부족하고 각도가 넓어져 추진력이 제한되고 보폭이 좁아지는 원인이 된다.

짧은 꼬리(그림 3.29의 "짧음")는 추진력과 방향 전환에 문제를 일으킬 수 있으므로, 꼬리 끝부분을 세심히 살펴야 한다. 이는 포메라니안의 기형 꼬리를 감추기 위해 단미가 이루어진 경우가 있을 수 있기 때문이다. 또한, 급하게 말린 꼬리(그림 3.29의 "급하게 말림")는 민첩성과 추진력에 부정적인 영향을 미치며, 끝이 구부러진 꼬리(그림 3.29의 "끝이 구부러짐")처럼 포메라니안은 다른 견종에 비해 꼬리 기형이 자주 발생한다. 꼬리를 평가할 때에는 **꼬리의 위치, 길이, 형태, 발달 순서로 확인**하는 것이 중요하다. 이는 견종의 표준과 기능성을 판단하는 핵심적인 요소다.

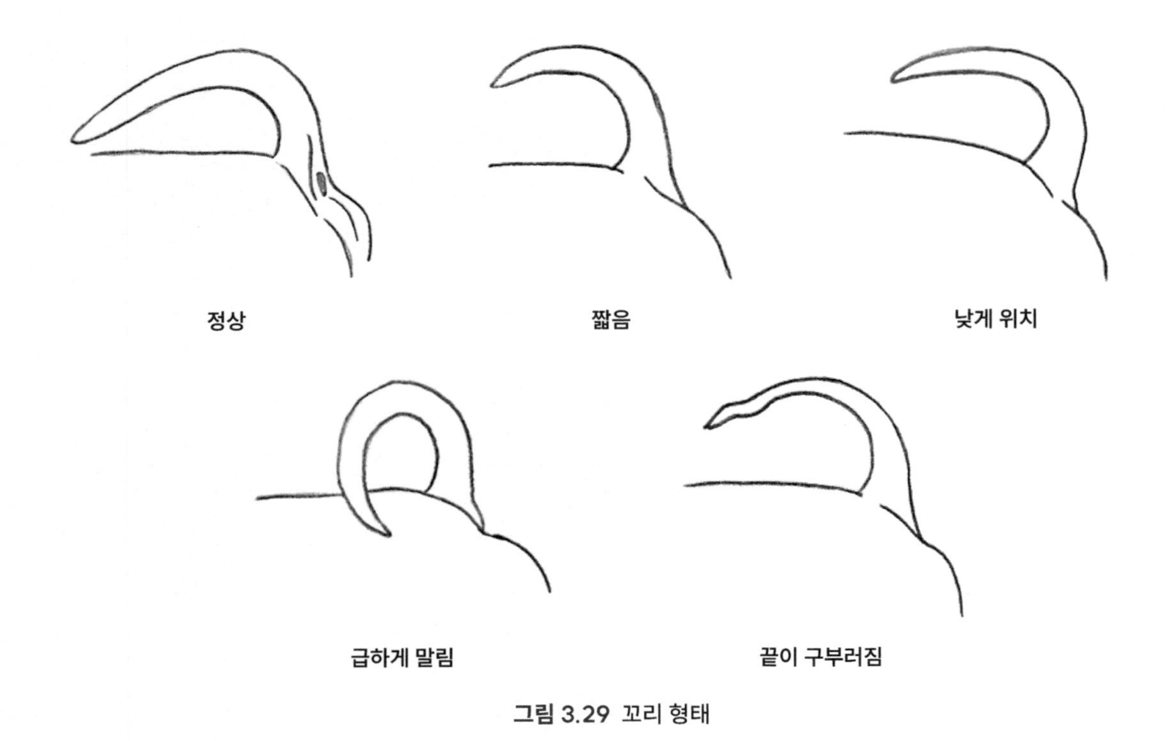

그림 3.29 꼬리 형태

16) 몸의 앞부분(Forequarters)

▶ 원문

어깨는 잘 경사져 있다. 견갑골과 상완의 길이는 동일하다. 팔꿈치는 몸에 밀착되어 있으며 안쪽이나 바깥쪽으로 향하지 않는다. ㉙ 앞쪽에서 보았을 때 다리는 적당한 공간이 있고 반듯하며 서로 평행하며 가슴 뒤쪽에 잘 고정되어 있다. ㉚ 견갑에서 팔꿈치까지의 높이는 지면으로부터 팔꿈치까지 높이와 거의 동일하다. 어깨와 다리는 적당한 근육이 있다. 발목은 바르고, 강하다. ㉛ 발은 둥글고, 단단하며 고양이 발 형태이며 좋은 아치를 가지고 있고 옹골지고 안쪽으로 들어가거나 바깥쪽으로 향하지 않는다. 또한 발가락으로 잘 세워져 있다. 며느리발톱은 제거해도 된다. 주요 결함: 발목 누움.

Shoulders - well laid back. Shoulder blade and upper arm length are equal. Elbows - held close to the body and turn neither in nor out. Legs when viewed from the front are moderately spaced, straight and parallel to each other, set well behind the forechest. Height from withers to elbows approximately equals height from ground to elbow. Shoulders and legs are moderately muscled. Pasterns straight and strong. Feet- round, tight, appearing cat-like, well-arched, compact, and turn neither in nor out, standing well up on toes. Dewclaws may be removed. Major Fault - Down in pasterns.

▶ **해설**

㉙ 앞다리 간격은 성견(약 24개월)을 기준으로 왼발과 오른발 사이의 가슴 너비가 성인 손가락 약 3개 정도가 통과하면 적당하다. 손가락 3개가 통과한 후에도 여유가 많다면 가슴 간격이 넓은 것이고, 반대로 손가락 3개가 들어가지 않으면 가슴 간격이 좁은 것으로 판단한다. 이는 견종 표준에서 균형 잡힌 체형을 평가하는 중요한 기준 중 하나이다.

그림 3.30 가슴

㉚ 거의 동일하다는 것은 비율이 약 5:5로, 털 때문에 가슴이 팔꿈치 아래로 내려와 다소 무겁게 보이는 것을 의미한다. 이는 외형적으로 균형감이 중요하다는 점에서 견종 평가 시 유의해야 하는 부분이다.

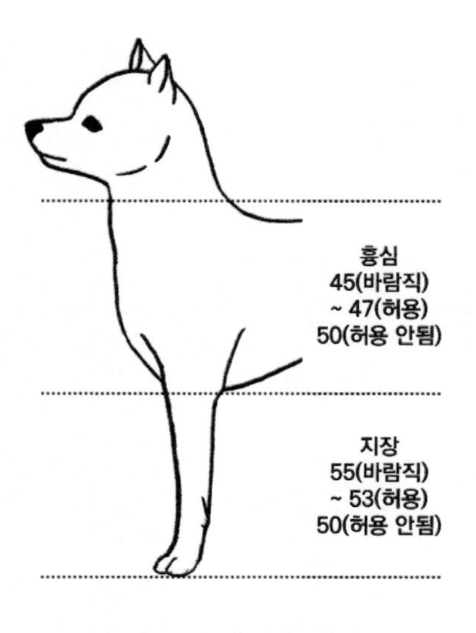

그림 3.31 흉심과 지장

㉛ 발목(중수골)은 직립성이 이상적이며, 푸들처럼 똑바로 서 있는 형태가 바람직하다. 말티즈처럼 20~25°의 각도로 누워 있는 경우는 결점으로 간주된다.

또한, 수근골이 제대로 형성되지 않으면 과신전Hyper Extension으로 인해 앞쪽으로 돌출되는 문제가 발생할 수 있는데, 이를 '**앞발목 이완증후군Knuckling Over**'이라고 한다. 이러한 문제는 견종의 움직임과 체형에 부정적인 영향을 미치므로, 주의 깊게 평가해야 한다.

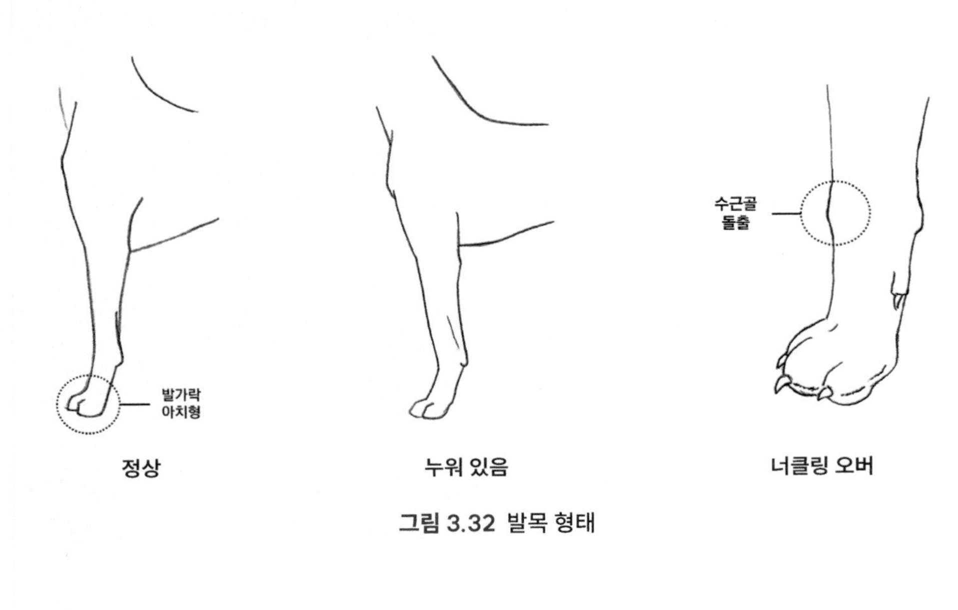

그림 3.32 발목 형태

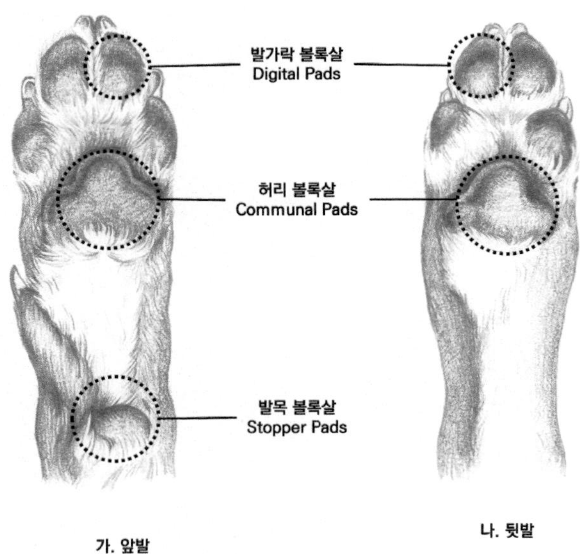

그림 3.33 패드

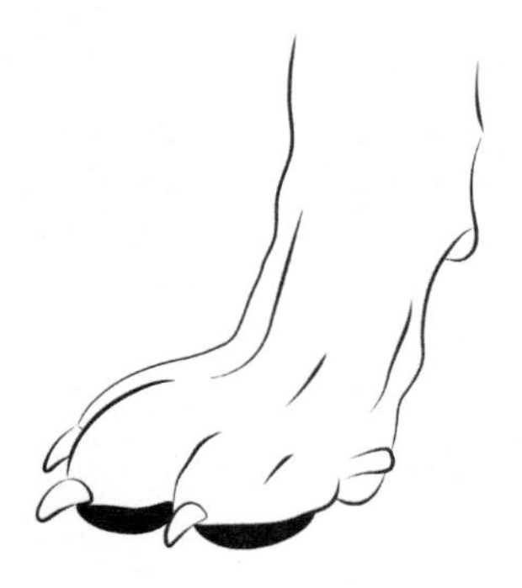

그림 3.34 발(고양이 발)

17) 몸의 뒷부분(Hindquarters)

▶ **원문**

뒷부분은 앞부분과 조화로운 각도를 가진다. 엉덩이는 꼬리 지점 뒤에 잘 위치한다. 넓적다리는 적당한 근육이 있다. ㉜ 대퇴와 하퇴 길이는 동일하다. 무릎 관절은 강하고 적당히 구부러져 있으며 명확하다. ㉝ 다리는 뒤에서 보았을 때 반듯하며, 서로 평행하다. ㉞ 비절은 옆에서 보았을 때 지면과 수직이며 강하다. 발은 몸의 앞부분과 동일하다. 며느리발톱은 제거해도 된다. 주요 결함 : 소 뒷다리 모양 비절, 무릎이 안쪽이나 바깥쪽으로 향함, ㉟ 다리 또는 무릎 관절이 건실하지 않음.

Hindquarters - angulation balances that of the forequarters. Buttocks are well behind the set of the tail. Thighs - moderately muscled. Upper thigh and lower leg length are equal. Stifles - strong, moderately bent and clearly defined. Legs - when viewed from the rear straight and parallel to each other. Hocks when viewed from the side are perpendicular to the ground and strong. Feet same as forequarters. Dewclaws may be removed. Major Fault - Cowhocks, knees turning in or out or lack of soundness in legs or stifles.

▶ **해설**

㉜ 관골구에서 **무릎 관절까지의 길이와 무릎 관절에서 비절까지의 길이가 비슷**하다면 올바른 각을 가진 것으로 평가할 수 있다. 대부분의 개는 하퇴가 대퇴보다 길며, 대퇴와 하퇴의 길이가 비슷한 경우, **속보Trot 시 지면을 힘차게 차고 나가면서 패드가 잘 드러나고 발가락을 더 많이 활용**한다. 반면, 하퇴가 더 길다면 자연스러운 보행이 이루어지며, 이때 패드는 미세하게 보인다.

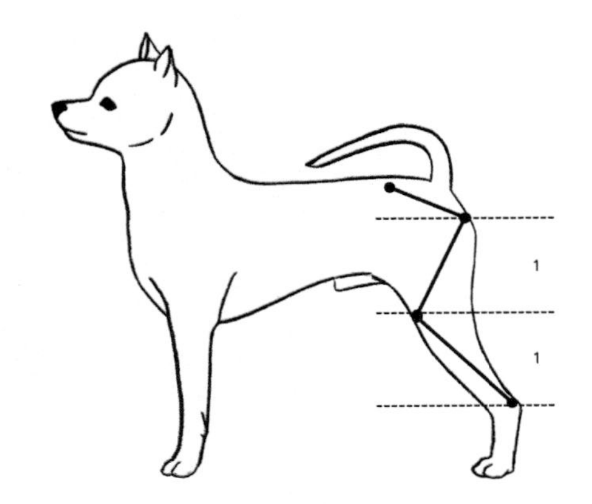

그림 3.35 대퇴와 하퇴의 비율

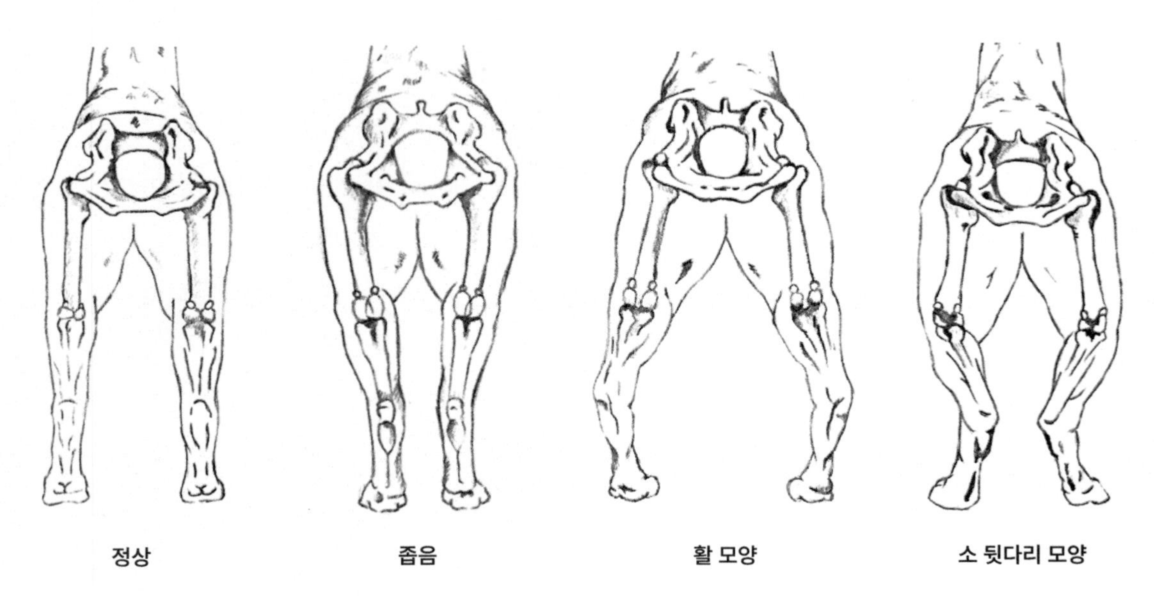

그림 3.36 발목 형태

㉝ 뒤에서 보았을 때 **교정된 자세Stacking에서는 앞다리의 안쪽이 약간 보이는 것이 이상적**이다. 이는 개가 더 안정적으로 서 있을 수 있도록 도와주며, 마치 사람이 열중쉬어 자세를 취했을 때처럼 안정감을 준다. 앞부분보다 뒷부분이 약간 넓은 것이 바람직하며, 뒷다리는 수직으로 서 있고, 앞다리는 뒷다리 안쪽으로 미세하게 들어오는 구조를 가진다. 또한, 수직선은 아래쪽이 미세하게 넓어지는 형태가 이상적이다. 이러한 자세는 견종 표준에서 균형 잡힌 체형과 안정적인 자세를 평가하는 중요한 기준이다.

※ 교정된 자세Stacking: 개를 가장 정확하고 견종 표준에 따라 아름답게 세운 자세를 의미한다. 이는 개가 자연

스럽게 서 있는 자세가 아니라, 사람이 임의로 교정하여 만든 자세로, 견종의 이상적인 체형과 균형을 강조하기 위해 취하는 포즈이다.

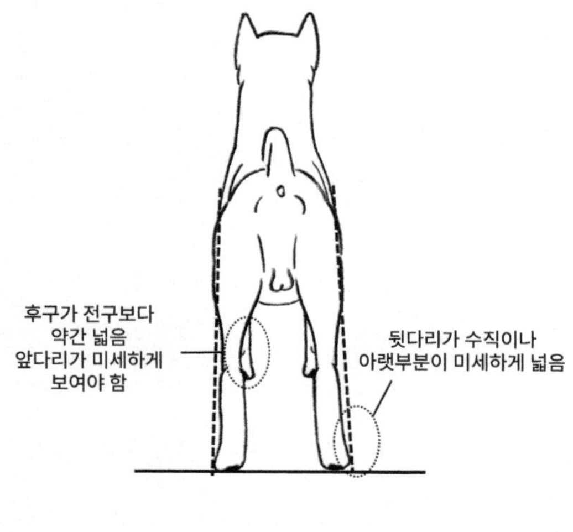

그림 3.37 뒷모습

㉞ 비절은 90°가 이상적이다. 이는 벽이나 구조물이 서로 직각으로 만나는 형태로, 각도가 90°일 때 안정적이고 균형 잡힌 구조를 유지할 수 있다.

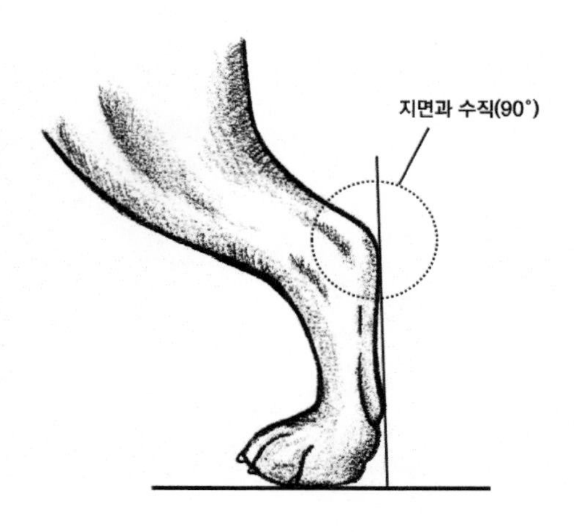

그림 3.38 비절

㉟ 무릎 관절이 약하거나 각도가 부족하거나 과도하게 되면 앞다리와 뒷다리의 조화가 이루어지지 않아 정상적인 보행을 할 수 없다. 이는 무릎 관절의 각도가 제대로 맞지 않으면 다리의 움직임에 불균형이 생겨, 걷는

것이 어려워지거나 불편해진다는 뜻이다. 예를 들어, 각도가 너무 작거나 크면 다리의 근육이나 관절이 제대로 작동하지 않아 걷는 데 문제가 생길 수 있다.

18) 피모(Coat)

▶ **원문**

포메라니안은 ㊱ 이중모를 가진 견종이다. 몸은 짧고 조밀한 아래 털과 몸체로부터 일어서 있도록 하기 위해 풍성한 길고 강한 보호털인 위 털로 덮여있다. 털은 목 주위에 러프를 형성해야 하고 머리의 틀을 구성하며 어깨와 가슴까지 뻗어있어야 한다. 머리와 다리의 털은 빽빽하게 가득차 있으며 몸체의 다른 부위에 있는 털보다 길이가 더 짧다. 앞다리는 깃털로 잘 장식되어 있고 넓적다리와 뒷다리는 가슴을 형성하는 비절까지 풍성하게 덮여있다. 꼬리는 깃털을 형성하는 길고, 거칠고, 펼쳐져 있는 직모로 풍성하게 덮여있다. ㊲ 암컷은 수컷처럼 두껍거나 긴 털을 가지지 않을 수 있다. ㊳ 강아지 털은 전체적으로 빽빽하고 더 짧을 수 있으며 보호털을 보일 수도 있고 그렇지 않을 수도 있다. 솜 형태의 털은 성견에서는 바람직하지 않다. 털은 좋고 건강한 상태여야 하며 특히, ㊴ 가슴, 꼬리, 하체에서는 더욱 그렇다. ㊵ 단정하고 선명한 윤곽선을 위한 미용은 허용된다. 주요 결함: ㊶ 부드러운 털, 누워있는 털, 상모가 부족한 털.

The Pomeranian is a double-coated breed. The body should be well covered with a short, dense undercoat with long harsh-textured guard hair growing through, forming the longer abundant outer coat which stands off from the body. The coat should form a ruff around the neck, framing the head, extending over the shoulders and chest. Head and leg coat is tightly packed and shorter in length than that of the body. Forelegs are well-feathered. Thighs and hind legs are heavily coated to the hock forming a skirt. Tail is profusely covered with long, harsh spreading straight hair forming a plume. Females may not carry as thick or long a coat as a male. Puppy coat may be dense and shorter overall and may or may not show guard hair. A cotton type coat is undesirable in an adult. Coat should be in good and healthy condition especially the skirt, tail, and undercarriage. Trimming for neatness and a clean outline is permissible. Major Fault - soft, flat or open coat.

▶ **해설**

㊱ 이중모인 상모와 하모로 구성되어 있으며, 하모가 밀생되어 있다. 하모가 밀생하지 않으면 체온을 유지할 수 없고 상모를 제대로 받쳐주지 못해 털이 쓰러지게 된다. 상모와 하모의 양이 많다는 것은 모량이 풍성

하다는 것을 의미한다. 털이 서 있는 것과 쓰러져 있는 것의 차이는 서 있다는 것은 털이 억세고 좋은 모질을 가지고 있다는 뜻이다. 반면, 쓰러져 있다는 것은 하모가 부족하거나 상모의 모질이 약해 눈이나 비를 맞을 때 바로 피부로 전달되어 체온이 급격하게 떨어질 수 있다. 서 있는 털은 눈과 비를 특정한 곳으로 집중시키지 않고 고르게 분산시켜 체온을 보호하는 역할을 한다. 털의 질감과 모량은 북방견 스피치 계통의 개들에게 동일한 기준으로 평가되어야 한다.

a. 북방견 계통(예: 시베리안 허스키, 사모예드, 알래스칸 말라뮤트 등)의 귀가 서 있는 개는 필수적으로 모량이 많고 모질이 좋아야 한다. 그래야 추운 환경에서 체온을 잘 유지할 수 있기 때문이다. 털이 서 있으면 눈이나 비가 몸에 집중되지 않고 고르게 분산되어 체온을 보호할 수 있다. 북방견은 다른 개들보다 상모가 강하고 굵은 특성을 가지고 있다. 만약 상모가 쓰러졌다면 하모의 부족이나 상모 자체의 모량 부족이 원인일 수 있다. 개의 피모는 그 견종에 맞는 길이와 특성을 필수적으로 갖춰야 한다. 북방견 계통 개들의 모량이 적당한지 부족한지를 평가할 때, 개 전체를 살펴보는 것이 중요하다. 하지만 시간이 부족할 경우, **귀 안쪽의 털 상태를 확인**하는 것만으로도 전체적인 털 상태를 판단하는 데 큰 도움이 된다.

b. 갈기털(말의 목덜미에 나 있는 털)은 억세고 풍부하다. 북방견은 모두 갈기털이 있으며, 이 털은 풍부하고 강한 특성을 지닌다. 북방견의 털은 상모와 하모로 나뉘는데, 상모는 눈이나 비를 분산시키는 역할을 하고, 하모는 풍부하게 자라 상모가 서 있을 수 있도록 지지해주는 역할을 한다. 하모는 체온을 유지하는 데 중요한 역할을 하며, 상모는 외부 환경으로부터 보호하는 역할을 한다. 이 두 가지 털이 잘 조화를 이루어 북방견은 추운 환경에서도 체온을 잘 유지할 수 있다.

c. 북방견 스피치 계통의 개들은 모두 브러쉬 형태의 풍부한 모량을 가진 꼬리를 가지고 있다. 꼬리 위와 아래의 털 길이는 차이가 나며, 일반적으로 아래쪽 부분의 털이 더 길다. 그러나 포메라니안은 **위와 아래쪽 털이 모두 길어, 전람회에 나오는 포메라니안은 꼬리가 부채처럼 펼쳐지는 특징**을 보인다. 북방견의 상모는 길고 뻣뻣하며, 하모는 밀생이 잘 되어 체온을 유지하는 데 중요한 역할을 한다. 이들은 모두 풍부한 털을 통해 추운 환경에서도 잘 적응할 수 있다.

d. 추운 지방이 원산지인 개는 **모량과 모질이 매우 중요**하다. 상모가 오른쪽이나 왼쪽으로 쓰러져 있으면, 털이 체온을 제대로 유지할 수 없고 외부 환경으로부터 보호 기능이 약해지기 때문에 선택하지 않는 것이 바람직하다. 상모가 쓰러지지 않고 제대로 서 있어야 체온을 유지하고, 눈이나 비를 효과적으로 분산시킬 수 있기 때문이다.

그림 3.39 피모

e. 국내 포메라니안은 모량이 적고 상모가 부드러운 개가 대부분이다. 이런 개들은 상모가 제대로 서지 않아 체온 유지나 외부 환경으로부터 보호 기능이 부족할 수 있다. 따라서 이러한 특성의 개는 개량을 통해 개선하지 않으면 좋은 평가를 받기 어려운 경우가 많다. 상모가 튼튼하고 풍부하게 자라야 포메라니안의 건강과 외모가 더욱 우수하게 평가될 수 있다.

㊲ 일반적으로 많은 동물에서 수컷이 더 화려한 외모를 가지고 있는 경우가 많다. 이는 주로 번식 시즌에 암컷을 유혹하거나 경쟁에서 우위를 점하기 위한 진화적 특성 때문이다. 예를 들어, 수컷 공작은 화려한 깃털을 가지고 있고, 수컷 사슴은 큰 뿔을 자랑한다. 그러나 모든 동물에서 수컷이 화려한 것은 아니며, 일부 동물에서는 암컷이 더 화려하거나 두 성별이 비슷한 외모를 가질 수도 있다. 각 동물의 외모와 행동은 그들의 생태적 역할과 환경에 맞춰 진화했기 때문에, 성별에 따른 외모 차이는 다양한 방식으로 나타날 수 있다.

㊳ 보호털은 상모를 의미하는 것으로, 강아지 때에는 잘 보이지 않을 수 있다. 따라서 손으로 확인하는 것이 중요하다. 검지손가락으로 꼬리에서 시작하여 머리쪽으로 털을 역으로 훑었을 때 피부가 보인다면, 모량이 부족한 강아지로 판단하여 선택하지 않는 것이 좋다. 이런 강아지는 성장하면서 충분한 모량을 유지하기 어려울 수 있다.

㊴ 하체는 털이 짧지만, 털의 밀도는 높다. 이는 털이 짧더라도 많은 수의 털이 밀집하여 자라는 것을 의미하며, 보호 기능이나 체온 유지에 중요한 역할을 한다.

㊵ 관절(전완골, 중수골 등)의 정확한 표현을 위하여 미용을 하는 것은 허용한다. 그러나 약점을 감추기 위해 미용을 해서는 안 된다. 미용은 외모를 개선하거나 보호 기능을 유지하기 위해 사용될 수 있지만, 개의 본래 특성과 기능을 왜곡해서는 안 된다.

㊶ 북방견 스피치 계통의 개는 털이 뻣뻣하고 서 있어야 한다. 이는 추운 환경에서 체온을 효과적으로 유지하고, 눈이나 비를 분산시켜 보호할 수 있는 특성을 제공하기 때문이다. 상모가 튼튼하고 뻣뻣하게 서 있어야 정상적인 체온 유지와 외부 환경으로부터의 보호가 가능하다.

a. 개를 평가할 때 털을 만져보아 감촉을 확인하는 과정이 중요하다. 만약 털이 지나치게 뻣뻣하게 느껴진다면, 스프레이를 과도하게 사용했는지 확인해야 한다. 스프레이를 많이 사용하면 털이 자연스러워 보이지 않고 뻣뻣해질 수 있다.

만약 과도한 스프레이 사용이 확인되면, 이는 견종 표준에 맞지 않는 것으로 간주되어 감점 대상이 된다. 털은 자연스러운 감촉과 상태를 유지하는 것이 중요하다.

19) 색상(Color)

▶ **원문**

모든 색상, 무늬, 변형이 허용되며, 모두 동일한 것으로 평가되어야 한다. ㊷ 브린들: 단일 색상 또는 허용된 무늬에 짙은 십자 줄무늬. 이중색: 흰색을 주색으로 다른 단일 색상 또는 허용된 무늬. 흰색 반점Blaze은 머리에서 선호된다. ㊸ 티킹은 바람직하지 않다. ㊹ 극심한 얼룩무늬: 주색(흰색)에 머리와 꼬리 시작점의 다른 색상. ㊺ 얼룩무늬: 주색(흰색)에 머리와 몸 그리고 꼬리 시작점의 다른 색상. ㊻ 아이리쉬: 다리, 가슴과 목은 흰색이고 머리와 몸은 다른 색상. ㊼ 반점 포인트: 선명한 반점을 가지고 있는 단색 또는 허용된 무늬 (양쪽 눈 위, 귀 안쪽, 주둥이, 목, 가슴, 모든 하퇴와 발, 꼬리와 가슴의 아래) 반점이 풍부할수록 더욱 바람직하다. 반점은 쉽게 보여야 한다. ㊽ 주요 결함: 허용된 단색 또는 무늬에 발 전체의 명확한 흰색 또는 하나 이상의 발 전체(흰색 또는 이중색)에 명확한 흰색.

All colors, patterns, and variations there-of are allowed and must be judged on an equal basis. : Brindle - Dark cross stripes on any solid color or allowed pattern. Parti - White base with any solid color or allowed pattern. A white blaze is preferred on the head. Ticking is undesirable. Extreme Piebald - White with patches of color on head and base of tail. Piebald - White with patches of color on head, body, and base of tail. Irish - Color on the head and body with white legs, chest and collar. Tan Points - Any solid color or allowed pattern with markings sharply defined above each eye, inside the ears, muzzle, throat, forechest, all lower legs and feet, the underside of the tail and skirt. The richer the tan the more desirable. Tan markings should be readily visible. Major Fault - Distinct white on whole foot or on one or more whole feet (except white or parti) on any acceptable color or pattern.

▶ **해설**

㊷ 브린들, 즉 줄무늬는 기본적으로 검은색이다. 브린들 패턴은 개의 털에 불규칙한 줄무늬 모양이 나타나는 형태로, 줄무늬는 보통 검은색을 기본으로 하며, 그 위에 다른 색상이 섞이기도 한다. 이 패턴은 종종 다양한 색상과 조합을 이루어 독특한 외모를 만든다.

㊸ 티킹Ticking은 작은 점들이 특정 지점에 집중적으로 모여 있는 패턴을 의미한다. 이 패턴은 주로 털에 불규칙하게 분포된 작은 점들이 나타나며, 보통 밝은 색상의 털에 검은색 또는 다른 색의 점들이 섞여 있는 형태로 관찰된다. 티킹은 개의 털에 독특한 질감을 부여하며, 그로 인해 외모가 더 개성 있게 보일 수 있다.

㊹ 극심한 얼룩 무늬(두 가지 색상)는 **흰색이 약 80%** 정도를 차지하는 것을 의미한다. 이 패턴은 개의 몸에 두 가지 색상이 나타나는 경우로, 흰색이 대부분을 차지하고 나머지 색상(예: 검정, 갈색 등)은 적은 비율로 분포한다. 이 경우 흰색의 비율이 80% 이상을 차지할 때 '극심한 얼룩 무늬'라고 불린다.

㊺ 얼룩무늬(두 가지 색상)는 **흰색이 50%, 다른 색이 50%**인 경우를 의미한다. 이 패턴은 개의 몸에 두 가지 색상이 고르게 분포하여, 흰색과 다른 색(예: 검정, 갈색 등)이 대체로 동일한 비율로 나타나는 특징이 있다.

㊻ 목, 가슴, 다리는 흰색이고 그 외는 붉은색을 의미한다.

㊼ 반점은 **경계가 명확하게 구분**되는 것이 바람직하다. 즉, 반점의 모양이 흐릿하거나 불분명하지 않고 뚜렷하게 나타나야 한다. 또한 반점 속에 또 다른 작은 반점이 있는 것은 좋지 않다. 이런 경우는 외모가 불규칙하게 보이기 때문에, 개의 표준 외모와 일치하지 않게 된다.

㊽ 견종 표준에 위배되는 색상, 반점의 비례, 반점의 위치는 바람직하지 않다. 즉, 개의 외모에서 색상이 표준을 벗어나거나 반점의 크기나 위치가 비정상적으로 나타나면, 그 개는 표준에 맞지 않게 되므로 좋은 평가를 받기 어렵다. 반점의 크기와 위치가 정확하게 규정된 기준에 맞는 것이 중요하다.

흰색

세이블

블랙 & 탄

다크 세이블

검은색

그림 3.40 피모의 색상

그림 3.41 티킹

그림 3.42 이중색

20) 분류(Classifications)

▶ 원문

스페셜티 쇼에서 개방적 등급은 다음 색상에 의해서 나누어질 수 있다: 빨간색 계열, 오렌지, 크림, 흑담비; 검은색 계열, 갈색, 파란색; 다른 색상 계열, 무늬 또는 변형.

The Open Classes at specialty shows may be divided by color as follows: Open Red, Orange, Cream, and Sable; Open Black, Brown, and Blue; Open Any Other Color, Pattern, or Variation.

▶ 해설

a. 스페셜티 쇼 : 단일 견종 대회

※ 현재 국내에는 출진 두수가 적기 때문에 모든 색상을 구분하지 않고 함께 진행한다.

b. AKC에서는 색상별로 예선전BOB까지을 진행하고, 최종 평가BIS에서는 색상에 관계없이 통합하여 진행한다.

21) 보행(Gait)

▶ 원문

포메라니안의 움직임은 비효율적이거나 부산해 보이지 않아야 하고 효율적으로 보이기 위해 앞부분은 잘 뻗어나가며, 뒷부분은 강한 추진력을 가진다. 머리는 전체적인 윤곽이 유지되면서 높고 자신감을 유지하여야 한다. 보행은 부드럽고 자유로우며 조화로우면서 경쾌하다. 평보 또는 느린 속보로 움직일 때에는 앞과 뒤에서 보았을 때 복선 보행이어야 한다. 그러나 속도가 빨라지면 다리들은 몸의 중앙선 쪽으로 약간 모인다. 앞다리와 뒷다리는 곧게 앞으로 움직여야 하며, 팔꿈치나 무릎이 안쪽이나 바깥쪽으로 틀어져서는 안 된다. 등선은 전체적인 조화를 유지하면서도 견고하며 수평을 유지해야 한다.

Gait: The Pomeranians movement has good reach in the forequarters and strong drive with the hindquarters, displaying efficient, ground covering movement that should never be viewed as ineffective or busy. Head carriage should remain high and proud with the overall outline maintained. Gait is smooth, free, balanced and brisk. When viewed from the front and rear while moving at a walk or slow trot the Pomeranian should double track, but as the speed increases the legs converge slightly towards a center line. The forelegs and hind legs are carried straight forward, with neither elbows nor stifles turned in nor out. The topline should remain firm and level with the overall balance maintained.

▶ **해설**

a. 상보Cant, 즉, 천천히 뛸 때에는 복선 보행이 이루어지고, 가속이 붙으면 완벽한 단선 보행은 아니지만 거의 **단선 보행에 가까운 형태**가 된다. 이는 속도가 빨라지면 두 다리가 거의 일직선으로 움직이게 되어 단선 보행에 가까워지며, 천천히 움직일 때는 다리의 움직임이 더 넓어지며 복선 보행이 나타난다는 뜻이다.

b. 보행 시 앞 발목과 뒷 발목은 가깝게 만나거나 교차한다. 이는 개가 걷거나 뛸 때 앞다리와 뒷다리의 발목이 서로 가까워지거나 교차하는 형태로, 보행의 흐름을 더욱 유연하게 만들어 준다. 발목만 교차하는 경우로, 발끝이 아니라 **발목 부분에서의 움직임이 중요**하다.

c. 걷거나 뛸 때 어느 부위도 좌우상하로 요동치지 않아야 한다. 이는 개가 안정적이고 균형 잡힌 보행을 유지해야 한다는 의미이다. 모든 부위가 흔들리지 않고 부드럽게 움직여야 하며, 과도한 좌우나 상하의 움직임이 없어야 체중이 고르게 분배되고 효율적인 보행이 가능하다.

d. 힘찬 보행(구보- 영어권에서는 속보Trot로, 상보보다는 빠른 걸음이며 사람의 조깅에 해당함) 시, 뒤에서 보았을 때 발바닥 전체가 보인다. **다른 개보다 발바닥이 더 많이 보이는 특징이 있다**. 이는 개가 빠른 속도로 걷거나 뛸 때 다리의 움직임이 더 넓어지고, 발바닥이 완전히 드러나게 되는 경우이다.

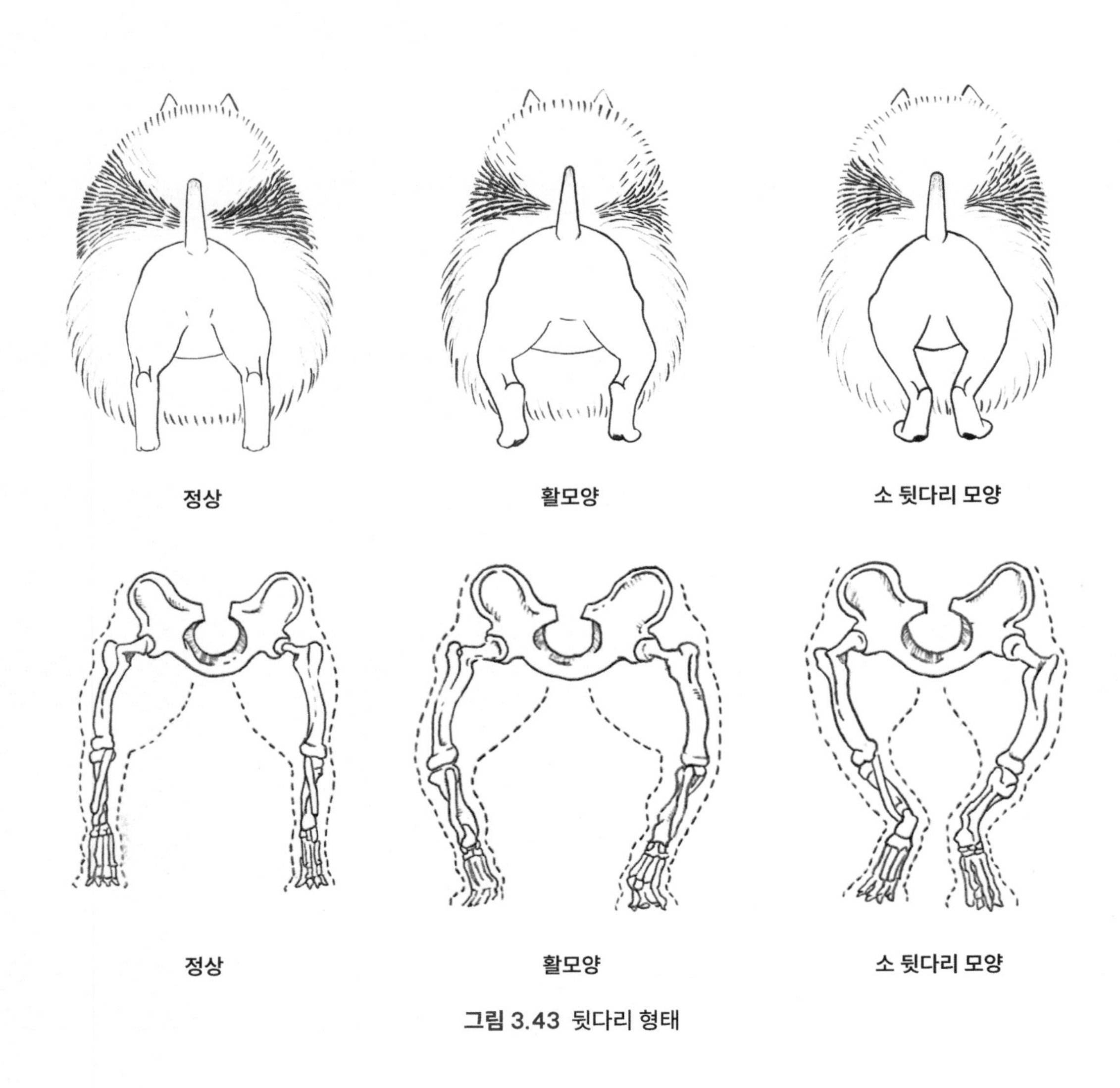

그림 3.43 뒷다리 형태

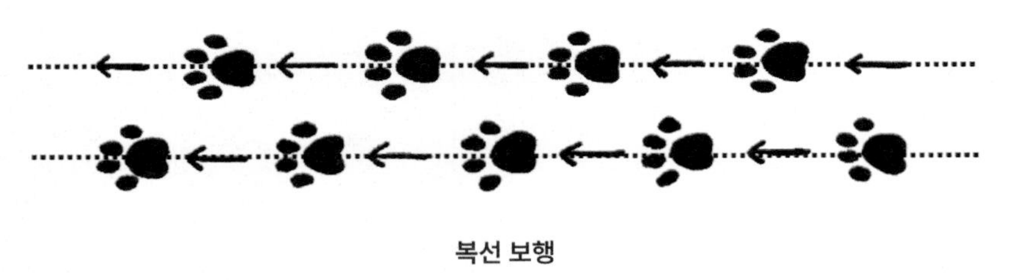

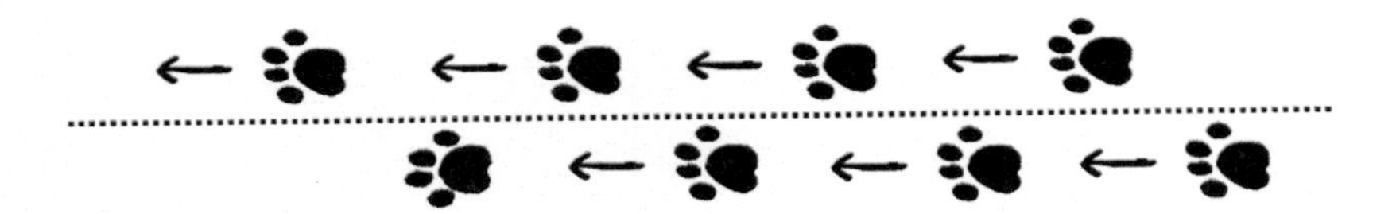

그림 3.44 보행 유형

22) 기질(Temperament)

▶ 원문

포메라니안은 외향적이고, 매우 지적이고, 쾌활하여 애견 전람회의 개로서뿐만 아니라 훌륭한 반려견이다. 비록 반려견이기는 하지만 포메라니안은 모든 견종에 요구되는 견실함과 구조를 가지고 있어야 한다. 견종 표준에서 기술한 이상적인 상태에서 벗어나는 것은 그 벗어남의 정도에 따라서 벌점을 받아야 한다.

The Pomeranian is an extrovert, exhibiting great intelligence and a vivacious spirit, making him a great companion dog as well as a competitive show dog. Even though a Toy dog, the Pomeranian must be subject to the same requirements of soundness and structure prescribed for all breeds, and any deviation from the ideal described in the standard should be penalized to the extent of the deviation.

▶ 해설

a. 견종 표준의 내용을 정확히 이해하고 평가해야 한다. 자신의 생각이나 경험을 반영해서 평가하면 문제가 될 수 있다. 견종 표준을 중심으로 이해하고 평가하면 많은 문제나 갈등을 피할 수 있다.

23) 실격(Disqualifications)

▶ 원문

눈이 엷은 파란색, 대리석 무늬 형태의 파란색, 얼룩이 있는 파란색.

Eye(s) light blue, blue marbled, blue flecked.

▶ 해설

a. 모든 견종은 모색에 관계없이 눈이 암갈색을 띠는 것이 바람직하다. 단, 표준에서 눈의 색이 엷어도 허용하는 견종이 있다(시베리안 허스키, 펨블록 웰시 코기, 셔틀랜드 쉽독 등). 그러나 브리딩이나 평가 경험으로 보았을 때, 엷은 눈색은 바람직하지 않다.

4

시츄

Shih Tzu

4장 시츄

Shih Tzu

품종	시츄(Shih Tzu)
원산지	중국
공인연도	1969(AKC)
❶ 체고	9~10.5인치(22.9~26.7cm)
체중	9~16 파운드(4.1~7.3kg)
그룹	토이
승인	1989.5.9.

❶ 최하 크기보다 1cm 이내, 최고 크기보다 1cm 이내까지는 허용된다.

그림 4.1 시츄

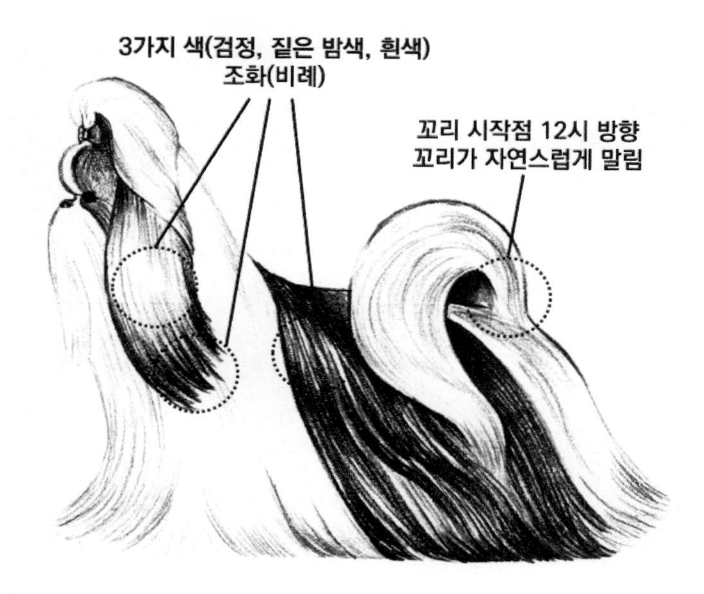

외형

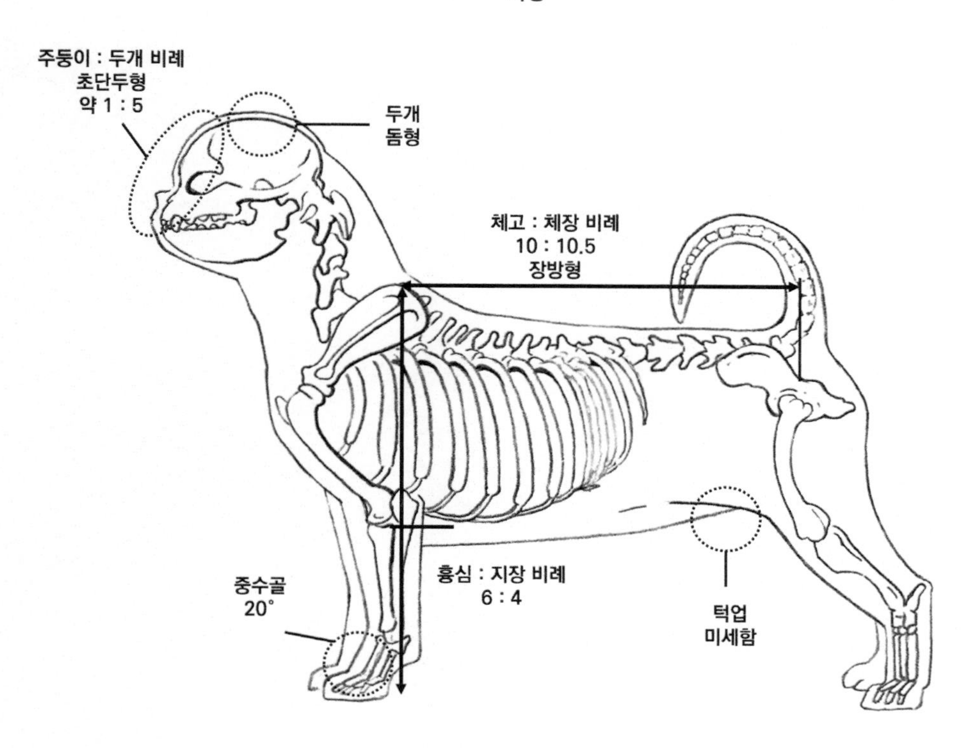

골격도

그림 4.2 시츄의 주요 평가 기준

1. 핵심 주요사항

1) 체고(견갑-패드)와 체장(견갑-셋온)의 비율 - 약 10:10.5

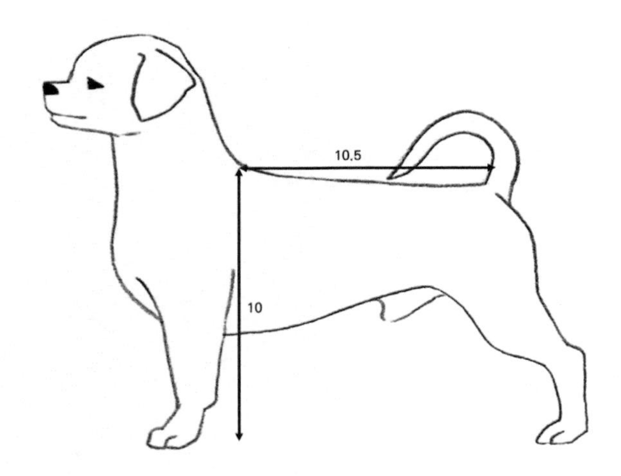

그림 4.3 체고와 체장의 비율

2) 주둥이 길이와 두개 길이의 비율 - 초 단두형 1:4~5 (1:5를 선호)

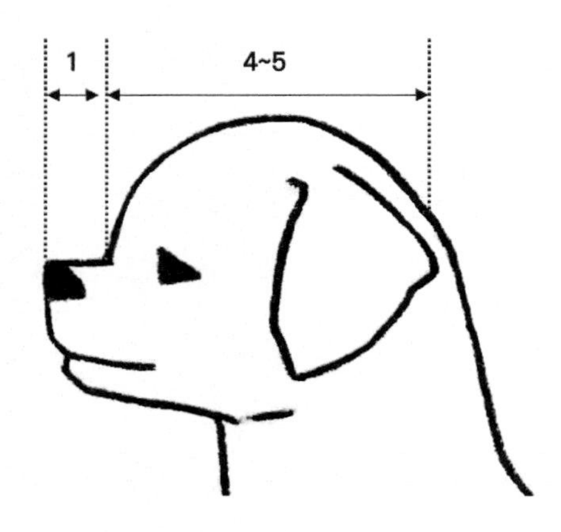

그림 4.4 주둥이와 두개 비율

3) 크기 – 9~10.5inch(22.9~26.7cm)

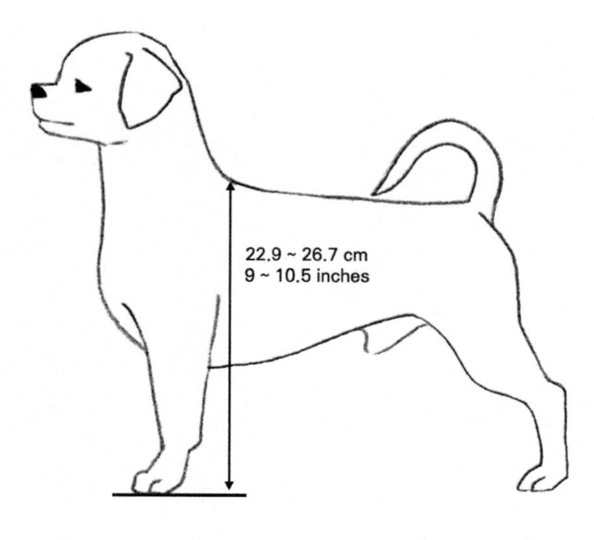

그림 4.5 크기

4) 기질 – 친화력, 사교성, 명랑 및 쾌활, 활기참

5) 교합 – 하악전출교합

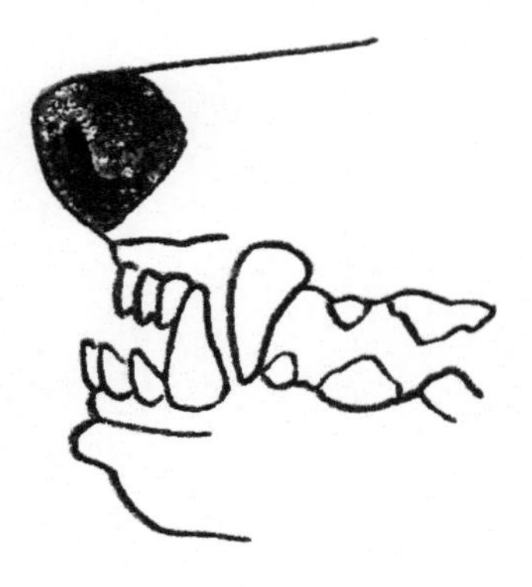

그림 4.6 하악전출교합

6) 피모 및 모질

요크셔테리어가 가지고 있는 실키 모질보다 굵고 자연스러우며, 모량이 많아야 함

그림 4.7 피모 및 모질

7) 색상

- 모든 색 허용, 단 3가지 색Tri Color 선호
- 색상의 대칭과 비례가 매우 중요

블랙
Black

블랙 앤 화이트
Black and White

3가지 색
Tri Color

그림 4.8 색상

8) 보행 - 자연스럽고 힘찬 보행

발가락을 활용하여 강한 추진력을 얻기 때문에 뒤에서 보면 뒤 패드가 타 견종에 비해서 좀 더 잘 드러나 보인다.

그림 4.9 이상적 보행

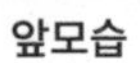

앞모습 옆모습

그림 4.10 보행(실견)

참고

1. 시츄는 흉심과 지장의 비례가 6:4이기 때문에 타 견종에 비해서 상체가 발달되어 있다.
2. 크기가 허용범위 내에 있는 경우에도 골격이 부족한 개들이 많을 뿐만 아니라 허용범위 이하가 되는 개도 타 견종에 비해서 많으므로 주의 깊게 살펴볼 필요가 있다.
3. 모량이 많고 굵고 부드러워야 한다.
4. 단일색이 아닌 경우에는 색상의 비율을 잘 살펴보아야 한다.
5. 보행은 자연스럽고 힘차야 한다.

주의 사항

✓ 부위별 판단 비중

1. 머리 15점
2. 특성과 특징 15점
3. 목, 몸통, 꼬리 15점
4. 전구와 후구 10점
5. 모량, 모질, 모색 10점
6. 보행 15점

총 점수는 100점 만점에 80점이며 평가자에 따라 조금씩 다를 수 있다. 다만 20점은 평가자 재량 점수로 가점할 수 있다.

※ 체고와 체장의 비례, 주둥이 길이와 두개 길이의 비율, 흉심과 다리 길이의 비례, 골격의 각도, 모질을 주의 깊게 살펴보아야 한다.

2. 역사

시츄의 정확한 기원은 알려지지 않았지만 서기 624년에 작성된 문서, 회화 및 예술품에서 그 존재의 증거가 있다. 당 왕조 시대(618~907)에 Viqur왕은 Fu Lin(비잔틴 제국으로 추정)에서 유래되었다고 하는 한 쌍의 개를 중국 왕실에 주었다. 중국에 소개된 또 다른 설은 17세기 중반에 티베트에서 중국 왕실로 옮겨져 북경의 자금성에서 사육되었다고 기록되어 있다. 이 개들 중에서 가장 작은 개는 동양 미술에서 대표적으로 표현되는 사자와 닮았다. "시츄"는 "사자"를 의미한다. 시츄는 티베트의 신성한 개들 중에서 가장 오래되고 가장 작은 것으로 기록되어 있으며 사자는 불교의 신과 관련되어 있다. 이 개들은 중국 왕실에서 사육되었으며 오늘날 우리가 알고 있는 시츄는 이 개로부터 개량되었다. 얼굴의 털이 모든 방향으로 자라기 때문에 "**국화 형상의 개**"라고 불린다. 시츄는 명나라(1368~1644) 시기에 왕실의 애완동물이었으며 매우 총애를 받은 것으로 알려져 있다. 서태후는 퍼그, 페키니즈, 시츄의 중요 사육장을 유지하였다. 1908년 그녀가 죽은 이후에 이 개들은 흩어지고 번식이 대부분 중단되었다. 공산주의 혁명이 중국에서 일어났을 때 이 견종은 거의 멸종되었다. 오늘날의 모든 시츄는 살아남은 14마리(7마리의 암컷과 7마리의 수컷)로부터 유래되었다고 할 수 있다. 그중 일부는 1930년에 시츄의 번식이 시작된 영국으로 수입되었다. 이 견종은 최초 "압소Apsos"로 분류되었지만 켄넬 클럽(영국)이 라사 압소와 시츄가 다른 견종이라고 결정하면서 영국의 시츄 클럽이 1935년에 설립되었다. 이 견종의 영국 사육사로부터 유럽의 다른 나라와 호주로 수출되었다. 이들 국가에 주둔하고 있던 미군들이 이 견종을 다시 미국으로 데리고 가면서 미국에 알려지게 되었다. 시츄는 1969년 3월 미국 켄넬 클럽 혈통대장에 등록되었고 1969년 9월 1일부터 AKC 전람회에서 토이 그룹에 정규 전람회 유형으로 인정되었다.

3. 세부 특징

1) 일반적 외형(General Appearance)

▶ 원문

시츄는 길게 늘어진 ❷ 이중모를 가지고 있는 튼튼하고 활기차며 주의 깊은 애완견이다. ❸ 귀족적인 중국 조상견에 걸맞게 고급스럽고 소중한 친구이며 궁중의 애완동물로서 당당한 자태를 자랑한다. 그리고 곧게 들어 올린 머리와 등 위로 곡선을 그리듯 올라와 있는 꼬리가 특유의 거만한 듯한 몸가짐을 가진다. 비록 ❹ 크기의 변화는 어느 정도 있을 수는 있지만, ❺ 기본적으로 시츄는 옹골지고 단단하며 적절한 체중과 본질을 갖추고 있어야 한다.

The Shih Tzu is a sturdy, lively, alert toy dog with long flowing double coat. Befitting his noble Chinese ancestry as a highly valued, prized companion and palace pet, the Shih Tzu is proud of bearing, has a distinctively arrogant carriage with head well up and tail curved over the back. Although there has always been considerable size variation, the Shih Tzu must be compact, solid, carrying good weight and substance.

▶ **해설**

❷ 중국 티베트가 원산지이므로 이중모를 갖는다. 이는 라사 압소의 개량종이다. 시츄와 라사 압소는 매우 유사하여 크기 외에 외모로 구별하기가 매우 어렵다.

❸ 성격 자체는 대담하면서 비겁하거나 신경질적이지 않기 때문에 가정견으로 적합하다.

❹ 크기가 다양하다.

❺ 같은 크기의 개에 비해서 골격이 잘 발달되어 있다는 것은, 개의 뼈와 근육이 튼튼하고 건강하다는 뜻이다. 여기서 '잘 발달되어 있다'는 말은 뼈의 크기가 큰 것이 아니라, 뼈와 **근육이 적당히 강하고 탄탄하다**는 의미이다. 예를 들어, 뼈가 너무 크면 과도하게 비대해 보일 수 있지만, 잘 발달된 골격은 강하고 균형 잡힌 상태를 말한다. 또한, 좋은 체중이란 **체고에 맞는 적당한 체중**을 의미한다. 만약 개가 체중이 너무 많이 나가면 비만일 수 있고, 체중이 너무 적으면 빈약하고 건강하지 않아 보일 수 있다. 그래서 체중은 개의 몸 크기와 맞는 적당한 수준이어야 한다.

그림 4.11 시츄(블랙 앤 화이트)

▶ 원문

비록 시츄는 애완견일지라도 모든 견종에 요구되는 건전함과 구조의 기준을 동일하게 충족해야 하며, ❻ 견종 표준에서 기술된 이상적인 형태의 편차는 그 편차의 정도에 따라 벌점이 적용되어야 한다. 모든 견종들의 공통된 구조적 결함은 그 결함들이 견종 표준에 특별히 언급되어 있지 않다고 하더라도 다른 견종과 마찬가지로 시츄에게도 바람직하지 않다.

Even though a toy dog, the Shih Tzu must be subject to the same requirements of soundness and structure prescribed for all breeds, and any deviation from the ideal described in the standard should be penalized to the extent of the deviation. Structural faults common to all breeds are as undesirable in the Shih Tzu as in any other breed, regardless of whether or not such faults are specifically mentioned in the standard.

▶ 해설

❻ 개의 부위는 중요도에 따라 평가 점수가 조정될 수 있다. 평가 점수의 조정은 부위의 우선순위(머리 → 앞다리 → 뒷다리)를 기준으로 이루어진다. 예를 들어, 머리에 문제가 있을 경우 10점, 앞다리에 문제가 있을 경우 8점이 감점될 수 있다.

a. 어느 한 부분이 좋고 다른 부분은 좋지 않은 것보다는 특별히 좋은 부분이 없다고 하더라도 전체적으로 고르게 문제가 없는 개가 더 바람직하다. 이는 개의 외모와 건강에서 균형과 조화가 중요하다는 뜻이다. 특정 부위만 지나치게 뛰어나거나 부족하면 전체적으로 불균형이 생길 수 있으며, 그런 개는 평가에서 불이익을 받을 수 있다. 따라서 개는 전체적으로 균형 잡히고, 각 부위가 조화롭게 발달된 상태가 이상적이다.

2) 크기, 비율과 실체(Size, Proportion and Substance)

▶ 원문

크기 – ❼ 견갑까지의 높이는 9~10.5인치(22.9~26.7cm)가 이상적이나; 8인치(20.3cm)보다 작거나 11인치(27.9cm)보다 크지 않아야 한다. 성견의 이상적인 체중은 9~16파운드(4.1~7.3kg)이다. 비율 – ❽ 견갑에서 꼬리 시작점까지의 길이는 견갑까지의 높이보다 조금 길다. ❾ 시츄는 다리가 길어 높은 체형High Station이 되어서는 안 되며, 땅딸막하여 낮은 체형Low Station이 되어서도 안 된다. 실체 – 크기에 관계없이 항상 옹골지고, 단단하며, 좋은 체중과 실체를 가지고 있다.

Size - Ideally, height at withers is 9 to 10½ inches; but, not less than 8 inches nor more than 11 inches. Ideally, weight of mature dogs, 9 to 16 pounds.

Proportion - Length between withers and root of tail is slightly longer than height at withers. The Shih Tzu must never be so high stationed as to appear leggy, nor so low stationed as to appear dumpy or squatty.

Substance - Regardless of size, the Shih Tzu is always compact, solid and carries good weight and substance.

▶ **해설**

❼ 견종 표준에서 요구하는 크기와 체중에서 벗어날수록 품질이 저하될 가능성이 있다. 이는 견종 표준이 정의한 크기와 체중이 가장 효율적으로 작업을 수행할 수 있는 기준으로 설정되었기 때문에 중요하다.

❽ 조금 길다는 것은 체고:체장의 비례가 약 10:10.5라는 것을 의미한다. 즉, 개의 몸이 **장방형**으로, 몸의 길이가 약간 더 길다는 뜻이다. 체고는 어깨부터 지면까지의 높이를 의미하고, 체장은 몸의 길이를 의미한다. 이 비례는 개의 외모에서 균형을 맞추는 중요한 요소로, 너무 길거나 너무 짧지 않도록 조화를 이루는 것이 바람직하다.

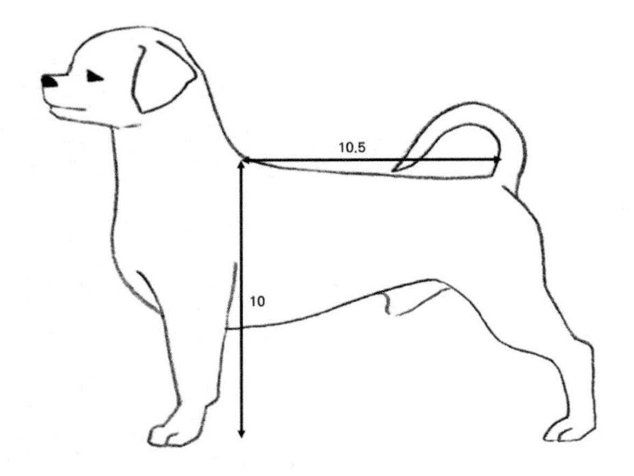

그림 4.12 체형(장방형)

❾ 뼈를 기준으로 **흉심과 지장의 비율은 약 5:5**로 균형을 이룬다. 하지만 육안으로는 털과 근육 등의 영향을 받아 약 6:4 또는 5.5:4.5로 보이기도 한다. 시츄는 일반적으로 지장이 짧은 경우가 많으며, 다리가 길거나 짧거나, 흉심이 깊거나 얕은 개체가 다양하게 나타난다. 특히, 이 견종은 흉심이 과도하게 발달된 경우가 많아 팔꿈치에 문제가 생길 가능성이 다른 견종보다 높을 수 있다.

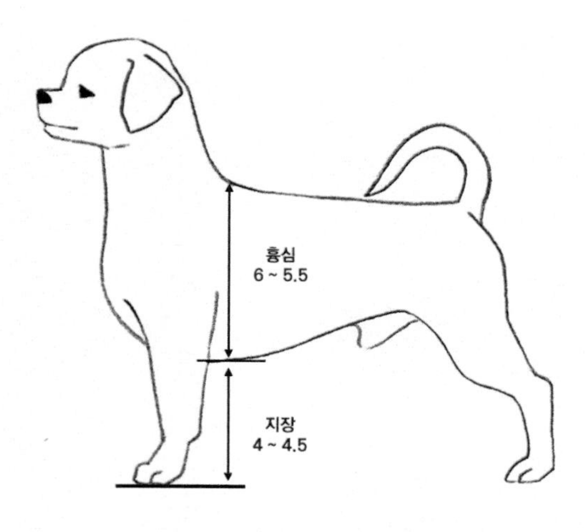

그림 4.13 흉심과 지장의 비율

3) 머리(Head)

(1) 머리(Head)

▶ 원문

⑩ 머리는 둥글고 넓고 눈 사이의 간격이 넓다. 크기는 너무 크지도 작지도 않아서 개의 전체 크기와 조화를 이루어야 한다. 결함: ⑪ 좁은 머리, 가까이 붙어 있는 눈.

Round, broad, wide between eyes, its size in balance with the overall size of dog being neither too large nor too small. Fault: Narrow head, close-set eyes.

▶ 해설

⑩ 눈 사이의 간격이 넓으면 머리(두개)가 돔형을 이루게 되며, 시츄는 이러한 돔형 머리가 특징적인 견종이다.

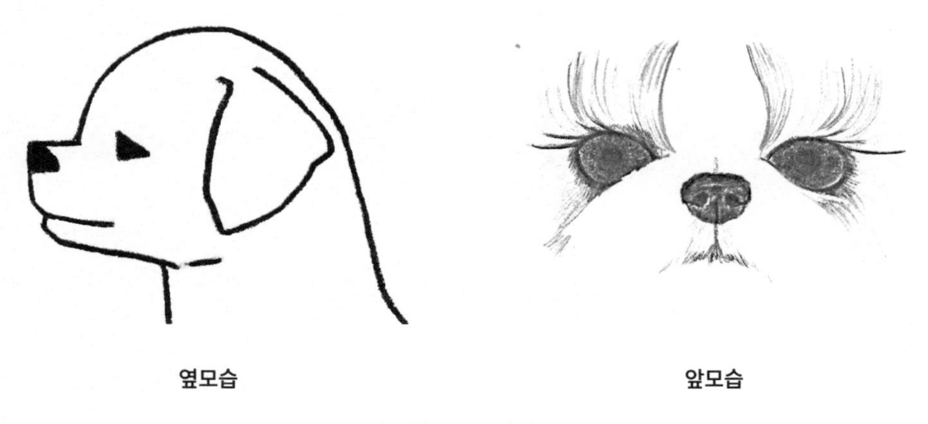

그림 4.14 머리

그림 4.15 머리(실견)

⓫ 머리가 장방형으로 돔형이 되지 않으면 문제가 될 수 있다. 시츄의 머리는 정방형에 가까운 형태여야 하며, 정면에서 보았을 때 양쪽 귀 사이의 라인은 말티즈나 요크셔테리어처럼 수평에 가깝다. 그러나 시츄는 두개골이 약간 둥글게 되어 있어야 한다. 촉심을 했을 때, 말티즈와 요크셔테리어는 두개가 평평한 느낌을 주는 반면, 시츄는 분명히 **둥근 느낌**이 들어야 한다.

그림 4.16 머리 비교

털 없음

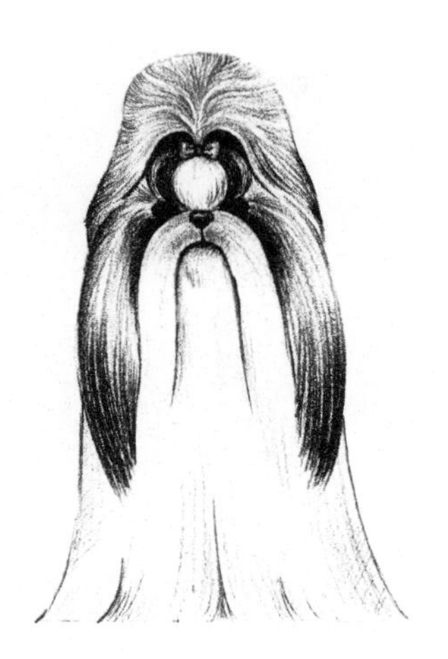

털 있음

그림 4.17 시츄 정면 모습

털 없음

털 있음

그림 4.18 시츄 옆모습

그림 4.19 옆모습(실견)

(2) 표정(Expression)

▶ 원문

⓬ 온화하고, 상냥하고, 순수하며, 친근하고, 신뢰감이 있어야 한다. 개별적인 특징보다는 전체적인 조화와 상냥한 표정이 더 중요하다. ⓭ 실제 머리 구조와 자연스러운 표정을 평가하기 위해서는 미용 기술에 의해 만들어진 외형이 아닌 본연의 모습을 잘 관찰하는 것이 중요하다.

Warm, sweet, wide-eyed, friendly and trusting. An overall well-balanced and pleasant expression supersedes the importance of individual parts. Care should be taken to look and examine well beyond the hair to determine if what is seen is the actual head and expression rather than an image created by grooming technique.

▶ 해설

⓬ 반려견으로 적합해야 한다는 것이다.

⓭ 장모종의 경우, 외형만으로 판단하지 말고 반드시 촉심(손으로 만져서 평가)을 해야 한다. 즉, 만져보고 구조를 정확히 파악한 후에 평가를 내려야 한다. 미용은 본연의 모습을 최대한 드러내도록 해야 하며, 판단을 혼란스럽게 하는 과도한 미용은 지양해야 한다. 특히, 결점이 있는 부분을 감추기 위한 미용은 적합하지 않다.

※ 중국이 원산지인 견종은 배가 고플 때 다른 견종에 비해 다소 시끄러운 경향이 있다. 그러나 배가 부르면 조용해지고 편안하게 코를 골며 잠을 잔다.

(3) 눈(Eyes)

▶ **원문**

⓮ 크고, 둥글고, 튀어나오지 않으며, ⓯ 눈 사이의 간격이 충분하고 정면을 바라본다. ⓰ 색상은 매우 짙어야 한다. ⓱ 간장색 개와 푸른색 개에서는 조금 더 연하다.

결함 : 작은 눈, 눈 사이가 가까운 눈 또는 밝은색의 눈; ⓲ 눈에 지나치게 많이 보이는 흰자위

Large, round, not prominent, placed well apart, looking straight ahead. Very dark. Lighter on liver pigmented dogs and blue pigmented dogs. Fault: Small, close-set or light eyes; excessive eye white.

▶ **해설**

⓮ **둥근 눈**을 가진 개를 평가할 때 주의해야 할 점은 눈이 돌출되어 보이는 것이다. 돌출된 눈을 확인하는 가장 좋은 방법은 정면이 아닌 측면에서 관찰하는 것으로, 이를 통해 쉽게 판단할 수 있다. 강아지 시기에는 발톱 관리를 철저히 하는 것이 중요하며, 안전을 위해 개체를 분리하여 사육하는 것이 바람직하다. 발톱이 매우 날카로워 장난하다가 안구가 손상될 위험이 높기 때문이다.

⓯ 눈 사이의 간격이 충분히 넓으면 사시가 발생할 가능성이 있으므로, 눈이 정면을 정확히 응시하고 있는지 꼼꼼히 확인하는 것이 중요하다.

⓰ 견종에 관계없이 안구의 색상으로는 **짙은 갈색(암갈색)**이 가장 이상적이다.

⓱ 허용은 하나 바람직한 것은 아니다.

⓲ 견종에 관계없이 눈동자가 충분히 커서 공막이 보이지 않는 것이 바람직하다. 독일이 원산지인 견종의 경우 공막이 보이는 개체는 실격으로 처리된다. 시베리안 허스키의 경우 공막이 보이는 것이 허용되기는 하지만 바람직한 특징은 아니다.

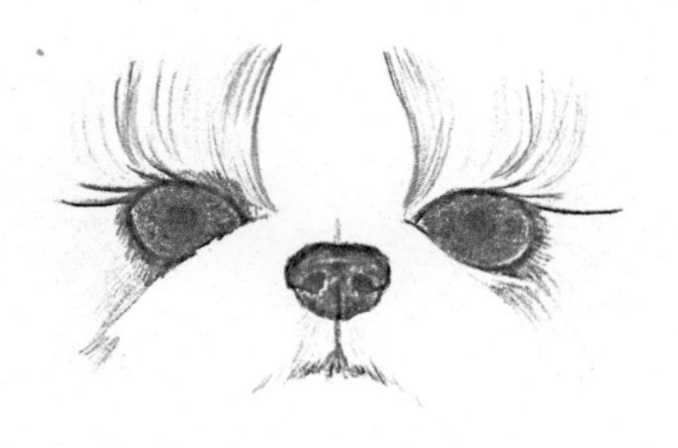

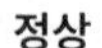

정상

밝은 눈

그림 4.20 눈

그림 4.21 눈(실견)

(4) 귀(Ears)

▶ **원문**

크고, 두개골의 두정부 약간 아래에 위치; 풍성한 털.

Large, set slightly below crown of skull; heavily coated.

▶ **해설**

a. 귀는 두정부 정상 가까이 위치해야 한다. 이는 귀가 개의 머리에서 너무 낮거나 높지 않고, 두상에서 적당한 위치에 있어야 한다는 뜻이다. 두정부 정상은 머리의 윗부분으로, 귀가 이 부위에 가까이 위치하면 균형 잡힌 외모를 유지할 수 있다.

b. 귀 끝은 **뺨 바로 아래까지** 자연스럽게 늘어져 있어야 하며, 끝부분은 **U자 형태**를 이루는 것이 이상적이다. 또한, 귀는 측두부에 가깝게 위치하되 약간 떨어져 있는 것이 바람직하다.

그림 4.22 귀 형태

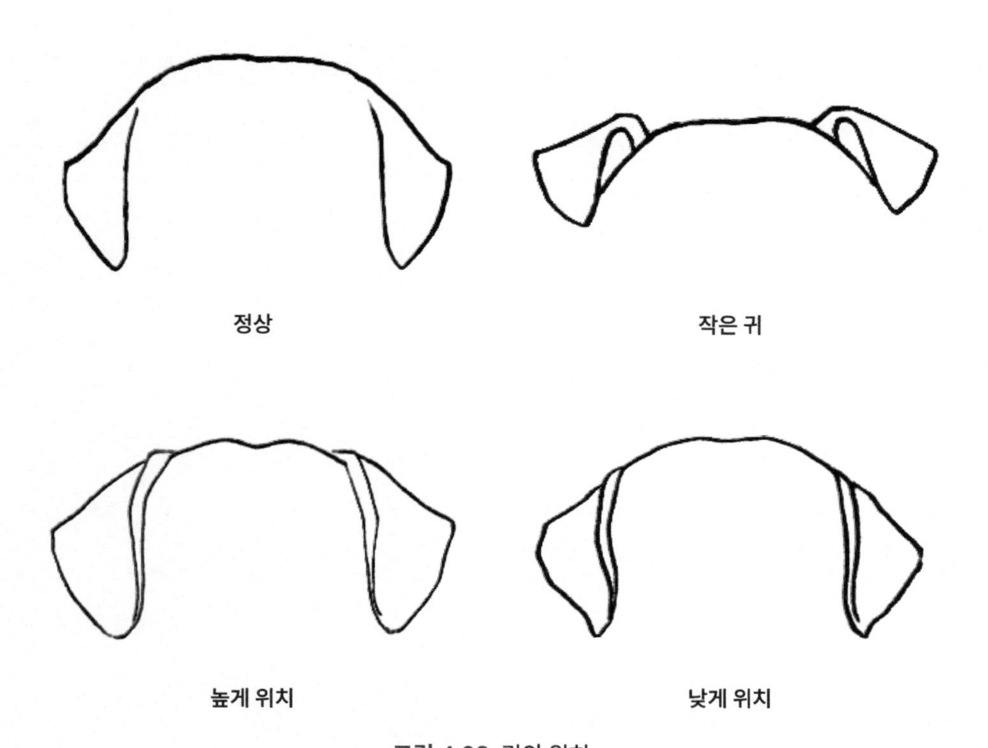

그림 4.23 귀의 위치

(5) 두개골(Skull)

▶ 원문

돔형(반구형). 액단 – ⓳ 명확한 액단이 있다.

Domed. Stop - There is a definite stop.

▶ 해설

⓳ 액단은 **거의 90°**를 이루며, 이로 인해 **주둥이는 수평**을 유지하는 것이 이상적이다. 그러나 코끝으로 갈수록 주둥이가 올라가는 경우는 바람직하지 않다.

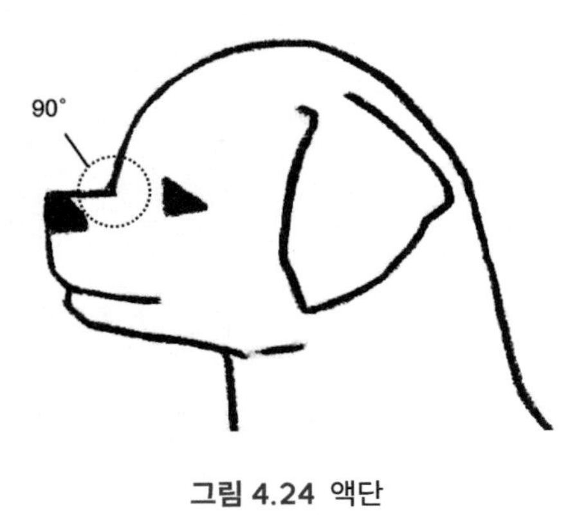

그림 4.24 액단

(6) 주둥이(Muzzle)

▶ 원문

⓴ 정방형으로 짧고, 주름이 없고, 좋은 탄력을 가지고 있고, ㉑ 아래 눈꺼풀보다 더 낮게 위치하지 않는다. ㉒ 절대 아래로 향하지 않는다. 길이는 개의 전체 크기에 따라 약간씩 다를 수 있지만 ㉓ 코끝에서 액단까지가 1인치(2.54cm) 이하가 이상적이다. ㉔ 주둥이 앞은 평평해야 한다; 아랫입술과 턱은 튀어나오지 않고 절대로 뒤로 들어가기도 않는다. 결함: 뾰족한 주둥이, ㉕ 명확하지 않은 액단.

Square, short, unwrinkled, with good cushioning, set no lower than bottom eye rim; never downturned. Ideally, no longer than 1 inch from tip of nose to stop, although length may vary slightly in relation to overall size of dog. Front of muzzle should be flat; lower lip and chin not protruding and definitely never receding. Fault: Snipiness, lack of definite stop.

▶ **해설**

⑳ 주둥이는 사각형의 형태이며 주름이 없어야 한다. 이는 개의 얼굴이 깔끔하고 균형 잡힌 외모를 유지해야 함을 의미한다. 주둥이가 사각형 형태로 잘 정리되어 있어야 하며, 불필요한 주름이 없어야 더 건강하고 선명한 인상을 줄 수 있다.

㉑ 눈의 선과 주둥이 선이 비슷해야 한다. 이는 개의 얼굴에서 눈과 주둥이의 배치가 조화를 이루어야 한다는 의미이다. 눈과 주둥이의 선이 거의 일치하면 얼굴이 균형 있게 보이고, 자연스러운 외모를 유지할 수 있다.

㉒ 일부 반려인들은 매우 짧은 주둥이를 선호하기도 한다. 그러나 주둥이가 표준보다 지나치게 짧아지면 교합이나 치아에 문제가 발생할 가능성이 높아질 수 있다.

㉓ 옆으로 손가락 1개를 올렸을 때 코끝이 보이지 않아야 한다. 이는 개의 주둥이가 적당한 길이를 가지고 있어야 하며, 코끝이 너무 튀어나오지 않도록 해야 한다는 의미이다. 주둥이가 너무 길거나 짧지 않도록 균형을 맞추는 것이 중요하다.

㉔ 주둥이 끝부분이 수직으로 평평해야 한다. 이는 개의 주둥이가 정면에서 봤을 때 위아래로 평평하고 직선적인 형태여야 한다는 뜻이다. 주둥이 끝부분이 수직으로 평평하게 유지되면 얼굴의 균형이 잘 맞고, 외모가 깔끔하고 자연스럽게 보인다.

㉕ **액단은 정확히 90°**를 유지해야 하며, 이를 통해 머리가 돔형을 이루게 된다. 주둥이는 코끝으로 갈수록 약간 좁아지는 형태를 보이며, 수평을 유지하는 것이 이상적이다. 그러나 주둥이가 짧은 경우 끝부분이 위쪽으로 올라가는 경향이 있을 수 있으므로 주의 깊게 관찰해야 한다. 만약 코끝이 위로 올라간 개와 아래로 내려간 개가 있다면, 코끝이 아래로 내려간 개를 선택하는 것이 더 바람직하다.

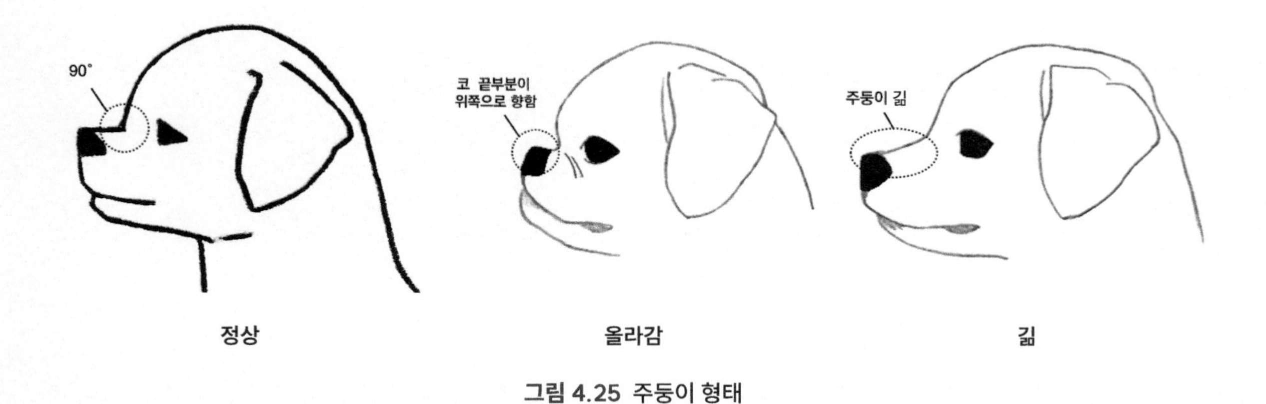

그림 4.25 주둥이 형태

(7) 코(Nose)

▶ **원문**

콧구멍은 넓고 열려 있어야 한다. 색소 침착: 코, 입술, 눈 테두리는 모든 색상의 개에서 검은색이어야 하지만, 간장색 개는 간장색, 푸른색 개는 푸른색이 인정된다.

결점: 코, 입술, 눈 테두리에 분홍색이 나타나는 경우.

Nostrils are broad, wide, and open. Pigmentation - Nose, lips, eye rims are black on all colors, except liver on liver pigmented dogs and blue on blue pigmented dogs. Fault: Pink on nose, lips, or eye rims.

▶ **해설**

a. 모든 견종에서 공통이다.

b. 간장색이나 푸른색은 허용되지만, 검은색이 가장 이상적이다.

c. 시츄에서는 이 두 가지 색상이 나타나는 경향이 있다.

d. 여기에서 언급되지 않은 색상의 경우, 검은색이 가장 이상적이다. 만약 코에 다양한 색상이 있는 개를 선택해야 한다면, 저자는 가능한 한 검은색에 가까운 색을 선택할 것을 권장한다.

e. 분홍색은 피부색에 해당하므로 바람직하지 않다.

f. 견종 표준에서 벗어나는 것은 문제가 될 수 있다. 또한, 코 주변(코 양옆과 위쪽)에 주름이 있는 것은 바람직하지 않다.

그림 4.26 코

(8) 교합(Bite)

▶ 원문

㉖ 하악전출교합. 턱이 넓다. ㉗ 결손 치아나 약간의 치아 배열 불균형은 지나치게 엄격히 평가해서는 안 된다. ㉘ 입을 다물었을 때는 이빨과 혀가 보이지 않아야 한다. ㉙ 결함: 상악전출교합

Undershot. Jaw is broad and wide. A missing tooth or slightly misaligned teeth should not be too severely penalized. Teeth and tongue should not show when mouth is closed. Fault: Overshot bite.

▶ 해설

㉖ 하악전출교합일지라도 윗니의 바깥쪽과 아랫니의 안쪽이 최대한 가까이 맞닿는 것이 이상적이다. 단, 입을 벌리거나 다무는 데 문제가 없어야 하며, 지나치게 가까울 경우 송곳니에 문제가 생길 수 있으니 주의해야 한다. 정면에서 보았을 때 입 모양은 정사각형에 가까워야 하며, 입꼬리와 입 앞부분이 비슷한 것이 바람직하다.

㉗ 개는 모든 견종에서 윗니 20개, 아랫니 22개로 총 42개의 이빨을 가지는 것이 정상이다. 치열이 고르고, 이빨 크기가 적당하며 견종에 적합한 교합을 유지하는 것이 이상적이다. 그러나 견종에 따라 주둥이가 짧아 결치, 치열, 이빨과 관련된 문제가 발생할 가능성이 있다.

따라서 개를 평가할 때는 견종의 특성을 고려하여 가감점을 동일하게 적용하지 않고, 각 견종별 기준에 따라 평가해야 한다. 그럼에도 불구하고, 모든 조건을 완벽히 갖춘 개가 가장 이상적이라는 점은 변함이 없다. 주둥이가 짧은 개는 42개의 이빨이 모두 자리하기 어려울 수 있으며, 설사 들어간다 해도 이빨 크기가 작아지고 치열이 틀어질 가능성이 있다. 따라서 주둥이가 짧은 개는 이상적이지는 않지만, 견종 특성상 허용된다.

㉘ 입을 다물었을 때 이빨이 보이는 것은 큰 결점으로 간주된다. 또한, 입을 다물었을 때 윗입술과 아랫입술이 자연스럽게 맞닿아야 하며, 그렇지 못한 경우 역시 큰 결점으로 평가된다.

㉙ 일반적으로 상악전출교합이 요구되는 견종은 없다. 시츄의 경우 하악전출교합이 정상적인 교합인데, 상악이 앞으로 나와 가위교합이 되는 경우 역시 상악전출교합으로 간주되어 문제가 된다. 특히, 가위교합을 넘어 상악이 지나치게 앞으로 돌출된 경우에는 심각한 결점으로 평가된다.

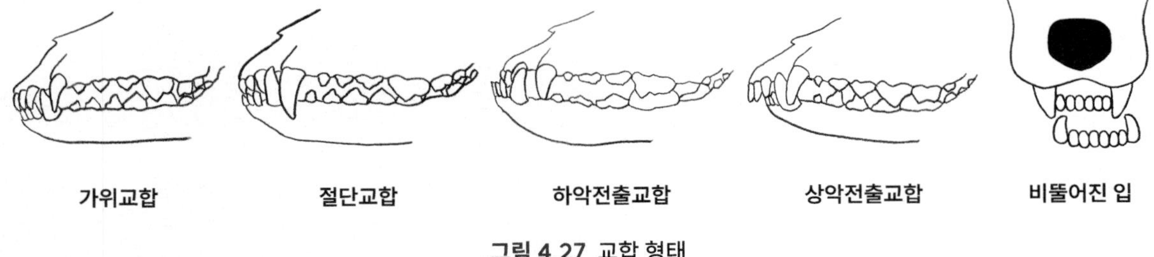

그림 4.27 교합 형태

4) 목, 등선, 몸통(Neck, Topline, Body)

▶ 원문

가장 중요한 것은 과장된 모습이 아니고 전체적으로 잘 조화로운 개다.

Of utmost importance is an overall well-balanced dog with no exaggerated features.

▶ 해설

a. 과장된 모습은 어느 특정 부분이 과도하게 발달된 것을 의미한다. 예를 들어, 얼굴이나 몸의 특정 부위가 너무 크거나 두드러지게 발달하면, 전체적인 균형이 깨지게 된다. 과도한 발달은 외모에서 불균형을 유발할 수 있으며, 이는 종종 평가에서 불이익을 받을 수 있는 요소가 된다.

b. 특히, 가슴의 깊이(흉심)에 주의하여 살펴보아야 한다. 가슴의 깊이는 개의 전체적인 균형과 건강에 중요한 요소로, 가슴이 너무 얕거나 너무 깊지 않도록 적당한 깊이를 유지하는 것이 바람직하다. 가슴이 지나치게 깊으면 비례가 맞지 않아 보일 수 있고, 너무 얕으면 호흡에 영향을 줄 수 있기 때문에, 적절한 깊이를 확인하는 것이 중요하다.

(1) 목(Neck)

▶ 원문

어깨 쪽으로 부드럽게 잘 이어진다; 또한 충분히 길어서 머리가 자연스럽게 높게 위치하여야 하며, 개의 체고 및 체장과 조화를 이룬다.

Well set-on flowing smoothly into shoulders; of sufficient length to permit natural high head carriage and in balance with height and length of dog.

▶ 해설

a. 목의 길이에 대한 정확한 기준은 없으며, 이는 목의 길이가 견종에 따라 매우 다양하다는 것을 의미한다.

b. 전체적인 모습을 보았을 때 목이 답답해 보이지 않아야 한다. 목이 답답해 보인다는 것은 목이 짧다는 것을 의미한다.

c. 저자의 경험에 따르면, **체장의 1/3보다 약간 긴 목이** 전체적인 외형에서 가장 조화를 이루는 비율이다.

d. 목 피부의 이완 여부는 인후 부분을 통해 확인할 수 있다. 인후 부분이 느슨하지 않다면 피부가 팽팽하다는 것을 의미하며, 반대로 인후 부분이 느슨하다면 피부가 이완되었다는 것을 나타낸다.

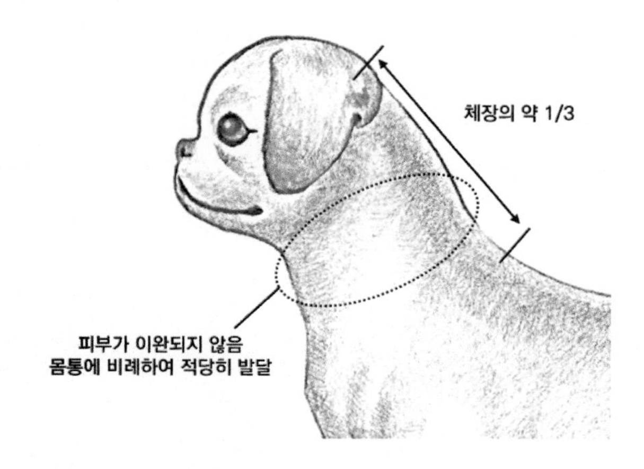

그림 4.28 목

(2) 등선(Topline)

▶ 원문

수평.

Level.

▶ 해설

a. 견종에 관계없이 견갑골이 위치한 견갑부는 등선과 완전히 수평을 이루지 않는다. 즉, 견종에 상관없이 견갑부는 약간 더 높게 위치하는 것이 정상이다. 견갑부가 등선과 수평을 이루는 경우, 이는 심각한 결점으로 간주될 수 있다. 그 이유는 견갑골의 각도가 45° 이하로 작아져Sleeping 경사가 완만해졌기 때문이다. 반대로, 견

갑골의 각도가 45° 이상으로 커지면Steep 견갑의 위치가 지나치게 높아지게 된다. 견갑의 높이는 중요한 평가 요소로 신중히 살펴보아야 한다.

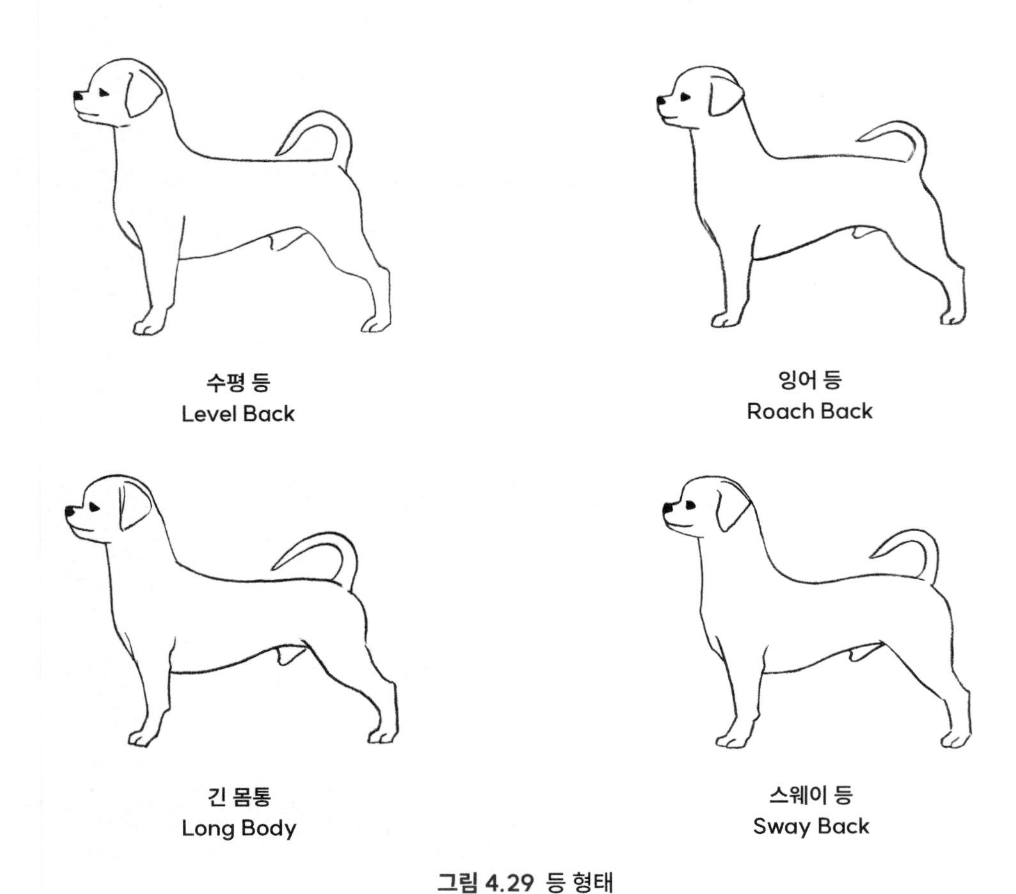

그림 4.29 등 형태

(3) 몸통(Body)

▶ 원문

허리 또는 턱업이 없이 짧고 탄탄하다.

Short-coupled and sturdy with no waist or tuck-up.

▶ 해설

a. 체고에서 흉심은 팔꿈치보다 약간 아래까지 내려와, **흉심과 지장의 비율이 약 5:5**를 이루는 것이 이상적이다. 아래 윤곽선을 보면 복부는 거의 수평에 가깝고, 푸들처럼 복부가 들어간 턱업은 나타나지 않는다.

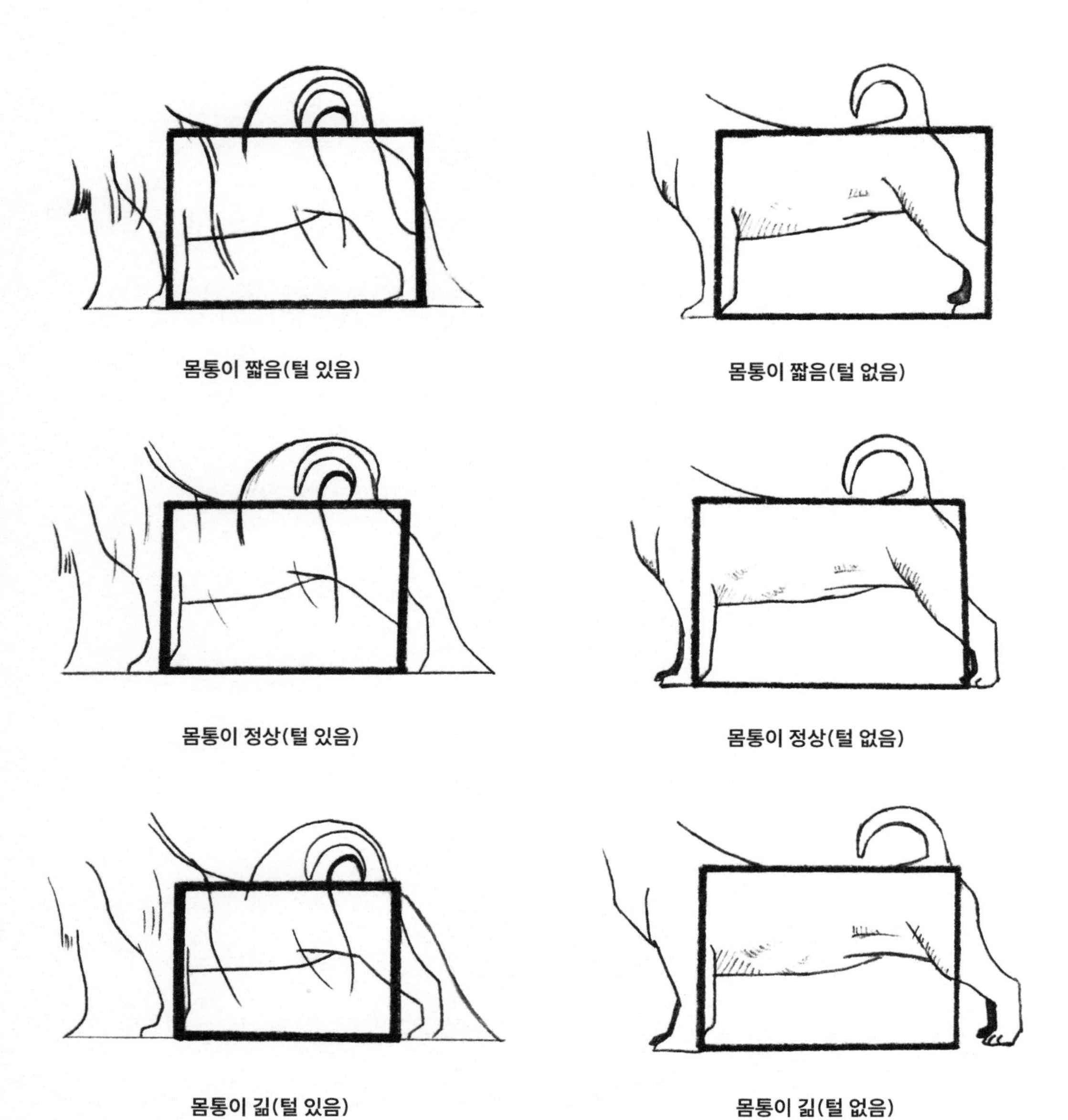

그림 4.30 몸통 형태

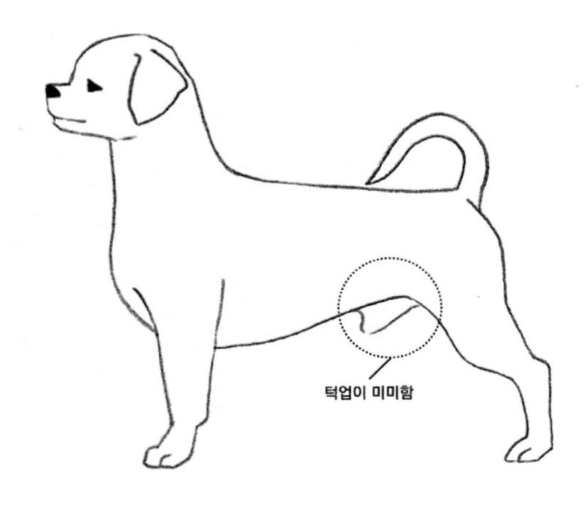

그림 4.31 턱업

▶ 원문

시츄는 체고보다 체장이 약간 길다.

The Shih Tzu is slightly longer than tall.

▶ 해설

a. 시츄의 체고와 체장에 대한 정확한 기준은 제시되지 않았지만, 저자의 경험에 따르면 수컷의 경우 체고와 체장의 비율이 약 10:10.5이며, 암컷의 경우 약 10:10.7 정도가 이상적인 비율로 보인다.

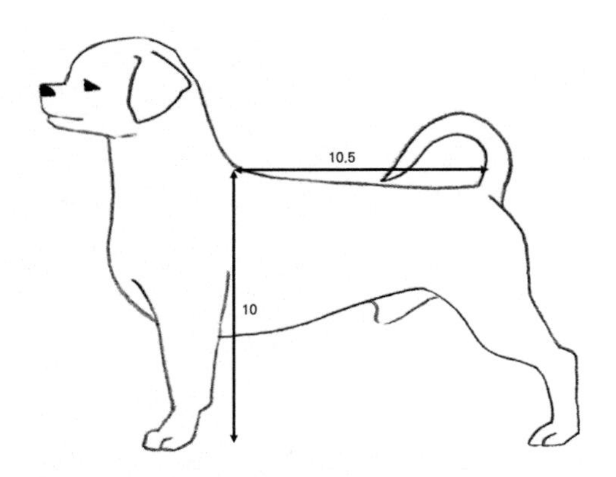

그림 4.32 체고 및 체장 비율

▶ 원문

결함 : 긴 다리.

Fault – Legginess.

▶ 해설

a. 흉심이 팔꿈치까지 내려와야 하나, 그렇지 못하면 전체적인 비례가 맞지 않게 된다. 가슴의 깊이가 팔꿈치까지 내려오는 것이 이상적인 비례를 유지하는 데 중요하다. 만약 흉심이 팔꿈치까지 내려오지 않으면, 개의 몸이 불균형하게 보이고, 체형에서 중요한 비례가 맞지 않게 된다.

▶ 원문

가슴 – 좋은 탄력의 늑골로 넓고 깊다, 그러나 술통 가슴은 아니다.

Chest - Broad and deep with good spring-of-rib, however, not barrelchested.

▶ 해설

a. 가슴이 과도하게 발달한 술통 가슴은 주의해야 한다. 술통 가슴 여부는 반드시 늑골을 촉심으로 확인해야 하며, 움직일 때 팔꿈치가 바깥으로 벌어진다면 술통 가슴일 가능성이 높다.

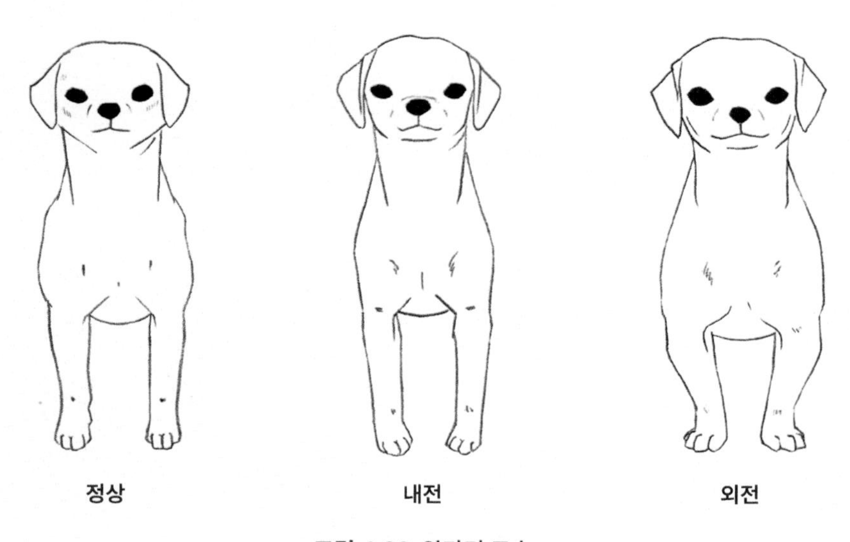

그림 4.33 앞다리 모습

▶ 원문

흉곽의 깊이(흉심)는 팔꿈치 바로 아래까지 내려와야 한다. 팔꿈치에서 견갑까지의 길이는 팔꿈치에서 지면까지의 길이보다 약간 길다.

Depth of ribcage should extend to just below elbow. Distance from elbow to withers is a little greater than from elbow to ground.

▶ **해설**

a. 체고를 10으로 보았을 때, 흉심과 지장의 비례는 5.5 : 4.5가 바람직하다. 이는 가슴 깊이(흉심)가 체고의 5.5에 해당하고, 지장이 체고의 4.5에 해당하는 비율로, 이 비례가 균형 잡힌 체형을 유지하는 데 이상적이다. 이 비율을 지키면, 개의 몸이 조화롭고 건강한 외모를 가지게 된다.

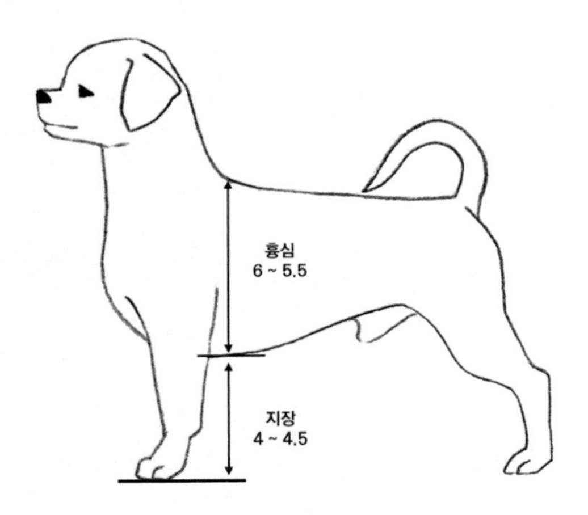

그림 4.34 흉심과 지장 비율

▶ **원문**

엉덩이 – 평평하다.

Croup – Flat.

▶ **해설**

a. 엉덩이 부분은 균형 있게 발달되어야 하며, 옆에서 보았을 때 대퇴부가 탄탄하고 근육이 잘 형성되어 있는 모습이 바람직하다.

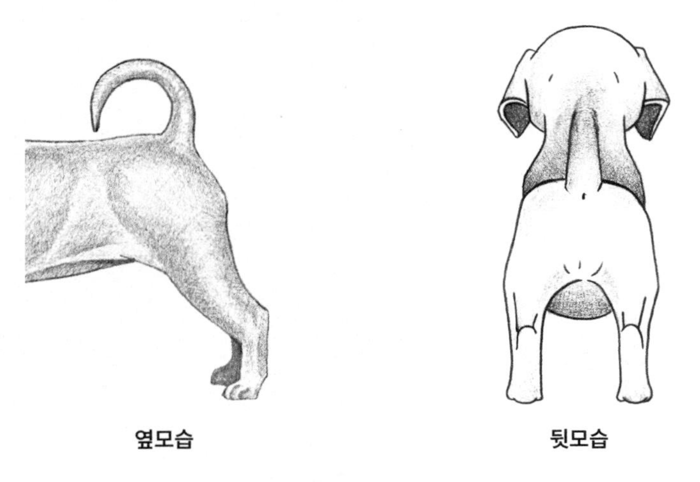

그림 4.35 엉덩이

(4) 꼬리(Tail)

▶ **원문**

높게 위치하고, 털이 풍성하며, 뒤로 잘 말려서 위치한다. 너무 느슨하거나, 너무 팽팽하거나, 너무 평평하거나 너무 낮은 꼬리는 바람직하지 않으며 벗어남의 정도에 따라 감점되어야 한다.

Set on high, heavily plumed, carried in curve well over back. Too loose, too tight, too flat, or too low set a tail is undesirable and should be penalized to extent of deviation.

▶ **해설**

a. 꼬리는 **위로 올라가면서 자연스럽게 등 위로 말려 있어야 한다.** 말려 있는 부분은 작은 주먹이 통과할 정도의 공간을 남기는 것이 이상적이다.

b. 꼬리의 **길이는 비절까지** 내려오는 것이 이상적이다. 꼬리는 긴 털로 덮여 있으며, 좌측 또는 우측으로 자연스럽게 흘러내린다. 꼬리의 시작 부분은 12시 방향에서 시작되는 것이 바람직하다.

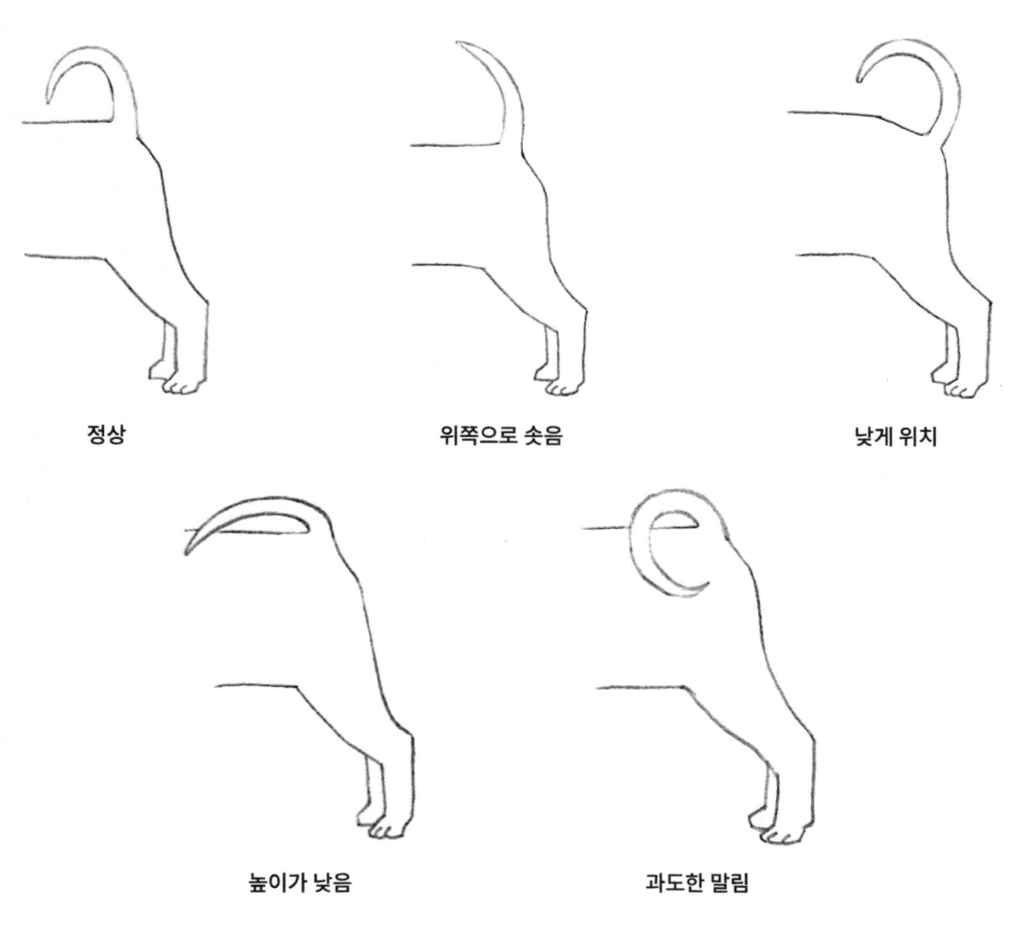

그림 4.36 꼬리 형태

5) 몸의 앞부분(Forequarters)

(1) 어깨(Shoulders)

▶ 원문

적절한 각도를 가지고 있으며, 자연스럽게 뒤로 기울어져 있고, 안쪽으로 잘 배치되어 몸과 매끄럽게 조화를 이루고 있다.

Well-angulated, well laid-back, well laid-in, fitting smoothly into body.

▶ 해설

a. 견갑골은 약 45°로 기울어져 있으며, 상완골 역시 45° 각도로 전완골과 연결된다. 교정된 자세Stack를 한 상태에서 옆에서 보았을 때, 견갑에서 패드까지 이어지는 선이 일직선을 이루는 것이 이상적이다. 이 선이 전구 뒤쪽으로 치우치면, 견갑골의 각도가 45° 이하로 완만한 경사Sleeping가 되고, 선이 전구에 닿으면 견갑골의 각도가 45° 이상으로 급경사Steep가 된다. 따라서 촉심을 통해 견갑의 길이와 각도를 세밀히 관찰하는 것이 중요하다. 견갑의 각도를 정확히 판단하기 어렵다면, 전구의 각도를 기준으로 판단할 수 있다.

b. 양 어깨의 간격은 좌측과 우측 견갑골 사이에 성인 손가락 2~3개 정도가 충분히 들어갈 수 있으면 바람직한 간격을 가지고 있는 것이다. 이 정도 간격은 어깨의 유연성과 움직임을 잘 지원하며, 개가 편안하고 균형 잡힌 보행을 할 수 있도록 도와준다. 만약 견갑이 짧으면 손가락 2~3개가 들어가는 데 어려움이 있을 수 있어, 어깨의 간격이 너무 좁으면 움직임이 불편해질 수 있다.

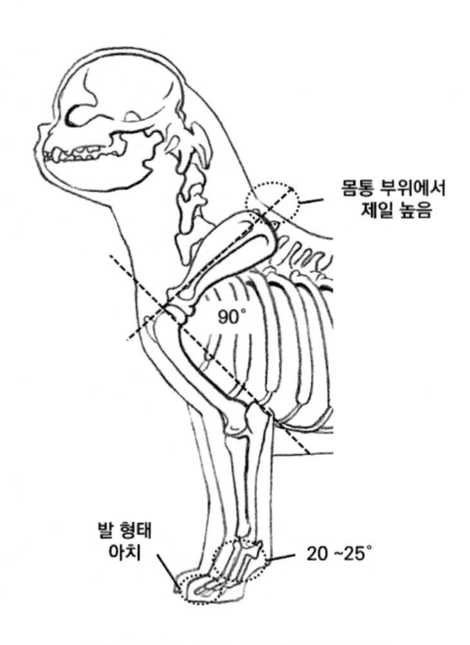

그림 4.37 전구 골격도(옆 그림)

c. 견갑골의 경사가 좋으면 승모근이 신체를 더욱 균형적으로 지지하도록 돕는다. 견갑골의 경사가 적절하게 유지되면, 승모근이 자연스럽게 발달하고, 어깨와 목 부위의 균형이 잘 맞아 개의 몸이 안정적으로 유지된다. 이는 개가 효율적으로 움직일 수 있도록 돕고, 전체적인 자세와 체형에 긍정적인 영향을 미친다.

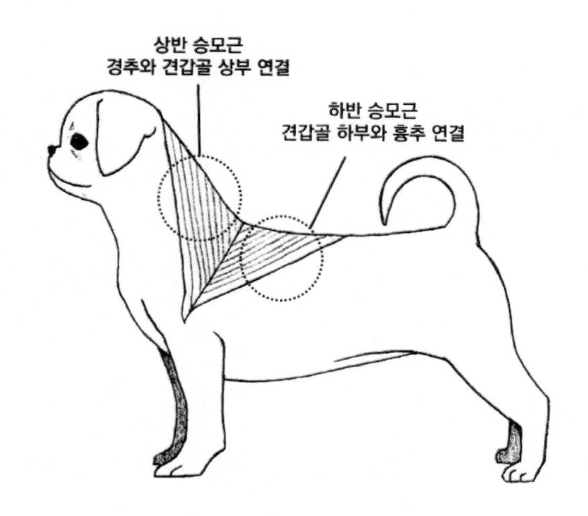

그림 4.38 승모근

그림 4.39 견갑골 각도(적당한 기울기)

그림 4.40 견갑골 각도(급한 기울기)

(2) 다리(Legs)

▶ **원문**

팔꿈치는 몸에 밀착하여 위치하면서 반듯하고, 좋은 뼈대, 근육질이며, 충분한 간격을 유지하고 가슴 아래에 있다.

Straight, well-boned, muscular, set well-apart and under chest, with elbows set close to body.

▶ **해설**

a. 팔꿈치는 몸에 완전히 붙어 있기보다는 약간의 여유를 두고 미세하게 떨어져 있는 상태가 이상적이다.

b. 시츄는 골격이 튼튼하고 잘 발달된 모습을 갖추는 것이 중요하지만, 실제로는 골격 발달이 부족한 경우가 종종 발견된다. 따라서 건강하고 균형 잡힌 골격을 가지는 것이 이상적이다.

c. 전흉은 손가락 약 3~4개가 들어갈 정도의 너비를 가지고 있다. 이는 개의 가슴 부위가 적당히 넓고 튼튼하여, 심장과 폐를 잘 보호할 수 있도록 돕는다. 전흉이 너무 좁거나 너무 넓으면 개의 균형이나 건강에 영향을 미칠 수 있으므로, 적당한 너비를 유지하는 것이 중요하다.

d. 가슴은 급격히 내려가지 않고 부드럽게 이어지며, 팔꿈치를 지나 자연스럽게 복부로 연결되어야 한다.

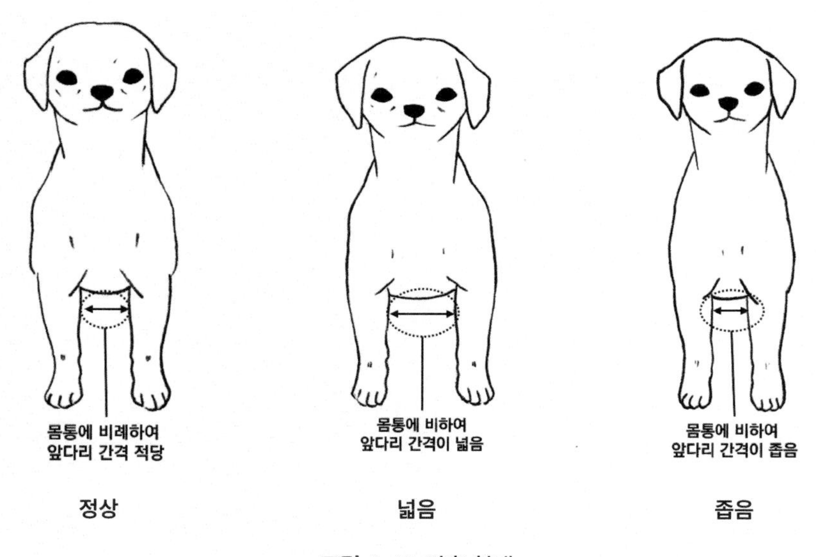

그림 4.41 전흉 형태

(3) 발목, 며느리발톱, 발(Pasterns, Dewclaws, Feet)

▶ **원문**

발목 – 강하고 수직이다.

며느리발톱 – 제거할 수 있다.

발 – 견고하고, 좋은 패드를 가지고 있으며, 똑바로 앞을 향한다.

Pasterns - Strong, perpendicular. Dewclaws - May be removed. Feet - Firm, wellpadded, point straight ahead.

▶ **해설**

a. 중수골은 약 20°의 각도를 가지며, 정면에서 보았을 때 좌 또는 우로 돌출되지 않고 수직이 되어야 한다. 이는 개의 다리가 균형 있게 서도록 도와주며, 올바른 보행을 유지하는 데 중요한 요소다. 중수골이 수직으로 서 있으면 다리의 안정성을 높이고, 체중을 고르게 분배할 수 있다.

b. 발가락은 **탄탄하게 움켜쥔 형태**로 잘 발달되어 있어야 한다. 패드는 충분히 발달되어 있어야 하며, 검은색을 띠는 것이 이상적이다. 발톱 역시 검은색을 갖추는 것이 바람직하다.

c. 발은 내전이나 외전되어서는 안 된다. 이는 발이 몸의 중심선에 맞게 자연스럽게 직선으로 배열되어야 한다는 뜻이다. 발이 내전(몸쪽으로 향함)이나 외전(밖으로 향함)되면, 개의 보행에 불균형을 초래하고, 장기적으로 관절에 무리를 줄 수 있다. 따라서 발은 자연스럽게 수평을 이루며, 발목과 발끝이 정렬되어야 한다.

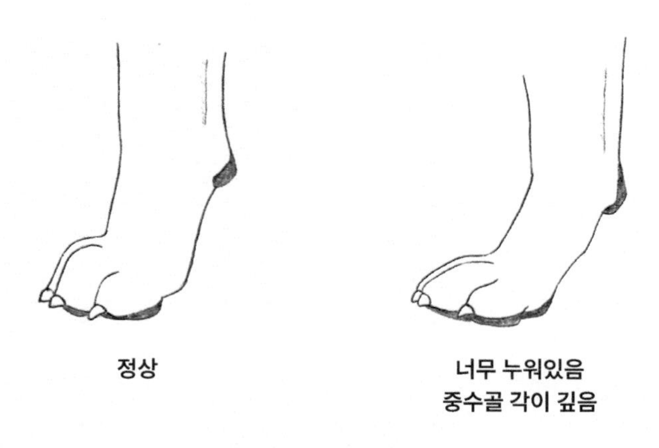

그림 4.42 발과 발목

6) 몸의 뒷부분(Hindquarters)

▶ 원문

후구의 각도는 전구와 조화를 이루어야 한다.

Angulation of hindquarters should be in balance with forequarters.

▶ 해설

a. 전구의 각도, 즉 견갑골과 상완골의 각도는 90°가 이상적이며, 후구의 각도, 즉 관골과 대퇴의 각도 또한 90°가 바람직하다. 따라서 전구와 후구는 균형과 조화를 이루는 것이 중요하다.

b. 후구 역시 전구와 동일한 기준으로 평가하면 된다.

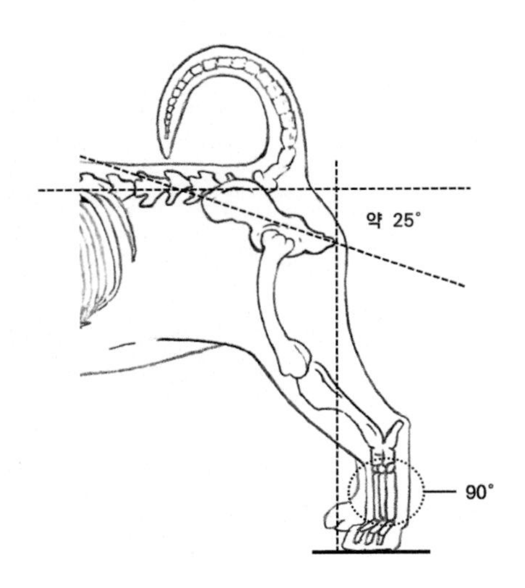

그림 4.43 뒷다리 주요 각도

(1) 다리(Legs)

▶ 원문

좋은 뼈대, 근육질, 무릎 관절은 ㉚ 좋은 곡선을 가지고 있으며 뒤에서 보았을 때 반듯하다. 너무 서로 가까이 위치하지 않으며 ㉛ 전구와 동일한 선상에 위치한다.

Wellboned, muscular, and straight when viewed from rear with well-bent stifles, not close set but in line with forequarters.

▶ 해설

㉚ 후구가 좋은 각도를 가지고 있다는 것은 무릎 관절과 비절의 각도가 적절하다는 것을 의미한다. 특히 **무릎 관절의 각도(대퇴와 하퇴의 각도)는 후위각 약 110°가 이상적이며, 비절의 각도(하퇴와 중족골의 각도)는 전위각 약 130°가 바람직**하다. 그러나 후구에서는 무릎 관절과 비절의 각도에 문제가 생기거나 약한 경우가 많아, 소 뒷다리 모양이나 활모양 다리가 나타나는 경우가 종종 있으므로 주의 깊게 관찰해야 한다.

㉛ 앞다리와 뒷다리의 간격은 서로 비슷해야 하며, 왼쪽 다리는 왼쪽 다리끼리, 오른쪽 다리는 오른쪽 다리끼리 동일한 선상에 위치하는 것이 이상적이다.

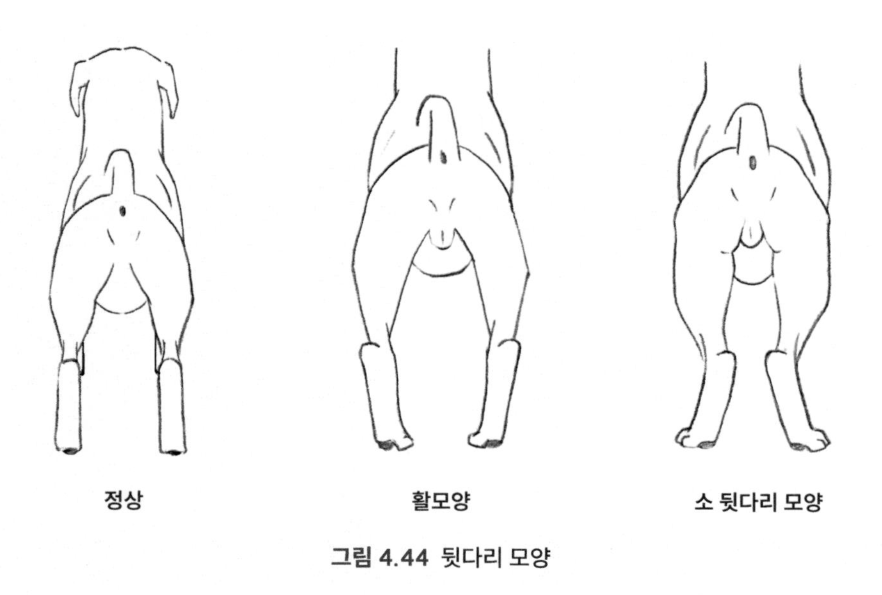

그림 4.44 뒷다리 모양

(2) 비절(Hocks)

▶ 원문

㉜ 잘 뉘어 있고, ㉝ 지면과 직각이다.

Well let down, perpendicular.

▶ 해설

㉜ 비절의 이상적인 각도는 90°이다. 이는 다리가 직각으로 교차하는 형태로, 안정적이고 균형 잡힌 보행을 위한 이상적인 구조를 나타낸다. 90° 각도를 유지하면 다리의 움직임이 효율적이고 자연스러워지며, 개의 체중을 고르게 분배할 수 있다.

㉝ 특수한 견종(알래스칸 말라뮤트 등)을 제외하면 대부분의 개에서 비절은 직각으로 형성된다. 중족골의 길이는 개의 용도에 따라 달라질 수 있다. 속도가 중요한 시각 하운드(예: 그레이하운드)에서는 중족골이 길어야 하며, 지구력이 요구되는 견종(예: 시베리안 허스키)에서는 중족골이 짧은 것이 적합하다.

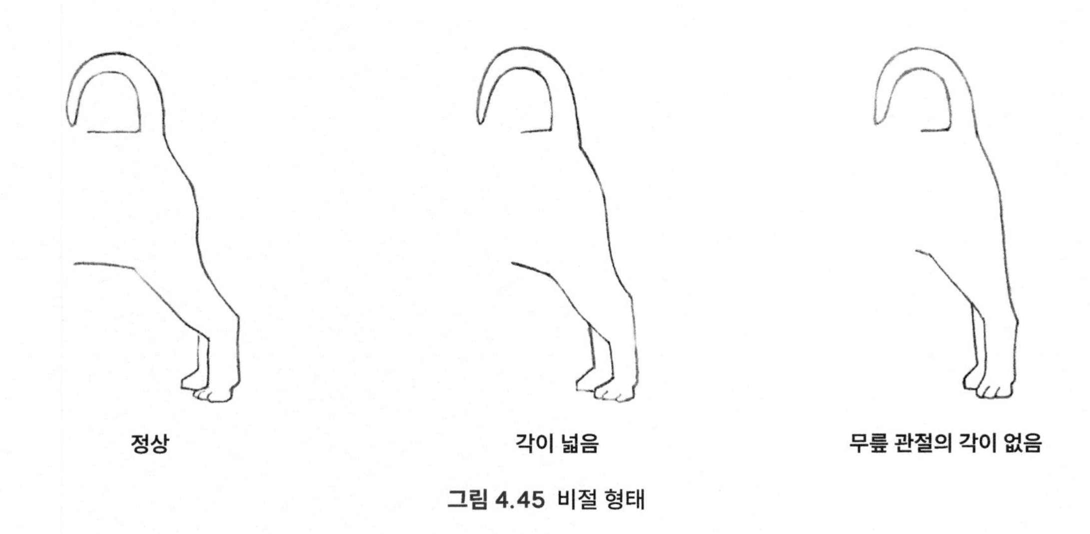

그림 4.45 비절 형태

(3) 결점(Fault)

▶ 원문

과도한 비절.

Hyperextension of hocks.

▶ 해설

a. 낫 모양 비절Sickle Hock은 비절의 전위각이 130° 이하로 작아질 때 발생하며, 이로 인해 정상적인 에너지와 힘의 전달이 저하될 수 있다.

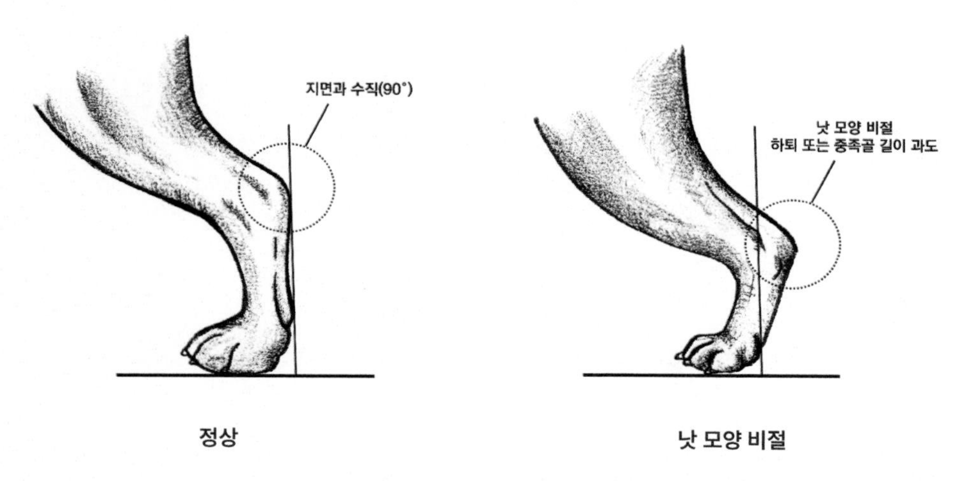

그림 4.46 비절(정상, 결점)

(4) 며느리발톱(Dewclaws)

▶ 원문

며느리발톱 – 제거해도 된다.

May be removed.

▶ 해설

a. 견종 표준에서 제거해도 된다는 것은 실제로 제거해도 무방하다는 의미이다. 하지만 견종 표준에서 제거하면 안 된다고 명시된 경우(예: 그레이트 피레니즈 등)에는 절대로 제거해서는 안 된다.

(5) 발(Feet)

▶ 원문

㉞ 견고하며, ㉟ 좋은 패드가 있고, ㊱ 전방을 향한다.

Firm, well-padded, point straight ahead.

▶ 해설

㉞ 발가락 사이가 벌어지지 않고 전체적으로 **아치형**을 이루는 것이 이상적이며, 발이 벌어진 형태는 바람직하지 않다.

㉟ 패드가 잘 발달되었다는 것은 **거칠고 두툼한 상태**를 의미하며, 얇은 발은 바람직하지 않다.

㊱ 발은 내전되거나 외전되는 형태를 가져서는 안 된다. 이는 발이 몸의 중심선에 맞춰 자연스럽게 수평을 이루어야 한다는 의미이다. 발이 내전(몸쪽으로 향함)되거나 외전(밖으로 향함)되면, 개의 보행에 불균형을 초래하고, 장기적으로 관절에 부담을 줄 수 있다. 따라서 발은 자연스러운 방향으로 정렬되어야 한다.

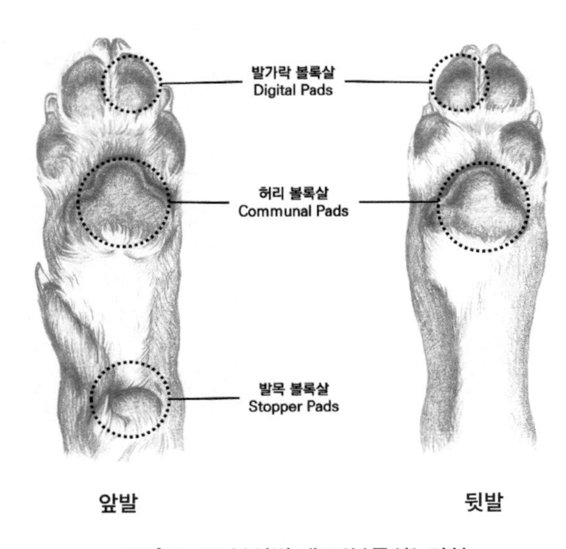

그림 4.47 부위별 패드(볼록살) 명칭

7) 피모(Coat)

▶ 원문

피모 – 화려하고, 이중모이고, ㊲ 조밀하며, ㊳ 길고, 유연하다. ㊴ 약간 곱슬거림은 허용된다. ㊵ 두정부의 털은 묶어 올린다. 결함 : 성긴 털, 단일모, 곱슬한 피모.

손질 – 발, 피모 끝부분 및 항문은 움직임이 용이하도록 깔끔하게 손질해도 된다. 결함 – ㊶ 과도한 손질. ㊷ 모색과 반점: 모든 색이 허용되며 동일하게 고려된다.

Coat - Luxurious, double-coated, dense, long, and flowing. Slight wave permissible. Hair on top of head is tied up. Fault: Sparse coat, single coat, curly coat. Trimming - Feet, bottom of coat, and anus may be done for neatness and to facilitate movement. Fault - Excessive trimming. Color and Markings: All are permissible and to be considered equally.

▶ **해설**

㊲ 모량은 풍부해야 하며, 털을 완전히 눕혀야만 피부가 드러날 정도여야 한다. 즉, 육안으로 피부가 전혀 보이지 않는 상태가 이상적이다.

㊳ 모질이 좋지 않으면 털이 끊어지거나 짧아질 수 있다. 반면, 모량과 모질이 우수하면 털이 지면까지 닿을 정도로 길게 자란다. 이러한 경우 보행을 원활하게 하기 위해 적절히 다듬어주는 것이 필요하다. 이 견종은 추운 지방에서 생활하던 개로, 풍성한 털을 갖추는 것이 중요한 특징이다.

㊴ 곱슬거리는 털이 없는 것이 바람직하다. 이는 털이 자연스럽게 부드럽고 깔끔하게 자라는 것이 이상적이라는 뜻이다. 곱슬거리는 털은 관리가 어려울 수 있고, 개의 외모나 털의 질감을 평가할 때 불리하게 작용할 수 있다. 따라서 털이 곱슬거리지 않고 일정하게 자라는 것이 바람직하다.

㊵ 털을 지나치게 깎지 말고, 시야를 확보할 수 있도록 묶어주는 것이 바람직하다.

㊶ 곱슬거리는 털을 인위적으로 반듯하게 만들기 위해 약품이나 미용 도구를 사용하는 것은 바람직하지 않다. 자연스러운 상태를 유지하는 것이 이상적이다.

㊷ 시츄에서는 모든 색상을 차별 없이 인정해야 한다. 다만, **귀에 검은색 반점**Black Point**은 필수적인 요소**로, 이를 직관적으로 검은색 반점으로 인식할 수 있어야 한다. 모든 색상이 허용되지만, 여러 색상을 가진 경우에는 색상의 배합이 조화로운 것이 바람직하다.

앞모습 옆모습 뒷모습

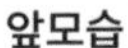
앞모습

옆모습

그림 4.48 털

8) 보행(Gait)

▶ 원문

시츄는 ㊸ 똑바로 걸어야 하며, 좋은 전구의 뻗음과 동일한 강한 후구의 추동, 수평의 등선과 자연스럽게 높게 유지되는 머리, 등 위로 부드러운 곡선을 그리고 있는 꼬리를 가지고 부드럽고 유연하며 힘들이지 않는 움직임을 평가하기 위해서 경주하거나 긴장하지 않는 ㊹ 자신만의 자연스러운 속도를 보여야 한다.

The Shih Tzu moves straight and must be shown at its own natural speed, neither raced nor strung-up, to evaluate its smooth, flowing, effortless movement with good front reach and equally strong rear drive, level topline, naturally high head carriage, and tail carried in gentle curve over back.

▶ 해설

㊸ 몸통이 잘 발달된 견종(시츄, 페키니즈, 프렌치 불독 등)은 보행이 정상적이지 않은 경우가 많으므로, 이를 주의 깊게 관찰하는 것이 중요하다.

㊹ 보행은 부드럽고 거침이 없어야 하며, 발바닥이 보일 정도로 힘차고 자연스럽게 이루어져야 한다. 이는 후구의 추동력이 강하다는 것을 나타낸다. 개가 걷거나 뛸 때는 네 발 이외의 움직임이 없어야 하며, 페키니즈나 불독은 약간의 좌우 움직임이 허용될 수 있지만, 시츄는 그러한 부가적인 움직임이 전혀 없어야 한다.

그림 4.49 보행

9) 기질(Temperament)

▶ 원문

시츄의 유일한 목적이 반려동물이며 애완동물이므로 모두에게 사교적이고, 행복하고, 다정하고, 친근하고, 신뢰감을 줄 수 있는 것이 필수적인 기질이다.

As the sole purpose of the Shih Tzu is that of a companion and house pet, it is essential that its temperament be outgoing, happy, affectionate, friendly and trusting towards all.

▶ 해설

a. 기질은 개가 타고난 고유의 성품으로, 각 개는 자신만의 독특한 성품을 지녀야 한다. 특히, 사람이나 다른 동물에게 배타적이지 않고 친화적인 태도를 갖추는 것이 중요하다.

b. 개를 선택할 때는 명확한 목적을 가지고 결정해야 한다. 시츄는 주로 반려동물로서 적합한 견종이다.

c. 시츄는 대부분 선천적으로 유순한 성격을 가지고 있다. 따라서 불필요한 행동을 방지하기 위해 최소한의 노력만으로도 충분하다.

5

요크셔테리어
Yorkshire Terrier

5장 요크셔테리어 Yorkshire Terrier

품종	요크셔테리어(Yorkshire Terrier)
원산지	영국
❶ 기후	해양성 기후
용도	반려견
공인연도	1885(AKC)
❷ 체고	7~8인치(18~20cm)
❸ 체중	3~7파운드(1.4~3.2kg)의 평균치
❹ 그룹	토이(AKC)
승인	2007

❶ 연교차보다 일교차가 심하고, 강수량이 많으며, 바람이 많다. 이러한 해양성 기후를 가진 지역은 매우 척박하여 일반적으로 이러한 환경을 원산지로 하는 개들은 성격이 강하고 기후와 풍토에 쉽게 적응한다.

❷ 체고는 AKC 홈페이지에 7~8인치(18~20cm)라고 표기하고 있다. 또한 FCI 견종 표준에는 체고가 정의되어 있지 않지만 체중이 7파운드 이하로 정의하고 있어서 이는 AKC와 동일한 체중을 표현한 것으로 체고도 유사할 것으로 판단된다.

❸ 체중은 3~7파운드(1.4~3.2kg)의 평균치이며, 2.5~3kg이 선호된다. 이 체중 대에서 가장 균형 잡힌 아름다운 체형을 가지며, 번식에도 적합하기 때문이다.

❹ 테리어지만, 기능이 점차 퇴화하면서 성격이 온순해지고 크기가 작아져 토이 그룹에 포함되었다. 그러나 FCI 분류에서는 여전히 테리어 그룹에 속한다.

성견

강아지

출처: 브리더 - 한지윤, 견사호 - Steelblue Yorkie

그림 5.1 요크셔테리어

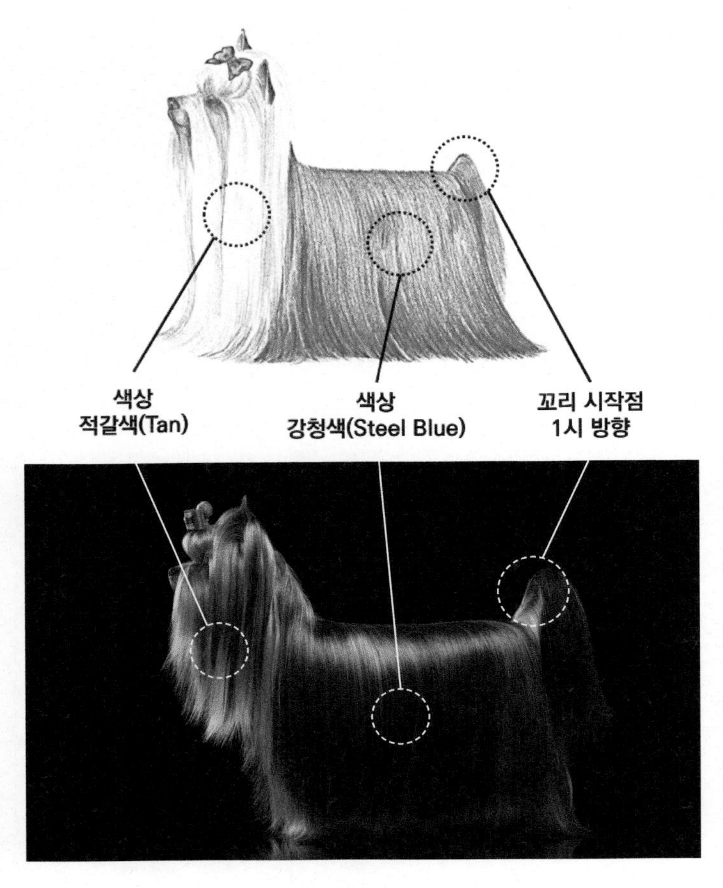

외형

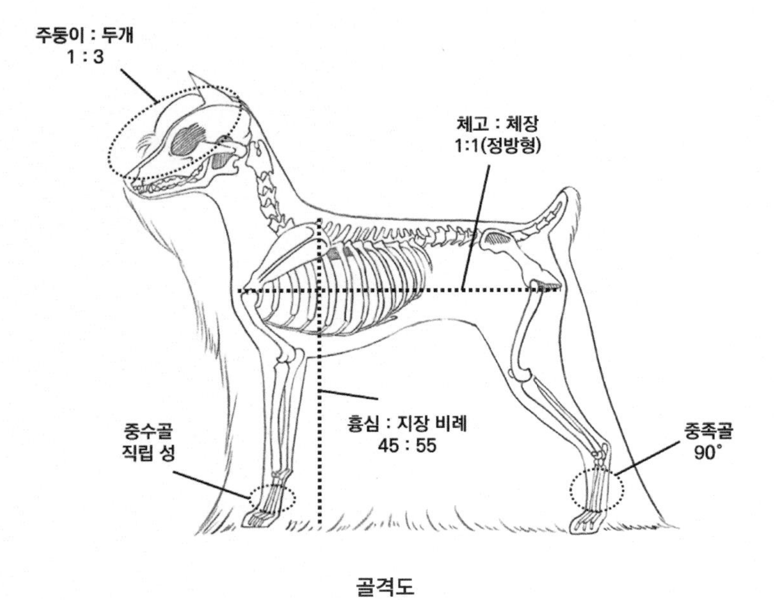

골격도

그림 5.2 요크셔테리어의 주요 평가 기준

1. 핵심 주요사항

1) 체고(견갑-패드)와 체장(견갑-셋온)의 비례 - 10:10 조화롭고 단단한 체형(Cobby Type)

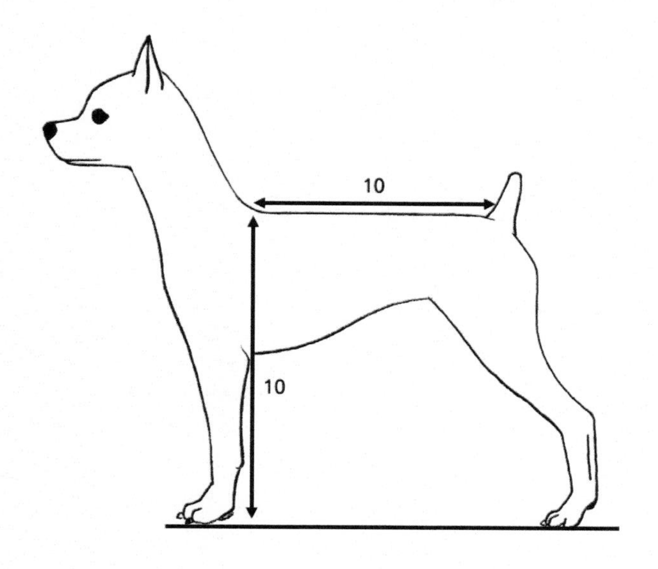

그림 5.3 체고 및 체장

2) 주둥이 길이와 두개 길이의 비율 - 단두형 1:3

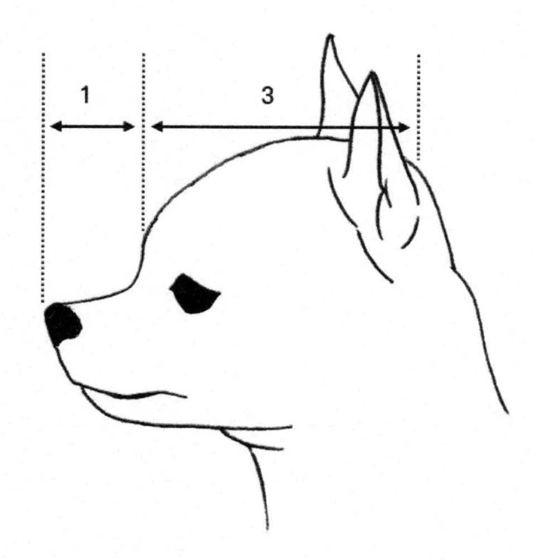

그림 5.4 주둥이와 두개 비율

3) 크기 - 7~8인치(18~20cm)

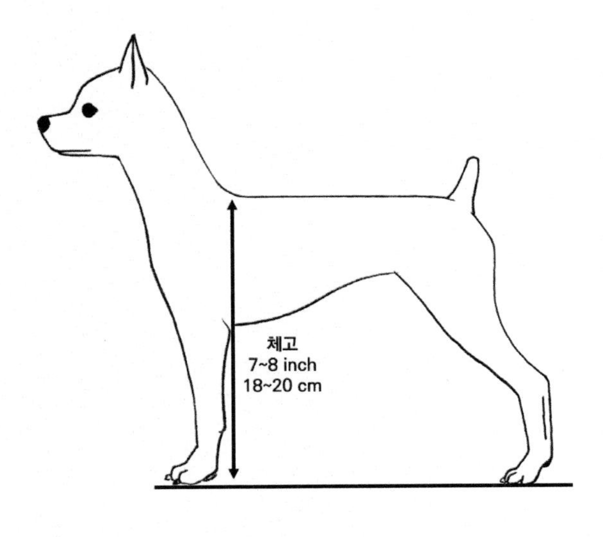

그림 5.5 크기

4) 기질 - 친화력, 사교성, 명랑 및 쾌활, 활기참

5) 교합 - 가위교합

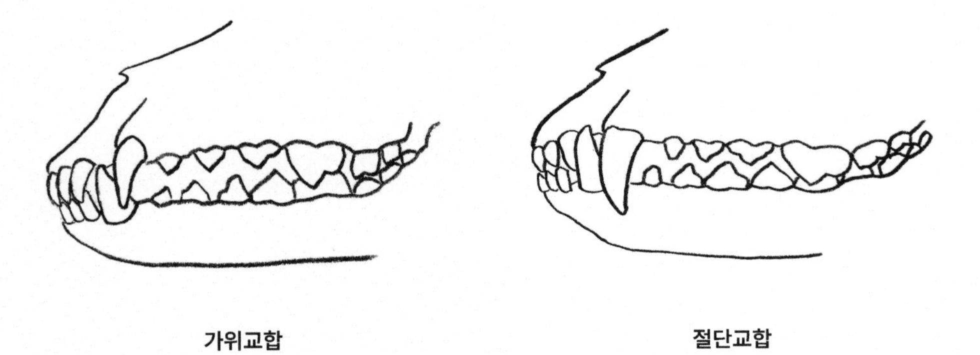

그림 5.6 교합

6) 피모 및 모질

- 피모: 곱슬거림이 없고, 직모로 단정
- 모질: 비단결처럼 부드럽고 좋은 질감을 가져서 패드까지 가지런히 내려가 있다. 토이 그룹에 속해 있는 견종 중에서 가장 부드럽고 아름다운 모질을 가지고 있다.

정상

잘못된 피모와 모질

잘못된 피모와 모질

잘못된 피모와 모질

그림 5.7 피모와 모질

7) 색상

짙은 탄(적갈색)을 가지고 있으며, 강청색Steel Blue의 털이 몸통을 덮고 있다. 단 꼬리 쪽은 좀 더 진하다.

8) 보행

테리어 종의 복선 보행Double Track을 한다.

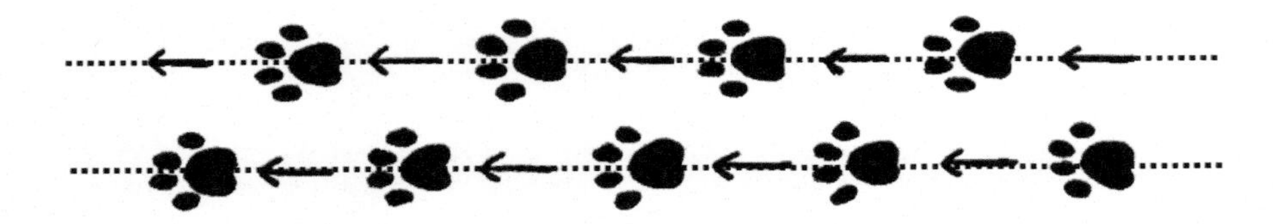

그림 5.8 복선 보행

그림 5.9 보행

참고

1. 반려견 중 가장 아름답고, 정확한 모색과 모질을 가지고 있어야 한다.
2. 강청색Steelblue과 탄Tan(적갈색)과의 배합이 정확해야 한다.
3. 약 12개월이 되면 검은색이 강청색으로 바뀌게 된다.

주의 사항

✓ **부위별 판단 비중**

1. 머리 15점
2. 특성과 특징 15점
3. 목, 몸통, 꼬리 15점
4. 전구와 후구 10점
5. 모질, 모색, 모량 20점
6. 보행 15점

총 점수는 100점 만점에 80점이며 평가자에 따라 조금씩 다를 수 있다. 다만 20점은 평가자 재량 점수로 가점할 수 있다.

※ 체고와 체장의 비례, 주둥이 길이와 두개 길이의 비율, 흉심과 다리 길이의 비례, 골격의 각도, 모질·모색·모량을 주의 깊게 살펴보아야 한다.

2. 역사

요크셔테리어는 몸무게가 6~20파운드(2.7~9.1kg)(가장 일반적으로 10파운드-4.5kg)인 강청색의 작고 긴 털을 가지고 있는 워터사이드 테리어에서 흔적을 찾을 수 있다. 워터사이드 테리어는 오래된 강모종 러프 코트 검정바탕에 갈색반점이 있는 잉글리쉬 테리어(맨체스터 지역에 일반적인 견종)와 페이즐리와 클라이데스데일 테리어 교차번식에 의해서 형성된 견종이다. 이 견종은 스코틀랜드에서 19세기 중반 영국으로 이주한 직공에 의해 요크셔로 가져왔었다. 요크셔테리어는 "브로큰 헤어드 스카치 테리어"로 1861년 영국의 애견전람회에서 처음 모습을 드러냈다. 1870년 웨스트모얼랜드 전람회 이후 요크셔테리어로 알려졌다. 앵거스 서더랜드는 더 필드 잡지에서 이 견종을 더욱 발전시키기 위해서는 스카치 테리어보다는 요크셔테리어라고 불러야 한다고 하였다. 미국에서 태어난 요크셔테리어는 1872년이 가장 오래된 기록이다. 견종에 대한 그룹(분류)들은 1878부터 모든 전람회에서 실행되었다. 초기 전람회에서는 5파운드(2.3kg) 이하와 이상으로 체중에 의해서 그룹을 나누었다. 그러나 크기는 곧 3~7파운드(1.4~3.2kg)의 평균치로 정해졌으며, 그 결과 이후 전람회에서 단 한 가지 그룹으로만 실행되었다. 애완견으로 여러 시대에 걸쳐 대단히 소중한 존재로 있으면서 요크셔는 테리어 계통을 분명하게 보여준 활발한 개다. 애견 전람회에서 피모의 길이는 손상으로부터 털을 보호하기 위해 지속적으로 관리를 필요로 한다. 그렇지만 ❺ 이 견종은 더 큰 테리어 견종의 모든 명랑한 활동에 동참하는 것을 좋아한다.

❺ 크기는 작지만 본질적으로 강인한 성격을 지니고 있다. 다른 토이 그룹의 개들에 비해 성격이 강하다.

3. 세부 특징

1) 일반적 외형(General Appearance)

▶ **원문**

요크셔테리어는 긴 털의 토이 테리어로 ❻ 강청색 바탕에 짙은 갈색 피모가 얼굴에 부분적으로 있고 두개골의 시작점에서부터 꼬리의 끝까지 고르게 분포되어 있으며, 몸체의 양옆으로 아주 똑바로 아래쪽으로 분포되어 있다. ❼ 몸은 깔끔하고, 옹골지며, 좋은 비율로 이루어져 있다. 이 개의 ❽ 높이 쳐든 머리와 자신감 있는 태도는 활기와 자긍심을 보여주어야 한다.

That of a long-haired toy terrier whose blue and tan coat is parted on the face and from the base of the skull to the end of the tail and hangs evenly and quite straight down each side of body. The body is neat, compact and well proportioned. The dog's high head carriage and confident manner should give the appearance of vigor and self-importance.

▶ **해설**

❻ 요크셔테리어의 털색에서 밝은 갈색은 바람직하지 않다. 강청색은 마치 공장에서 막 출하한 초벌 가마솥의 색처럼 청색에 철의 색이 섞인 깊고 진한 색상이 이상적이다. 강청색이 지나치게 밝아지거나 옅어져 은색(실버)으로 변하거나, 반대로 짙어져 검은색(블랙)에 가까워지는 것도 바람직하지 않다.

탄Tan(적갈색)의 분포는 다음과 같은 기준을 따르는 것이 바람직하다:

- 탄이 후두부까지 넘어가는 것은 바람직하지 않다.
- 앞발은 팔꿈치 위로 탄이 올라가지 않아야 한다.
- 뒷발은 뒤에서 보았을 때 꼬리 아랫면에만 탄이 있어야 하며, 윗부분에는 탄이 없어야 한다.
- 하퇴부를 넘지 않는 탄의 분포가 이상적이다.
- 얼굴, 뺨, 앞가슴에는 탄이 고르게 나타나야 한다.

몸통의 털은 음영이 적을수록 좋으며, 음영 없이 강청색이 균일하게 분포된 상태가 가장 바람직하다.

그림 5.10 색상

❼ 옹골지다Compact는 작고 단단하며, 다부진 체형으로 정방형에 가까운 것을 의미한다. 깔끔하다는 군더더기 없이 단정하고 정돈된 모습을 뜻한다. 이상적인 비율은 **체고와 체장의 비율이 약 10:10**으로, 시각적으로 정방형에 가까운 형태가 바람직하다.

❽ 모든 개는 활기차고 당당한 모습을 보여야 한다. 특히 이름에 "테리어"가 포함된 견종은 사냥 기질을 가지고 있어, 같은 토이 그룹의 개들보다 더 강하고 배타적인 성향을 타고난 경우가 많다.

a. 요크셔테리어의 견종 표준에서는 체고와 체장에 대한 구체적인 기준이 언급되지 않고 체중만 정의되어 있다. 따라서 유사한 체중을 가진 견종을 참고하여 응용하거나 비교하여 서술하였다. 체고와 체장을 측정하는 두 가지 방법을 모두 기술하였으니 참고하시기 바란다.

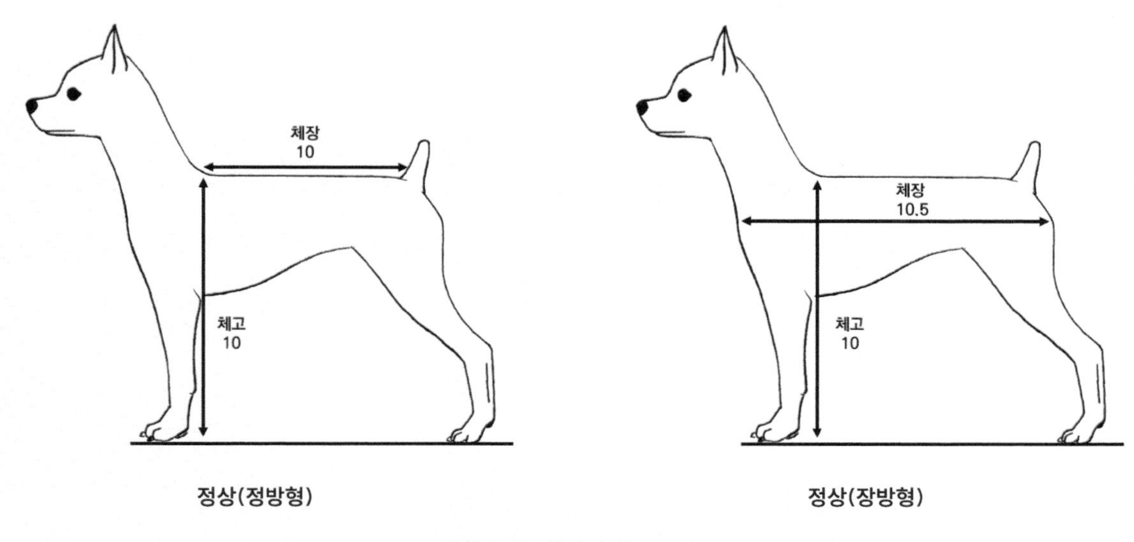

그림 5.11 체형 측정 방법

2) 머리(Head)

▶ **원문**

❾ 머리는 작고, 두정부는 약간 평평하다. 두개골은 너무 돌출되거나 둥글지 않다. ❿ 주둥이는 너무 길지 않다. ⓫ 교합은 하악전출교합이나 상악전출교합이 아니며 이빨은 견실하다. ⓬ 가위교합 혹은 절단교합은 허용된다.

Small and rather flat on top, the skull not too prominent or round, the muzzle not too long, with the bite neither undershot nor overshot and teeth sound. Either scissors bite or level bite is acceptable.

▶ **해설**

❾ 요크셔테리어의 두개골 형태는 말티즈와 비슷하다. 두 견종 모두 두개골이 평평하고 둥글며, 얼굴 부위가 상대적으로 짧고 좁은 형태를 가진다. 이러한 특징은 두 견종의 외모에서 공통적으로 나타나는 부분으로, 작은 얼굴과 귀여운 외모를 형성하는 데 중요한 역할을 한다.

❿ **두개와 주둥이의 비율은 약 1:3**으로, 주둥이가 잘 발달되어 있어야 한다. 주둥이 끝은 너무 뾰족하지 않으며, 끊어진 듯한 형태도 피해야 한다.

⓫ 가위교합이어야 한다는 것을 의미한다.

⓬ 가위교합이나 절단교합 모두 허용되지만, 모든 조건이 비슷하다면 **가위교합이 우선**시된다.

그림 5.12 머리 형태

그림 5.13 두정

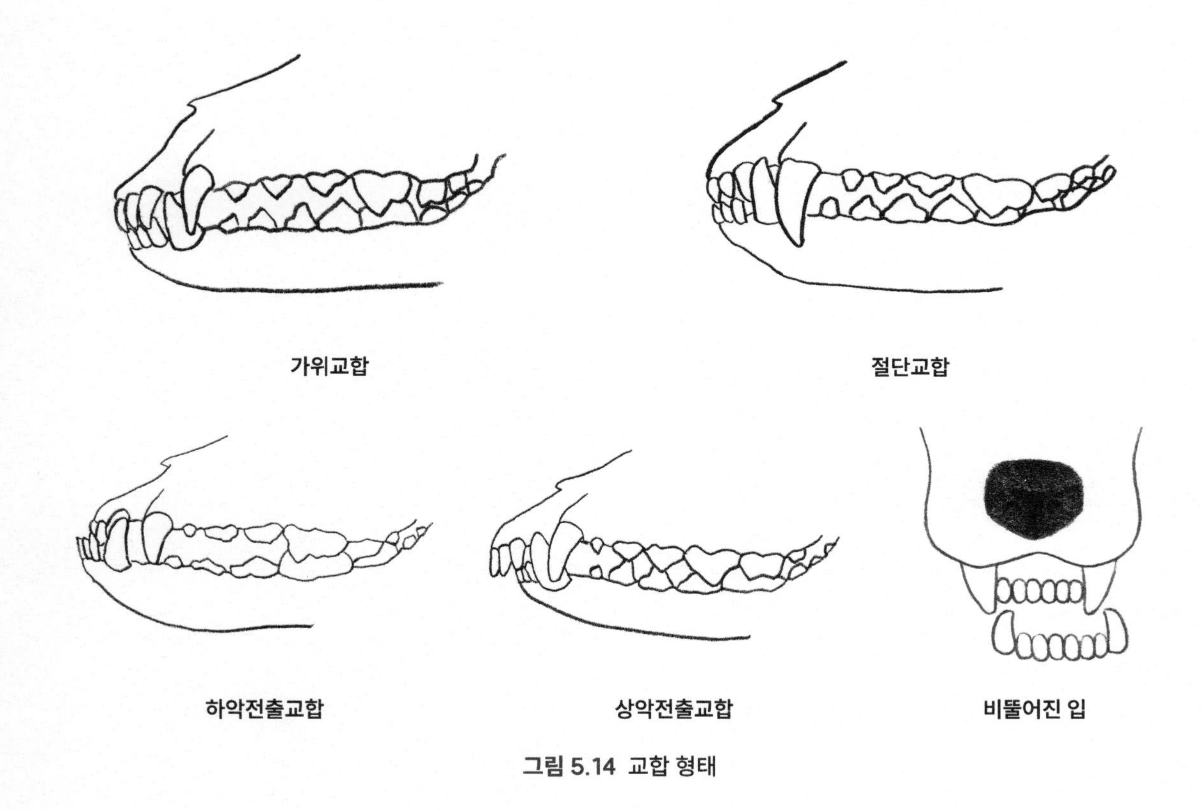

그림 5.14 교합 형태

(1) 코(Nose)

▶ 원문

⓭ 코는 검은색이다.

The nose is black.

그림 5.15 코

▶ **해설**

⓭ 코, 눈, 아이라인, 안색(눈의 색), 입술 등 털이 없는 부분은 기본적으로 검은색이 우선시된다. 다만, 견종에 따라 검은색이 아닌 경우도 허용되며(예: 푸들, 시베리안 허스키 등), 그럼에도 불구하고 검은색이 더 바람직하다. 코를 평가할 때는 색, 형태, 콧구멍 크기 순으로 살펴본다. 코의 형태는 견종에 따라 다를 수 있지만, 일반적으로 콧등선이 일직선으로 바르고 코의 끝은 일직선에 가깝게 되어야 한다. 코 끝은 미세하게 곡선을 가지며, 콧구멍은 크기가 큰 것이 바람직하다.

(2) 눈(Eyes)

▶ **원문**

⓮ 눈은 중간 크기이며 너무 돌출되지 않는다; 색상이 진하며 ⓯ 날카롭게 반짝이며, ⓰ 지적인 표정을 가진다. 눈 테두리는 진하다.

Eyes are medium in size and not too prominent; dark in color and sparkling with a sharp, intelligent expression. Eye rims are dark.

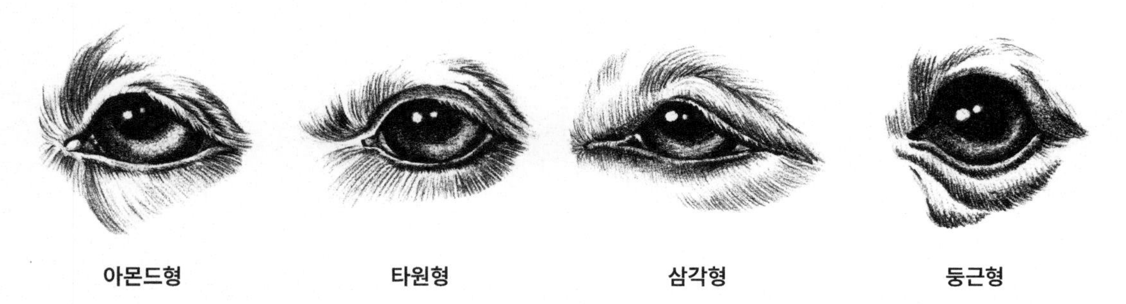

그림 5.16 눈 형태

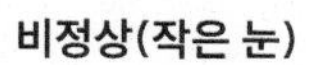
비정상(작은 눈)

비정상(밝은 눈)

정상

그림 5.17 눈 색상

▶ 해설

⓮ 눈은 둥근 형태가 아니며, **아몬드형이 바람직**하다. 타원형도 허용되지만, 아몬드형은 약간 날카로운 인상을 주고, 타원형은 부드러운 느낌을 준다. 중간 크기의 눈은 아몬드형 또는 타원형이 이상적이다. 둥근 형태는 눈이 돌출될 가능성을 높일 수 있다. 견종 표준에서는 지나치게 돌출된 눈을 피해야 한다고 명시되어 있으며, 돌출되지 않은 눈이 더 바람직하다.

⓯ 생기가 있고 흐리멍텅하지 않다는 것은 활기차고 건강한 상태를 의미한다. 개의 눈빛이나 외모에서 피로하거나 둔한 느낌이 아니라, 맑고 밝은 인상을 주어야 한다는 뜻이다.

⓰ 안정감 있고 품위 있는 모습으로, 산만하지 않은 태도를 보여야 한다. 개를 보았을 때 첫인상이 지적이고 세련된 느낌을 주어야 한다.

(3) 귀(Ears)

▶ 원문

귀는 ⓱ 작고, ⓲ V자 모양에 세워져 있고, ⓳ 서로 너무 멀지 않게 위치한다.

Ears are small, V-shaped, carried erect and set not too far apart.

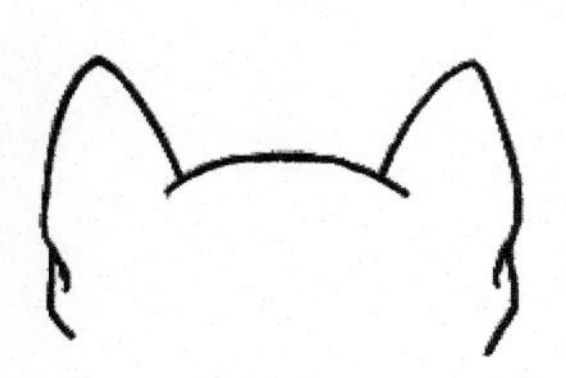
귀의 끝이 둥글함

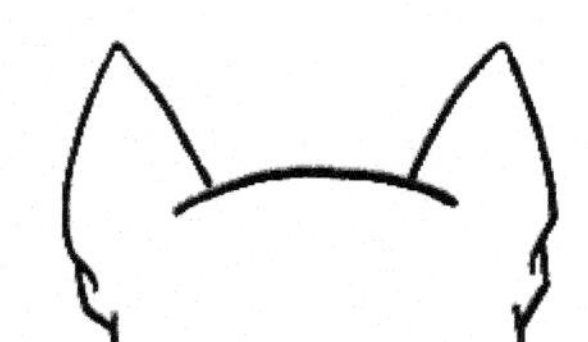
정상

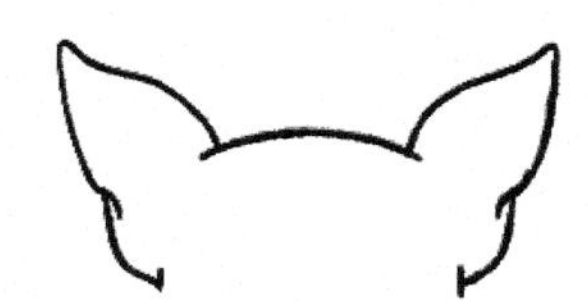
넓게 위치
형태가 바르지 않음

좁게 위치
길고 빈약

그림 5.18 귀 형태

▶ 해설

a. 귀는 **위치, 형태, 크기 순으로 평가**해야 하며, 이때 견종의 특징을 고려하는 것이 중요하다.

⑰ 귀는 머리와 조화를 이루어야 하며, 너무 크거나 작지 않아야 한다. 그림 5.18의 "정상" 참조

⑱ V자 모양이라는 것은 귀를 반대방향으로 보았을 때 귀 끝이 뾰족하게 보이고, 두 귀가 자연스럽게 V자 형태로 보이는 것을 의미한다. 즉, 귀의 모양이 아래에서 위로 갈수록 점점 좁아지며, 끝부분이 뾰족하게 올라가야 한다. 이런 형태는 개의 얼굴을 더 선명하고 균형 있게 보이게 해 주며, 귀의 위치와 모양이 외모에서 중요한 역할을 한다.

⑲ 귀의 간격은 두개골의 크기와 비례하여 살펴보아야 한다. 즉, 두개골이 크면 귀의 간격도 자연스럽게 넓어져야 하고, 두개골이 작으면 귀의 간격도 좁아져야 한다. 귀의 간격이 너무 넓거나 좁으면 얼굴의 균형이 깨질 수 있으므로, 두개골의 크기와 잘 맞는 간격을 유지하는 것이 중요하다.

3) 몸(Body)

▶ 원문

몸은 ⑳ 좋은 비율을 가지고 있고 ㉑ 매우 옹골지다. ㉒ 등은 다소 짧으며, ㉓ 등선은 수평으로 어깨의 높이와 엉덩이의 높이가 같다.

Well proportioned and very compact. The back is rather short, the backline level, with height at shoulder the same as at the rump.

▶ 해설

⑳ 견종 표준에서 요구하는 체고(견갑에서 지면까지)와 체장(견갑에서 꼬리 시작점까지)을 가질 때, 작고 다부진 형태에 가까워지며, **흉심과 지장의 비율이 45:55, 체고와 체장의 비율이** 10:10.5일 때 이상적인 비례라고 할 수 있다.

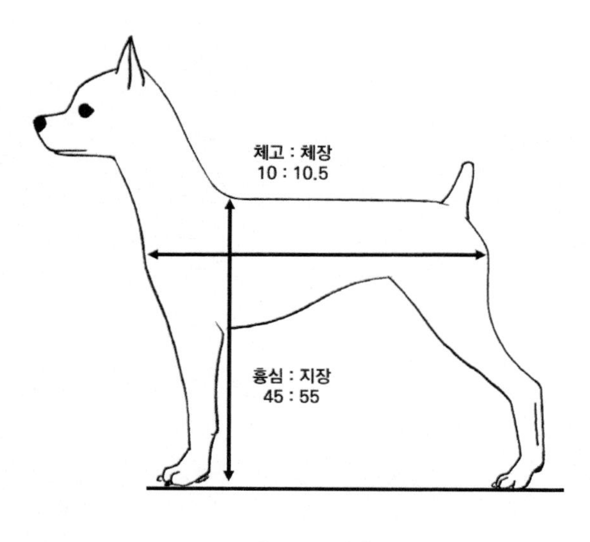

그림 5.19 비례

㉑ 개를 보았을 때 옹골지게 보인다는 것은 다부지고 탄탄해 보인다는 의미이며, 느슨한 부분이 없다는 것을 뜻한다.

㉒ 같은 성별과 나이일 경우, 허리 길이는 짧을수록 좋다. 좀 더 구체적으로 설명하면, 요추 1~7번까지를 허리라고 하는데, 이 부분이 길어지면, 후구의 추진력을 전구로 전달하는 데 문제가 생겨 힘찬 보행이 어려워진다. 또한, 근육 발달에도 지장이 생길 수 있다.

㉓ 수평 등Level Back은 견갑에서 꼬리 시작점까지 수평을 이루는 형태이다. 수평 등을 가진 개는 다른 등 형태를 가진 개보다 더 힘차게 전진할 수 있다. 이 개의 용도는 사냥개로서, 쫓아가는 힘뿐만 아니라 방향 전환 능력도 뛰어나야 한다. 수평 등을 가진 개는 순발력과 추진력이 강하게 발휘된다.

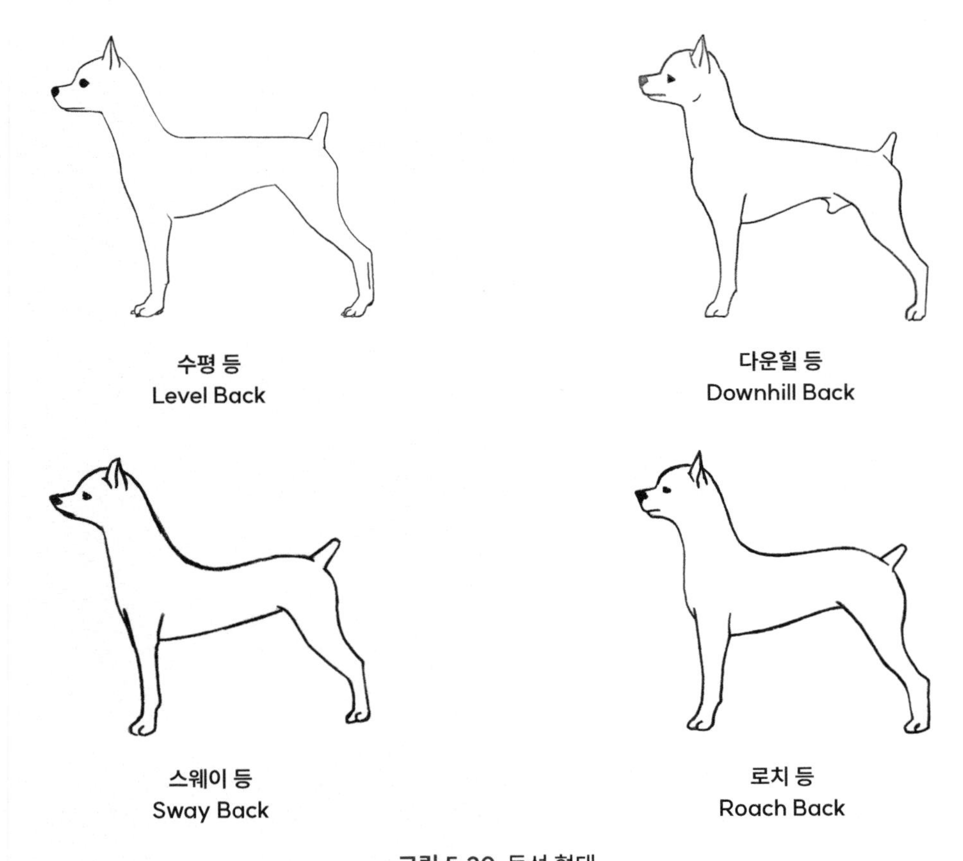

그림 5.20 등선 형태

4) 다리와 발(Legs and Feet)

▶ 원문

㉔ 앞다리는 반듯하고, 팔꿈치는 내향이거나 외향이 아니다. ㉕ 뒷다리는 뒤에서 보았을 때 반듯하다. 그러나 무릎 관절은 옆에서 보았을 때 적당하게 굽어있다. 발은 둥글고, 발톱은 검은색이다. ㉖ 만일 뒷다리에 며느리발톱이 있다면 일반적으로 제거한다. 앞다리의 며느리발톱은 제거할 수 있다.

Forelegs should be straight, elbows neither in nor out. Hind legs straight when viewed from behind, but stifles are moderately bent when viewed from the sides. Feet are round with black toenails. Dewclaws, if any, are generally removed from the hind legs. Dewclaws on the forelegs may be removed.

▶ **해설**

a. 다리가 가늘지 않고 탄탄하다. 이는 개의 다리가 강하고 튼튼하게 발달되어 있어야 한다는 뜻이다. 다리가 지나치게 가늘면 개의 체중을 지탱하는 데 어려움이 있을 수 있으므로, 적당히 강하고 균형 잡힌 다리가 바람직하다. 또한, 피부가 느슨하지 않아야 한다. 피부가 지나치게 늘어나거나 헐렁하지 않도록, 적당히 탄력 있고 피부에 여유가 있는 상태가 이상적이다.

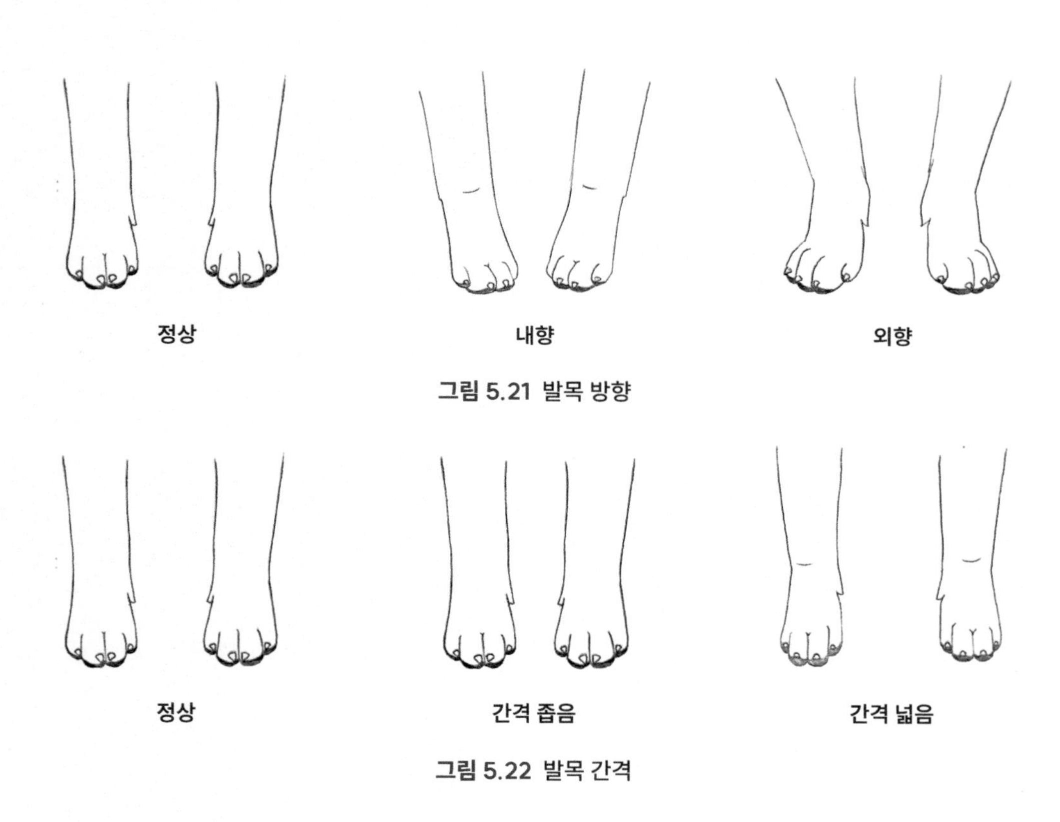

그림 5.21 발목 방향

그림 5.22 발목 간격

㉔ 앞다리

- 탄의 색깔은 특정 부위에만 있어야 하며, 팔꿈치 위로 올라가는 것은 바람직하지 않다. 탄색은 주로 개의 다리나 몸의 하단 부분에 나타나며, 팔꿈치 위로 올라가면 외모가 불균형해질 수 있다. 예를 들어, 다리나 몸통에 탄이 지나치게 올라가면 원래의 색상과 잘 맞지 않아 보일 수 있다. 또한, 탄이 있어야 할 자리에 다른 색이 들어가 있는 경우도 바람직하지 않다. 탄은 일반적으로 검정이나 갈색과 같은 주색과 명확히 구분되어야 하며, 탄이 다른 색으로 혼합되면 털의 색이 흐릿하거나 불규칙하게 보일 수 있다. 따라서, 탄과 주색 사이의 경계가 명확하게 구분되어야 한다. 탄은 특정 부분에만 정확하게 존재하고, 좌우 탄의 대칭이 맞고, 경계가 뚜렷해야 개의 외모가 더 깔끔하고 견종의 특성이 표현되어 조화롭게 보인다.

- 중수골은 **수직에 가깝지만, 완전히 수직은 아니다**. 이는 중수골이 다리의 정렬에서 중요한 역할을 하며, 이상적으로는 직선에 가까운 형태로 배열되어야 한다는 뜻이다. 하지만 완벽하게 수직이 아닌, 약간의 각도가 있을 수 있으며, 이 작은 각도는 개의 보행과 움직임에 자연스러운 유연성을 제공할 수 있다.
- 발의 형태는 **고양이 발**Cat Foot 모양으로 아치를 이룬다. 이는 발이 둥글고 단단하게 아치를 이루며, 발목이 잘 지지되는 형태를 의미한다. 고양이 발 모양은 개의 보행과 움직임에 유리하고, 안정적인 걸음을 제공한다. 또한, **패드 색은 검정이며, 패드가 두터울수록 더 좋다**. 두터운 패드는 발에 더 좋은 보호 기능을 제공하고, 다양한 환경에서 걷는 데 도움이 된다.
- 발가락은 벌어지면 안 된다. 이를 "Paper Foot"라 하며, 발가락이 벌어지지 않고 잘 모여 있어야 균형 잡힌 보행을 유지할 수 있다. 발가락이 벌어지면 개의 보행에 불편을 줄 수 있고, 다리와 발목에 무리를 줄 수 있다.

가슴의 너비는 24개월 기준으로 **손가락 약 4개가 통과**할 수 있으면 적당하다. 이는 가슴이 너무 좁거나 너무 넓지 않게, 적당한 너비를 유지해야 한다는 의미이다. 가슴의 너비가 적당하면 개의 호흡과 움직임에 유리하며, 건강한 체형을 유지하는 데 도움이 된다.

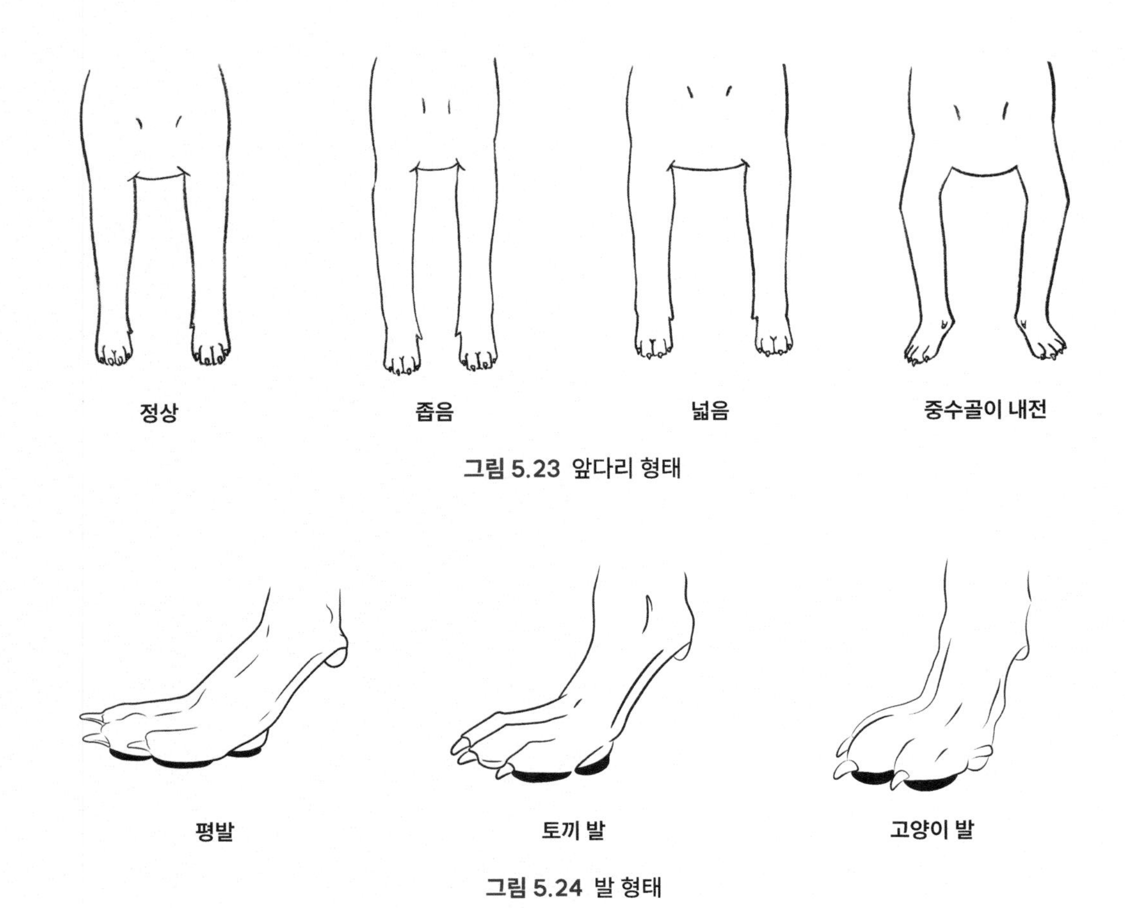

그림 5.23 앞다리 형태

그림 5.24 발 형태

㉕ 뒷다리

- 관절 위치는 매우 중요하다. 관골의 각도는 **25°**가 이상적이다. 25° 이상이 되면 무릎 관절의 각도가 너무 커지고, 25° 이하가 되면 무릎 관절의 각도가 지나치게 작아진다. 이런 경우, 전구와 후구의 균형이 깨지게 된다.

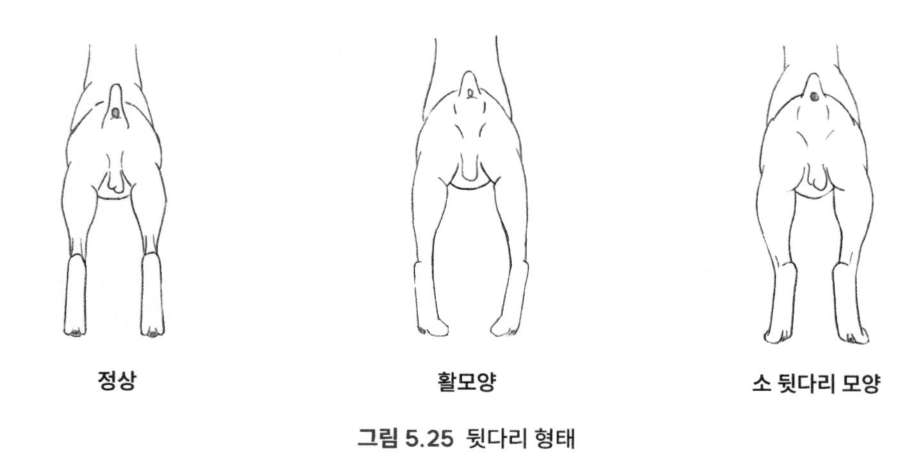

그림 5.25 뒷다리 형태

b. 뒷다리에 문제가 있으면, 뒷다리에서 전달된 추진력이 앞다리까지 효율적으로 전달되지 못한다. 정상적인 경우에는 뒷다리에서 100%의 추진력이 앞다리로 전달되어야 하지만, 만약 뒷다리에 문제가 있어 후구의 추진력이 70%만 전달된다면, 전구도 70%만 추진하게 되어 약 30%가 전달되지 않게 된다. 이로 인해 보행의 추진력이 부족해지고, 그 결과 앞다리의 움직임이 제한되어 보폭이 좁아지면, 걸음걸이가 자연스럽지 않고 균형이 맞지 않게 된다. 이렇게 되면 보행의 조화가 깨져 개가 부자연스러워 보일 수 있다.

c. 좌골은 튼튼하며 길고 잘 발달될수록 좋다. 이는 개의 엉덩이 부분을 구성하는 좌골이 강하고 길게 발달할수록 근육이 커지고 발달되어 개의 운동 능력과 균형에 긍정적인 영향을 미친다는 뜻이다. 잘 발달된 좌골은 개가 안정적으로 걷고 뛰는 데 도움을 주며, 뒷다리 근육을 효율적으로 사용할 수 있도록 지원한다.

d. 족근골의 마지막 뼈는 종골이며, 종골의 위쪽 끝을 비절이라고 한다.

e. **중족골은** 90°가 되는 것이 중요하다. 이는 다리의 안정성과 효율적인 보행을 위해 중족골이 직각으로 배열되어야 한다는 뜻이다. 중족골이 길면 살루키처럼 순발력이 뛰어나며, 빠르게 달릴 수 있다. 반면, 중족골이 짧으면 시베리안 허스키처럼 지구력이 뛰어나며, 긴 시간 동안 지속적으로 힘을 발휘할 수 있다. 따라서 중족골의 길이는 개의 운동 특성에 큰 영향을 미친다.

㉖ 며느리발톱은 미적인 문제이므로, 이를 관리하는 것은 개인의 선택에 달려 있다. 토이 그룹에서는 미적 감각을 중요시하지만, 야외 활동 시 부상 위험과 상처를 줄이기 위해 며느리발톱을 잘라주는 것도 괜찮다. 며느리발톱에 대해서는 어떠한 벌점도 부여되지 않는다.

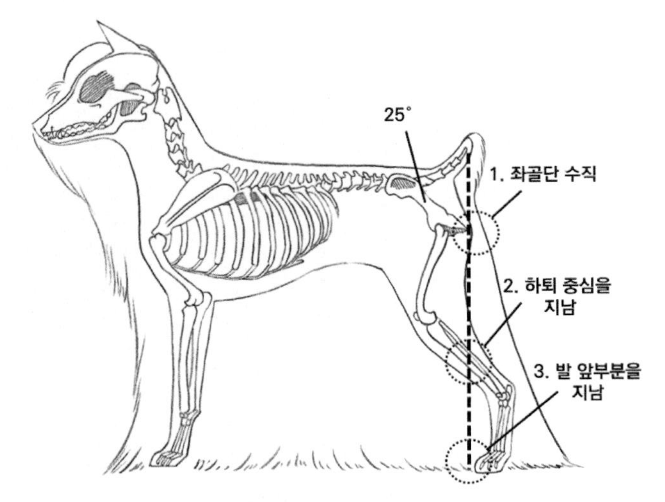

그림 5.26 후구 각도 및 위치

5) 꼬리(Tail)

▶ 원문

㉗ 중간 길이로 잘라주며, ㉘ 등선의 수평 위치보다 약간 더 높이 있다.

Docked to a medium length and carried slightly higher than the level of the back.

▶ 해설

㉗ 꼬리의 길이를 임의로 절단하게 되면, 그 크기의 다양성으로 인해 전체적인 형태와 조화에 불균형을 이루게 된다. 따라서 꼬리 길이를 균일하게 절단하도록 할 필요가 있다. 예를 들어, 요크셔테리어는 중간 길이로 절단하며, 중간 길이로 절단되었을 때 가장 아름다운 모습과 일관되게 보여주어 균일화를 통한 평가에 공정성을 기할 수 있다. 또한, 일반적으로 꼬리가 짧은 개는 추진력이 강하다. 예를 들어, 불독, 올드 잉글리시 쉽독, 펨블록 웰시코기와 같은 견종들은 짧은 꼬리를 가지고 있으며, 이는 그들의 운동 능력과 추진력에 영향을 미친다. 짧은 꼬리는 몸의 균형을 유지하고 빠른 속도로 움직이는 데 도움을 줄 수 있다. 이러한 특징은 각 견종의 특성에 맞는 효율적인 보행이나 활동을 가능하게 한다.

- 유럽 FCI(국제 애견연맹) 반려견 전람회에 참가하고자 한다면, 꼬리를 자르지 않도록 해야 한다. FCI에서는 일부 국가에서 꼬리 절단을 금지하고 있으며, 꼬리를 자른 개는 전람회에 참가할 수 없다. 꼬리를 자른

경우, 해당 개는 즉시 퇴장 처리되며, 이는 FCI의 규정을 준수하는 중요한 사항이다.

- 미국 AKC(미국 켄넬 클럽)가 주관하는 반려견 전람회에 참가하고자 한다면, 꼬리를 자르는 것에 대한 감점은 현재 없다. AKC에서는 꼬리 절단을 금지하지 않지만, 일부 견종에 대해서는 표준에 따라 꼬리를 자르는 것이 허용될 수 있다. 그러나 점차적으로 일부 국가나 지역에서는 꼬리 절단을 반대하는 움직임이 있으며, 이를 준수하는 것이 바람직하다.

㉘ 꼬리의 위치(시작점)는 십자부에 영향을 준다. 이는 꼬리가 시작되는 지점이 개의 전체적인 균형과 움직임에 중요한 역할을 한다는 뜻이다. 꼬리의 시작점이 너무 낮거나 높으면, 몸의 균형이 맞지 않게 되어 십자부(몸의 중심선)와 잘 맞지 않거나, 불균형을 초래할 수 있다. 따라서 꼬리의 위치는 개의 외모와 보행에 중요한 영향을 미치며, 적절한 위치에서 시작하는 것이 이상적이다.

- 꼬리를 자른 후, 꼬리의 시작 각도는 **약 1시 방향**을 가리키는 것이 바람직하다. 꼬리의 시작 방향에 따라 전체적인 방향이 결정된다.

a. 강청색은 꼬리 끝부분이 좀 더 어두운 색을 띤다. 관골의 각도가 25° 이하이고 발달이 부족하면 엉덩이가 좁아지며, 이로 인해 근육 발달, 꼬리 위치, 대퇴의 발달에 영향을 미칠 수 있다.

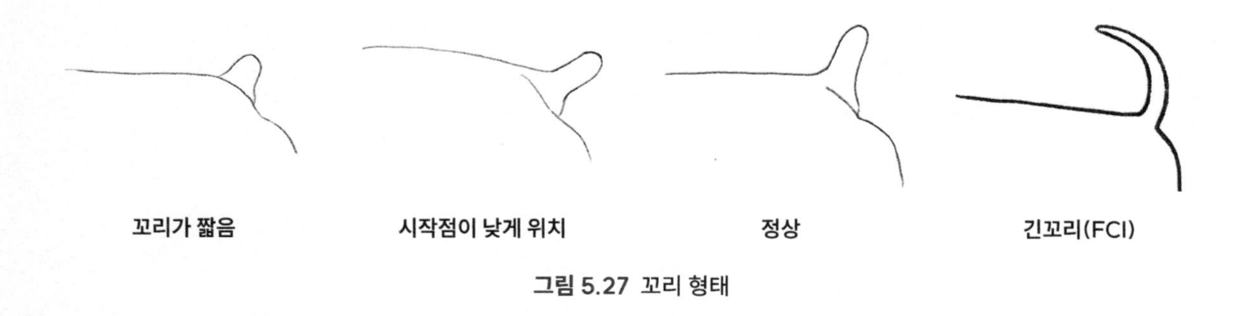

그림 5.27 꼬리 형태

6) 보행(Gait)

▶ 원문

자신있게 움직인다. 수평 등선을 유지하면서 앞뒤로 일직선으로 움직인다.

▶ 해설

a. AKC 견종 표준에는 보행에 대한 구체적인 설명은 없지만, 저자의 경험에 따르면, 주저함이 없고 몸통의 어느 부분도 흔들림 없이 정확한 보폭으로 힘차게 보행하는 것이 이상적이다.

b. 일반적으로 테리어는 **복선 보행**Double Track을 하기 때문에, 요크셔테리어도 복선 보행에 가까운 보행을 해야 한다. 복선 보행은 앞다리와 뒷다리가 한쪽으로 나란히 움직이는 방식으로, 균형 잡힌 보행을 위해 필수적인 특성이다. 일반적으로 단선 보행보다 복선 보행을 하는 개가 추진력이 더 강하다. 요크셔테리어는 빠르고 효율적인 보행을 위해 이와 같은 복선 보행을 해야 하며, 이를 통해 더 자연스럽고 안정적인 움직임을 유지할 수 있다.

그림 5.28 보행

7) 피모(Coat)

▶ **원문**

피모의 품질(색상), 모질, 모량은 가장 중요하다. 털은 윤기가 나고, 고우며, 질감이 비단결같이 부드럽다. 몸의 피모는 적당히 길고, 완전히 직모다(곱슬거리지 않음). 움직임을 용이하게 하고 좀 더 단정한 외모를 바란다면 긴 털은 다듬어 줄 수 있다. 머리의 늘어진 털은 길며, 머리 가운데에서 한 번 묶어주거나 아니면 가운데에서 둘로 나누어 묶어준다. 주둥이 털은 매우 길다. 귀 끝의 털은 짧게 다듬어 주어야 한다. 발의 털은 깔끔하게 보이도록 다듬어 줄 수 있다.

Quality, texture and quantity of coat are of prime importance. Hair is glossy, fine and silky in texture. Coat on the body is moderately long and perfectly straight (not wavy). It may be trimmed to floor length to give ease of movement and a neater appearance, if desired. The fall on the head is long, tied with one bow in center of head or parted in the middle and tied with two bows. Hair on muzzle is very long. Hair should be trimmed short on tips of ears and may be trimmed on feet to give them a neat appearance.

▶ **해설**

a. 모량이 많아야 한다. 요크셔테리어는 단일모이기 때문에 모량이 적으면 형태를 잡아주기가 어렵고, 피부와 관절 보호가 제한되며, 전람회 출진을 위해 형태를 만들려고 해도 품질이 떨어질 수 있다. **충분한 모량**이 있어야 털이 풍성하고 고르게 자라며, 개의 외모와 품질을 유지하는 데 중요한 역할을 한다. 모량이 풍부하면 털의 질감과 형태를 잘 유지할 수 있어, 더욱 아름다운 외모를 만들 수 있다.

b. 좋은 피모는 털을 한 가닥 뽑았을 때, 피모의 시작 부분과 끝부분이 강청색Steel Blue으로 유사할수록 바람직하다. 이는 피모가 건강하고 고른 색상으로 자라야 한다는 뜻이다. 강청색은 요크셔테리어의 이상적인 털 색상으로, 시작 부분과 끝부분이 일관되게 강청색을 띠면 피모가 고급스럽고 품질이 좋은 것으로 평가받는다.

c. 보행에 어려움이 없도록 털은 잘라주어야 한다. 이는 개가 자유롭게 움직일 수 있도록 긴 털이나 엉킨 털을 정리해야 한다는 의미이다. 길거나 무겁게 자란 털이 걸리적거려 보행에 방해가 될 수 있기 때문에, 건강하고 원활한 움직임을 위해 적당한 길이로 털을 잘라주는 것이 중요하다. 털의 길이는 너무 짧지도, 너무 길지도 않게 땅에 살짝 닿을 정도가 가장 적절하다. 이렇게 하면 털이 자연스럽고 우아하게 보이면서도 움직임에 방해가 되지 않는다.

d. 귀는 털을 짧게 깎고 삼각형 모양으로 잘라주어야 한다. 이는 귀가 깔끔하고 균형 잡힌 외모를 유지하도록 돕는다. 삼각형 모양은 귀가 자연스럽게 뾰족하고 선명하게 보이도록 하며, 털이 너무 길거나 흐트러지지 않도록 정리해야 한다. 이렇게 깔끔하게 다듬어진 귀는 개의 외모를 더욱 돋보이게 만든다.

e. 패드 주변의 털도 정리해 주어야 한다. 단, 생활하는 공간이 실외인지 실내인지에 따라 패드 주변의 털 길이가 달라야 한다. 실외에서 생활하는 개는 실내에서 생활하는 개보다는 패드 주변의 털을 조금 더 길게 자르는 것이 바람직하다. 그 이유는 실외에서 생활하는 개의 경우 발가락 사이에 털이 있으면, 흙이나 이물질이 끼는 것을 예방할 수 있기 때문이다. 반면, 실내에서 생활하는 개는 이물질에 노출될 기회가 적기 때문에, 지나치게 길지 않도록 다듬어주는 것이 좋다.

f. 곱슬머리를 인위적으로 직모로 만든 것인지를 주의 깊게 살펴보아야 한다. 인위적으로 직모를 만드는 경우, 요크셔테리어 고유의 아름답고 부드러운 질감이 떨어지게 된다. 요크셔테리어의 털은 자연스럽고 부드러운 직모가 이상적이며, 인위적인 처리로 직모를 만들면 털의 질감이 손상될 수 있다. 또한, 곱슬한 털은 평가에서 감점의 대상이 되므로, 건강하고 자연스러운 털 상태를 유지하는 것이 중요하다.

그림 5.29 피모

8) 색상(Colors)

▶ 원문

강아지들은 검정 바탕에 반점을 가지고 태어나며, 보통 몸의 색상이 더 진하고, 성견이 될때까지는 반점에 검은색 털이 섞여있다. 몸의 털 색상과 머리와 다리의 풍부한 반점은 다음의 색상 요건을 적용하기 위하여 성견에게 매우 중요하다: 청색 – 은청색이 아니며, 황갈색, 청동색 또는 검은색 털이 섞여있지 않은 진한 강청색이다. 반점 – 모든 반점의 털은 중간보다 뿌리가 더 진하고, 끝은 더 연한 색조이다. 반점의 어디에도 거무스름하거나 검은색 털이 섞여있지 않아야 한다.

Puppies are born black and tan and are normally darker in body color, showing an intermingling of black hair in the tan until they are matured. Color of hair on body and richness of tan on head and legs are of prime importance in adult dogs, to which the following color requirements apply: Blue - Is a dark steel-blue, not a silver-blue and not mingled with fawn, bronzy or black hairs. Tan - All tan hair is darker at the roots than in the middle, shading to still lighter tan at the tips. There should be no sooty or black hair intermingled with any of the tan.

▶ 해설

a. 요크셔테리어의 색상은 모든 개들 중에서 가장 아름답고 화려한 것으로 평가된다. 이에 따라 견종 표준에서는 색상에 대해 신체 부위별로 구체적으로 기술해 놓았다.

b. 우리나라에서 많이 보이는 은청색은 실키 테리어와 슈나우저와의 교배 등의 영향을 받았기 때문이다. 이러한 교배로 인해 개들의 색상에 변화가 생겼다.

c. 탄은 옅은 탄에서 짙은 탄까지 다양하지만, 요크셔테리어에서는 옅은 탄이 들어가면 안 된다. 또한 탄에 다른 색상이 섞여서도 안 된다. 일반적으로 모든 탄을 가진 개에서 다른 색상이 탄에 들어가는 것은 바람직하지 않다. 탄이 없는 부분은 강청색Steel Blue이어야 하며, 나머지 부분은 탄이 있어야 한다. 강청색 털 한 가닥을 뽑았을 때 뿌리와 끝부분이 동일한 색상을 가지는 것이 이상적이다. 강청색과 탄이 섞이지 않는 것이 좋으며, 이는 주색과 탄의 경계가 명확한 상태가 바람직함을 의미한다.

d. 요크셔테리어는 강아지일 때 몸통, 옆구리, 꼬리 끝, 목의 털이 검은색이며, 그 외의 부분(주둥이, 양볼, 귀, 전두부, 다리)은 탄 색상을 가진다. 이 색상은 강아지에서 **주니어(약 12개월)가 되면 점차 검은색 털이 강청색으로 변하면서 탄 색상의 위치도 점점 더 명확해진다.** 주니어가 되면 털의 색상 변화가 이루어지며, 그로 인해 요크셔테리어 고유의 아름다운 색상이 더욱 돋보이게 된다.

e. 탄인 경우, 앞다리는 팔꿈치, 뒷다리는 비절까지 탄이 있는 것이 좋으며, 그 이상 탄이 올라가는 것은 바람직하지 않다. 탄은 특정 부위에만 위치해야 하며, 너무 많이 올라가면 외모에서 불균형을 초래할 수 있다. 탄이 팔꿈치와 비절까지 적당히 분포하면 외모가 조화롭고 균형 있게 보이며, 그 이상 탄이 올라가는 것은 평가에서 불이익을 받을 수 있다.

f. 몸통 부분의 검정 색상은 강청색으로 변화될 확률이 높지만, 머리 부분의 검정 색상은 강청색으로 변하지 않을 확률이 높다. 요크셔테리어에서 몸통의 검은 색상은 나이가 들면서 점차 강청색으로 변하며, 이 색상 변화는 주로 몸통과 옆구리 부분에서 나타난다. 그러나 머리 부분의 검은 색상은 강청색으로 변하는 경우가 적어, 머리의 색상은 주로 탄 색상을 유지하게 된다.

g. 24개월이 되었는데도 몸의 어느 부위에 검정색 털이 남아 있다면, 이는 큰 결점으로 간주된다. 이 나이까지 검정색 털이 남아 있다는 것은 견종 표준에 맞지 않는 특징으로, 심각한 문제로 평가된다.

정상

잘못된 피모, 모질, 색상, 탄

잘못된 피모, 모질, 색상, 탄

잘못된 피모, 모질, 색상, 탄

그림 5.30 색상

9) 몸의 색상(Color on Body)

▶ **원문**

㉙ 목의 뒤부터 꼬리의 시작점까지 몸 전체에 강청색이 뻗어있다. ㉚ 꼬리의 털은 더 짙은 강청색이며, 특히 꼬리 끝이 그렇다.

The blue extends over the body from back of neck to root of tail. Hair on tail is a darker blue, especially at end of tail.

▶ **해설**

㉙ 목 이후부터 꼬리의 시작점까지 강청색을 띠어야 한다. **검은색은 생후 6~24개월 사이에 강청색으로 변해야 하며,** 이 변화는 요크셔테리어의 중요한 특성 중 하나이다. 만약 18개월이 지나도록 검은색이 남아있다면, 그 이후 강청색으로 변화될 확률은 거의 없다고 볼 수 있다. 강청색으로 변화되지 않으면, 이는 요크셔테리어의 표준에 맞지 않으며 실격 처리될 수 있다.

㉚ 대부분의 경우, 꼬리 끝부분의 색상이 짙다. 이는 요크셔테리어에서 꼬리 끝부분이 강청색 또는 검은색을 띠는 경향이 있다는 뜻이다. 꼬리 끝부분의 색상은 다른 부위보다 어두운 색을 가질 수 있으며, 이는 자연스러운 색상 변화의 일부로, 개의 외모에서 중요한 부분을 차지한다.

참고

개의 이름에 블랙 앤 탄Black & Tan처럼 탄이 포함된 경우, 탄의 경계가 명확한 것이 바람직하다. 탄의 색상은 견종에 따라 옅은 탄에서 짙은 탄까지 다양하게 분포하므로, 각 견종에 맞는 탄의 위치와 색상을 정확히 알고 있어야 한다. 탄에는 다른 색상이 섞여서는 안 되며, 탄의 범위는 정확해야 한다. 만약 탄이 넓게 분포된 개와 좁게 분포된 개가 있다면, 좁게 분포된 개를 선택하는 것이 바람직하다. 이는 탄이 좁은 개가 유전적 변화가 더 쉽기 때문이다.

그림 5.31 몸 색상

▶ 원문

㉛ 머리 위쪽 털Headfall은 풍부한 황금빛 반점, ㉜ 머리의 양쪽과 귀의 시작점 그리고 주둥이에서 색상이 더욱 진하며, 귀는 진하고 풍부한 반점을 가지고 있다. ㉝ 반점 색상은 목의 뒤에서 아래로 연장되어 있어서는 안 된다.

A rich golden tan, deeper in color at sides of head, at ear roots and on the muzzle, with ears a deep rich tan. Tan color should not extend down on back of neck.

▶ 해설

㉛ 머리 위쪽 털Headfall은 머리 위에서 옆으로 늘어진 털을 의미한다.

㉜ 같은 탄이라고 하더라도 이 부분의 색상이 더욱 진해야 한다.

㉝ 목덜미에 탄이 있어서는 안 된다.

참고

다운 앤 백Down & Back을 할 때, 개가 직선으로 걸어갔다가 다시 돌아오는 동작에서, 돌아설 때(턴을 할 때) 털이 바람에 날리는 모습이 보이게 된다. 이는 걸음걸이와 털의 움직임을 평가할 수 있는 중요한 순간이다. 이때 모질이 약하면 너무 많이 날리고, 모질이 너무 강하면 너무 빨리 떨어지게 된다. 중간 정도의 속도로 털이 떨어지는 것이 바람직하다. 이것은 장모종(요크셔테리어, 말티즈 등)에 대해서는 비슷한 방법으로 모질을 점검한다.

출처: 브리더 - 김성경, 견사호 - Nabillera

그림 5.32 머리 위쪽 털

10) 가슴과 다리(Chest and Legs)

▶ **원문**

㉞ 밝고, 풍부한 반점, ㉟ 앞다리의 팔꿈치 위 또는 뒷다리의 무릎 관절 위까지 연장되어 있지 않다.

A bright, rich tan, not extending above the elbow on the forelegs nor above the stifle on the hind legs.

▶ **해설**

㉞ 가슴과 다리의 색상은 귀나 눈 주위의 색상보다는 조금 더 밝다는 의미이다. 하나의 털을 뽑았을 때 뿌리와 끝부분이 유사한 색상이 바람직하다.

㉟ 탄이 있는 경우, 앞다리는 팔꿈치까지, 뒷다리는 비절까지 탄이 있는 것이 바람직하며, 그 이상 탄이 올라가는 것은 바람직하지 않다. 이는 색상의 배합에서 조화가 이루어지지 않기 때문이다.

출처: 브리더 – 한지윤, 견사호 – Steelblue Yorkie

그림 5.33 색상(앞가슴)

11) 체중(Weight)

▶ **원문**

체중은 7파운드(3.2kg)를 초과해서는 안 된다.

Must not exceed seven pounds.

▶ **해설**

a. 체고와 체장의 비례를 고려했을 때, 7파운드(3.2kg)가 가장 이상적인 기능을 발휘할 수 있는 체중이다. 요크셔테리어의 크기는 다양하지만, 3.2kg을 넘지 않아야 한다. 그 이유는 견종 표준에서 요구하는 체고와 체중이 매우 중요하기 때문이다. 견종 표준에 부합하는 체형은 그 직무를 수행하는 데 가장 효과적인 체형이라고 볼 수 있다.

12) 실격(Disqualifications)

▶ **원문**

㊱ 어떠한 단색 또는 위에서 설명한 강청색 바탕에 반점이 아닌 다른 색상의 조합.

㊲ 가장 긴 직경이 1인치(2.54cm)를 초과하지 않는 앞가슴의 작은 흰색 반점이 아닌 어떠한 다른 흰색 반점.

Any solid color or combination of colors other than blue and tan as described above. Any white markings other than a small white spot on the forechest that does not exceed 1 inch at its longest dimension.

▶ **해설**

㊱ 강청색이 아닌 다른 색상이나, 탄의 색상이 황갈색이 아닌 다른 색상은 실격을 의미한다. 다만, 평가 시 명암에 대해서는 평가자가 정확한 평가 기준을 가지고 평가해야 한다. 이는 평가자 간, 그리고 평가자와 피평가자 간의 견종 표준에 대한 이해 부족에서 발생할 수 있는 오해와 갈등을 줄이기 위해서다. 따라서, 견종 표준에 대한 정확한 이해를 바탕으로 평가하는 것이 중요하다.

㊲ 반점을 엄지손가락의 첫 번째 마디로 가렸을 때 보이지 않으면 허용한다는 의미이며, 가려지지 않는다면 실격이다.

참고

- 스팟(Spot): 동전 크기(500원 동전 크기)의 반점들이 전신에 흩어져 있는 것을 의미한다. (예: 달마시안의 반점 크기)
- 마킹(Marking): 어느 특정 부위에 스팟보다 큰 반점을 의미한다. (예: 아메리칸 코커스파니엘)

반점이 가장 많이 나타나는 곳이 앞가슴이다. 로트와일러처럼 검은색이 주색인 개의 경우 반점이 잘 보이지만 그렇지 않은 경우는 주의 깊게 살펴볼 필요가 있다.

Profile

고승판

현) 전주기전대학 반려동물과 특임교수
일본복지견협회(KCJ) 전 견종 심사위원
일본복지견협회(KCJ) 애견미용 마스터
미국 Barkleigh 애견미용 심사위원
도그쇼 & 미용 초청 심사(일본, 미국, 호주, 중국, 대만, 홍콩, 말레이시아 등 300회 이상)

학력

- 중국 청도농업대학교 수의대 명예박사

경력

- 중국 청도농업대학교 수의대 외래교수
- 사)한국애견협회 심사위원장
- 사)한국애견협회 미용총괄위원장
- 사)한국애견협회 핸들링총괄위원장
- 세계축견연맹(FCI) 심사위원
- 한국애견학회 부회장
- 아시아애견연맹(UAKC) 심사위원장
- 국제애견미용연맹(IGUK) 심사위원장

김원

현) 전주기전대학 반려동물과 교수
대한동물매개협회 회장

학력

- 숭실대학교 컴퓨터시스템전공 석사, 박사
- 원광대학교 동물매개치료전공 석사

주요 저서

- "반려견 이해", "반려견 용어의 이해", "동물교감치유의 이해" 등

정용운

현) 전주기전대학 반려동물과 특임교수
한국애견협회 전 견종 국제심사위원

경력

- 공주영상대학 애완동물코디과 전임, 겸임교수
- 대구산업정보대학 애완동물학과 강사
- 계명문화대학교 동물산업자원과 강사

저자와의
합의하에
인지첩부
생략

견종 표준의 이해

2025년 2월 20일 초판 1쇄 인쇄
2025년 2월 28일 초판 1쇄 발행

지은이 고승판·김원·정용운
펴낸이 진욱상
펴낸곳 (주)백산출판사
교 정 박시내
본문디자인 신화정
표지디자인 오정은

등 록 2017년 5월 29일 제406-2017-000058호
주 소 경기도 파주시 회동길 370(백산빌딩 3층)
전 화 02-914-1621(代)
팩 스 031-955-9911
이메일 edit@ibaeksan.kr
홈페이지 www.ibaeksan.kr

ISBN 979-11-6567-985-9 93490
값 24,000원